高等教育轨道交通"十二五"规划教材·土木工程类

房屋建筑学

（第 2 版）

主　编　陈　岚
副主编　鲍英华　罗　奇　刘　博

北京交通大学出版社
·北京·

内 容 简 介

本书阐述了建筑物系统组成和工作原理、建筑空间设计、建筑实体构造及建筑防灾和绿色建筑设计的基本原理和方法。

全书共 18 章，主要内容有绪论、建筑物系统的工作原理、建筑设计基本常识、建筑场地设计、建筑功能设计、建筑空间设计、建筑形态设计、建筑构造综述、地坪与楼板、屋顶、墙体、基础与地基、竖向交通设施、门和窗、变形缝、建筑工业化、建筑防灾减灾设计、绿色建筑设计。

本书重点突出了内容的系统性、科学性和规范性，强调核心概念和基本原理，编排了大量的插图与照片，生动形象，可读性强。

本书具有体系科学，深入浅出，易学实用等特点，可作为各层次高校土木工程、建筑工程管理等相关专业的教材，也可供成人教育、远程教育的相关专业使用，还可作为建筑工程技术人员的自学和参考用书。

图书在版编目（CIP）数据

房屋建筑学 / 陈岚主编. —2 版. —北京：北京交通大学出版社，2017.11
高等教育轨道交通"十二五"规划教材
ISBN 978 - 7 - 5121 - 3440 - 9

Ⅰ. ① 房… Ⅱ. ① 陈… Ⅲ. ① 房屋建筑学-高等学校-教材 Ⅳ. ① TU22

中国版本图书馆 CIP 数据核字（2017）第 284853 号

房屋建筑学
FANGWU JIANZHUXUE

责任编辑：刘 蕊

出版发行：北京交通大学出版社 电话：010 - 51686414 http://www.bjtup.com.cn
地　　址：北京市海淀区高梁桥斜街 44 号 邮编：100044
印 刷 者：北京鑫海金澳胶印有限公司
经　　销：全国新华书店
开　　本：185 mm×260 mm 印张：22 字数：549 千字
版　　次：2017 年 11 月第 2 版 2017 年 11 月第 1 次印刷
书　　号：ISBN 978 - 7 - 5121 - 3440 - 9/TU·166
印　　数：1～2 000 册 定价：42.00 元

本书如有质量问题，请向北京交通大学出版社质监组反映。对您的意见和批评，我们表示欢迎和感谢。
投诉电话：010 - 51686043，51686008；传真：010 - 62225406；E-mail：press@bjtu.edu.cn。

高等教育轨道交通"十二五"规划教材·土木工程类

编　委　会

顾　　问：施仲衡

主　　任：司银涛

副 主 任：张顶立　陈　庚

委　　员：（按姓氏笔画排序）

王连俊　毛　军　白　雁

李清立　杨维国　张鸿儒

陈　岚　朋改非　赵国平

贾　影　夏　禾　黄海明

编委会办公室

主　　任：赵晓波

副 主 任：贾慧娟

成　　员：（按姓氏笔画排序）

吴嫦娥　郝建英　徐　玪

总　序

　　我国是一个内陆深广、人口众多的国家。随着改革开放的进一步深化和经济产业结构的调整，大规模的人口流动和货物流通使交通行业承载着越来越大的压力，同时也给交通运输带来了巨大的发展机遇。作为运输行业历史最悠久、规模最大的龙头企业，铁路已成为国民经济的大动脉。铁路运输有成本低、运能高、节省能源、安全性好等优势，是最快捷、最可靠的运输方式，是发展国民经济不可或缺的运输工具。改革开放以来，中国铁路积极适应社会的改革和发展，狠抓制度改革，着力技术创新，抓住了历史发展机遇，铁路改革和发展取得了跨越式的发展。

　　国家对铁路的发展始终予以高度重视，根据国家《中长期铁路网规划》（2005—2020年）：到2020年，中国铁路网规模达到12万千米以上。其中，时速200千米及以上的客运专线将达到1.8万千米。加上既有线提速，中国铁路快速客运网将达到5万千米以上，运输能力满足国民经济和社会发展需要，主要技术装备达到或接近国际先进水平。铁路是个远程重轨运输工具，但随着城市建设和经济的繁荣，城市人口大幅增加，近年来城市轨道交通也正处于高速发展时期。

　　城市的繁荣相应带来了交通拥挤、事故频发、大气污染等一系列问题。在一些大城市和一些经济发达的中等城市，仅仅靠路面车辆运输远远不能满足客运交通的需要。城市轨道交通节约空间、耗能低、污染小、便捷可靠，是解决城市交通的最好方式。未来我国城市将形成地铁、轻轨、市域铁路构成的城市轨道交通网络，轨道交通将在我国城市建设中起着举足轻重的作用。

　　但是，在我国轨道交通进入快速发展的同时，解决各种管理和技术人才匮乏的问题已迫在眉睫。随着高速铁路和城市轨道新线路的不断增加以及新技术的开发与引进，管理和技术人员的队伍需要不断壮大。企业不仅要对新的员工进行培训，对原有的职工也要进行知识更新。企业急需培养出一支能符合企业要求、业务精通、综合素质高的队伍。

　　北京交通大学是一所以运输管理为特色的学校，拥有该学科一流的师资和科研队伍，为我国的铁路运输和高速铁路的建设作出了重大贡献。近年来，学校非常重视轨道交通的研究和发展，建有"轨道交通控制与安全"国家级重点实验室、"城市交通复杂系统理论与技术"教育部重点实验室，"基于通信的列车运行控制系统（CBTC）"取得了关键技术研究的突破，并用于亦庄城轨线。为解决轨道交通发展中人才需求问题，北京交通大学组织了学校有关院系的专家和教授编写了这套"高等教育轨道交通'十二五'规划教材",以供高等学校学生教学和企业技术与管理人员培训使用。

本套教材分为交通运输、机车车辆、电气牵引和交通土木工程四个系列,涵盖了交通规划、运营管理、信号与控制、机车与车辆制造、土木工程等领域,每本教材都是由该领域的专家执笔,教材覆盖面广,内容丰富实用。在教材的组织过程中,我们进行了充分调研,精心策划和大量论证,并听取了教学一线的教师和学科专家们的意见,经过作者们的辛勤耕耘以及编辑人员的辛勤努力,这套丛书得以成功出版。在此,我们向他们表示衷心的谢意。

希望这套教材的出版能为我国轨道交通人才的培养贡献绵薄之力。由于轨道交通是一个快速发展的领域,知识和技术更新很快,教材中难免会有诸多的不足和欠缺,在此诚请各位同仁、专家不吝批评指正,同时也方便以后教材的修订工作。

编委会

出 版 说 明

  为促进高等轨道交通专业交通土建工程类教材体系的建设，满足目前轨道交通类专业人才培养的需要，北京交通大学土木建筑工程学院、远程与继续教育学院和北京交通大学出版社组织以北京交通大学从事轨道交通研究教学的一线教师为主体、联合其他交通院校教师，并在有关单位领导和专家的大力支持下，编写了本套"高等教育轨道交通'十二五'规划教材·土木工程类"。

  本套教材的编写突出实用性。本着"理论部分通俗易懂，实操部分图文并茂"的原则，侧重实际工作岗位操作技能的培养。为方便读者，本系列教材采用"立体化"教学资源建设方式，配套有教学课件、习题库、自学指导书，并将陆续配备教学光盘。本系列教材可供相关专业的全日制或在职学习的本专科学生使用，也可供从事相关工作的工程技术人员参考。

  本系列教材得到从事轨道交通研究的众多专家、学者的帮助和具体指导，在此表示深深的敬意和感谢。

  本系列教材从 2012 年 1 月起陆续推出，首批包括：《材料力学》《结构力学》《土木工程材料》《水力学》《工程经济学》《工程地质》《隧道工程》《房屋建筑学》《建设项目管理》《混凝土结构设计原理》《钢结构设计原理》《建筑施工技术》《施工组织及概预算》《工程招投标与合同管理》《建设工程监理》《铁路选线》《土力学与路基》《桥梁工程》《地基基础》《结构设计原理》。

  希望本套教材的出版对轨道交通的发展、轨道交通专业人才的培养，特别是轨道交通土木工程专业课程的课堂教学有所贡献。

编委会

第2版前言

本版教材对以下内容进行了修改：

1. 由于建筑法规、规范、规程和标准的不断推陈出新，本次修订依据各规范、规程和标准的现行版本对全书内容进行了更新和补充。

2. 对以下内容进行了较大的更新修改：第3章3.5建筑防火与疏散，第9章9.1地坪、9.3钢筋混凝土楼板构造、9.5地面装修，第10章屋顶，第11章11.2.3砌体承重墙，第12章12.2地下室的构造，第13章13.2楼梯设计、13.6无障碍设计，第14章14.2窗，第15章15.2变形缝设置原则。

3. 为使读者更好地了解构造详图和工程做法，选取了一些国家建筑标准设计图集中的图例进行了补充。

4. 对各章后的复习思考题进行了更新并提供了参考答案。

5. 对附录模拟试题一和二进行了更新并提供了参考答案。

本书由北京交通大学陈岚、鲍英华、罗奇和北京建筑大学刘博负责编写，具体分工如下：

第1、2、3章：罗奇；第4、5、6、7章，第16章第3节：鲍英华；第8、9、10、11、12、13、14、15章，第16章第1，2节：陈岚；第17、18章，刘博。

全书由陈岚任主编，负责总体框架和统稿。

本书得到了北京交通大学出版社和北京交通大学建筑与艺术学院很多师生的无私帮助，在此表示感谢。同时向所有参考文献的作者表示诚挚的谢意，正是学习借鉴了你们的研究成果，我们的工作才得以顺利完成。

由于时间、精力和水平所限，书中难免有错误和疏漏，敬请读者不吝赐教，批评指正。

编　者

前　言

　　《房屋建筑学》是土木工程、建筑工程、交通工程、建筑工程管理等相关专业的一门重要的综合性和实践性很强的专业基础课，本书作为"房屋建筑学"课程的教材，阐述了建筑物系统组成和工作原理、建筑空间设计、建筑实体构造、建筑防灾和绿色建筑设计的基本原理和方法，培养学习者全面、整体、正确地认识和掌握建筑物系统设计的核心知识，并使其具有一定的从事土木建筑工程设计和施工管理工作的能力。

　　在借鉴出版的多种《房屋建筑学》优秀教材和国外相关教材和著作的基础上，针对当今高等教育的新要求和学习者的新特点编写了此书，并试图使本书具有以下特点。

　　1. 重点突出内容的系统性和内在联系，努力创新

　　本书开篇新增了关于建筑物系统组成和工作原理讲解的内容，从而使学习者首先建立关于建筑物系统的整体概念，而不至于盲人摸象。在建筑空间设计原理部分，本书摒弃了传统的建筑平面设计、剖面设计、立面设计的知识构架，而是采用了建筑场地设计、功能设计、空间设计和形态设计的知识体系，更符合建筑设计的内在规律，便于学习者掌握建筑设计的基本方法。

　　2. 重点突出核心概念和基本原理，删繁就简

　　房屋建筑学知识繁杂，体系松散，尤其是建筑构造部分涉及大量的具体做法，学习者很容易感到枯燥，胡子眉毛一把抓，把握不了重点。本书整理出各部分的核心概念和知识点重点讲解，使学习者纲举目张，事半功倍。

　　3. 重点突出图形力量，生动高效

　　相较于文字语言，图形语言具有生动有趣，信息量大、阅读速度快、清晰、易于理解、印象深刻、国际化等优势。本书编排了大量的插图和照片，一方面充分利用图形的力量，激发学习兴趣，增强可读性，提高学习效率；另一方面，将原理图示和实际工程照片紧密结合，建立理论知识和实践操作之间的联系，进一步提高学习理解的效率。

　　4. 注重内容的规范性

　　本书根据现行国家相关规范和标准，订正了一些名词术语和经验做法。

　　本书由北京交通大学陈岚、鲍英华、罗奇，北京建筑工程学院刘博负责编写，具体分工如下。第1、2、3章，罗奇；第4、5、6、7章及第16.3节，鲍英华；第8、9、10、11、12、13、14、15章及第16.1、16.2节，陈岚；第17、18章，刘博。全书由陈岚任主编，负责总体框架和统稿；全书由北京建筑工程学院樊振和教授主审。

本书得到了北京交通大学远程与继续教育学院及建筑与艺术系的大力支持，还有其他领导和很多师生的无私帮助，在此一并表示感谢。同时向所有参考书目的作者表示诚挚的谢意，正是学习借鉴了你们的研究成果，我们的工作才得以顺利完成。

由于时间、精力和水平所限，书中难免有错误和疏漏，敬请读者不吝赐教，批评指正。

编　者

目　录

第1章

绪　　论

【本章内容概要】
　　房屋建筑学是为土木工程、建筑工程管理等相关专业人员而设置的专业基础课程，应该从文化背景、系统整体与技术创新三个视角来理解房屋建筑学，并掌握建筑设计的思路和过程、建筑物各个系统构成、工作原理及细部构造等基础知识和技能。本章主要介绍了房屋建筑学课程及本书的基本内容和学习目标。

【本章学习重点与难点】
　　学习重点：房屋建筑学与其他学科的关系、课程基本内容和学习目标。
　　学习难点：理解本课程的基本视角。

1.1　房屋建筑学课程介绍

　　房屋建筑学是适合土木工程、建筑工程管理等相关专业人员了解建筑设计的思路和过程、建筑物各个系统构成、工作原理及细部构造的课程。

　　房屋建筑学是一门综合性学科，与建筑设计、建筑材料、建筑结构、建筑物理等相关学科联系密切（图1-1），涉及环境规划、建筑艺术、工程技术、工程经济等诸多方面的问题。上述问题相互关联、相互制约、相互影响，构成完整的系统。

　　随着社会整体技术力量，特别是工程技术水平的不断发展，以及人类社会可持续发展的要求，房屋建筑学的各个系统是不断变化的。

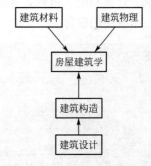

图1-1　房屋建筑学与相关学科的联系图

1.2　理解并看待房屋建筑学的基本视角

1. 文化背景

　　技术存在于文化背景之中。当代建筑技术源自历史上建造技术与建筑形式的发展演变。汲取历史经验使得我们的设计与建造更加合理。不同地区、不同民族、不同历史文化背景下，其建造体系施工水平各不相同。这是我们看待并理解各种建造技术细部设计的基本出发点（图1-2）。如图1-2所示，贝耶勒博物馆位于瑞士巴塞尔，是一处收藏现代艺术品的博物馆，由意大利建筑师伦佐·皮亚诺及其事务所设计。建筑位于一片平整的农田，只有一层，由四面平行的墙体三等分空间。厚重的墙体外饰小块褐红色斑岩，支撑轻巧的自然采光玻璃屋顶。西方经典的石材以现代方式阐释，呈现了刚劲的建筑与柔和的自然之间对比与协调的状态。

图1-2　贝耶勒博物馆

2. 系统整体

建筑的构件和细部存在于整体建筑系统中。建筑结构构件、建筑设备构件、建筑材料饰面，或者隐匿或者显现，服务于建筑空间设计的意图。只有整体把握建筑设计的意图、功能要求、建造和施工过程，才能正确理解局部的构件和细部做法，并将其各个构件系统组织成为一个统一的整体。

图1-3　柏林国会大厦

3. 技术创新

技术的创新是建筑发展的必要条件，纵观历史上重要的建筑发展阶段都是以相应技术的飞跃发展作为前提的。先进的技术手段可以为设计者提供更多的可能，激发创新性和想象力，摆脱传统方法的束缚。图1-3所示为由英国建筑师诺曼·福斯特及其事务所设计的柏林国会大厦，这是一项改建工程，它对公众开放，参观者可以从这里看到整个柏林宏伟的城市景观。建筑师设定的目标是要将国会大厦改建成一座低能耗、无污染、能吸纳自然清风和阳光的生态环保型建筑。其采光穹顶的重建设计，拓展了建筑中的公众空间，同时实现了生态建筑的目标。利用穹顶将自然光导入其下的议会大厅，同时还构成了一套自然的、能耗极低的通风系统，体现了建筑师运用技术创新创造人文关怀的卓越创造力。

1.3　教材内容

本书由 4 个部分共 18 章内容组成：第一部分（第 1～3 章）是概述，包括房屋建筑学课程的基本介绍、建筑物系统的工作原理、建筑设计基本常识等；第二部分（第 4～7 章），从建筑场地设计、建筑功能设计、建筑空间设计和建筑形态设计等方面探讨了建筑环境与空间设计的基本原理和方法；第三部分（第 8～16 章），首先介绍了建筑实体构造设计的基本概念和原理，然后依次分析了建筑物的地坪与楼板、屋顶、墙体、基础与地基、竖向交通设施、门和窗、变形缝等构成部分的基本构造原理和典型做法，最后介绍了建筑工业化体系；第四部分（第 17～18 章），从当今建筑可持续发展的角度介绍了建筑防灾减灾设计和绿色建筑设计的基本原理。

1.4　学习目标

学习者通过对本教材的学习，应达到以下基本目标：

（1）了解建筑物的设计过程；

（2）理解当代建筑空间和实体设计的基本理念；

（3）理解各种技术解决方案；

（4）熟练掌握建筑物系统的基本构成、设计原理和构造方法；

（5）发展多学科整合的设计策略；

（6）开启研究建筑空间和实体内在表现潜力的终身学习过程。

学习者在学习本教材的过程中还应建立如下观念：

（1）工程和建筑方面创新的可能性；

（2）掌握常规工程技术，了解最新前沿技术的进展；

（3）批判辩证地看待设计方法和技术方案。

思　考　题

1. 房屋建筑学与哪些学科关系密切？

2. 我们应该从哪几个角度理解本课程？

第 2 章
建筑物系统的工作原理

【本章内容概要】

建筑物作为人类生活的庇护所（shelter），最早起源于人类躲避风雨侵袭和野兽侵扰、获取安全宜居环境的实际需要。太阳与地球构成的各种各样并且通常是非常极端的野外环境，不能够满足人类所要求的健康、充实的生存需求。建筑充当了弥合二者之间差异的环境调节区域。

建筑物分为五个系统，即基础、上部结构、外围护系统、内部分隔系统及设备系统。上述系统构成整体，满足建筑基本功能的要求。随着时代的发展，建筑物各系统之间呈现整合趋势。

地基承载力和地下水位对建筑物的基础形式选择及基础埋深影响较大。在城市环境中，城市规划部门划定的建筑控制线及各类市政接入管线与建筑基础互相关联，相互影响。需要对场地内的雨水进行控制和综合利用。

设计师通过各种实体要素限定进而生成空间。建筑内部空间的分隔手段有水平要素和垂直要素。人体尺度及人体活动所占的空间尺度是确定建筑空间尺度的主要依据。

建筑结构体系承受并传递荷载，最终将荷载安全地传至地基。建筑围护体系围护内部空间遮蔽外界恶劣气候的侵袭，以维持内部空间的舒适性。建筑结构与围护有时是合一的，有时是各自独立的。

人们在建筑物内的生活离不开水、电等能源，同时也需要舒适的室内环境。建筑设备可以满足人的上述需求。

【本章学习重点与难点】

学习重点：建筑的作用和本质、建筑各系统的组成与系统整合的趋势、建筑基础与场地条件的关系、建筑实体与空间的关系、建筑结构与围护系统的关系、建筑设备与环境控制的关系。

学习难点：建筑各系统的组成与系统整合的趋势、建筑物系统的基本工作原理。

2.1 建筑的作用与本质

太阳与地球构成的各种各样并且通常是非常极端的野外环境，不能够满足人类所要求的健康、充实的生存需求。建筑充当了弥合二者之间差异的环境调节区域（图 2-1）。

地球是一个巨大的大气发动机，太阳辐射给它以动力，散发到宇宙空间的辐射又使它降温。太阳推动着空气、水和热量源源不断地运行于地球表面，创造出洋流、风、降雨、降雪等各种各样非常极端的野外环境。

图 2-1　自然中的建筑

人体，按其最基本的机械行为来看，是一台热力发动机。这台发动机摄取食物，通过消化系统、循环系统、排泄系统完成新陈代谢，持续运转。化学反应过程需要食物、水、空气的持续供给，还需要正常的运行温度（37 ℃）。除此之外，人类还需要有充分的卫生条件，不受细菌、病毒和真菌的攻击。眼睛和耳朵是人体最重要的感觉器官，它们对光线和声音有自己的要求。

除此之外，人类是社会化动物，需要与他人进行联系与交流。从最基本的个人到家庭到社会的生存和运转，都需要一定的人类环境去容纳与支持。

野外环境对于人类生活和人类文明来说变数太大、太极端、太具破坏性、太不稳定，并且太不友好。在人类发展的过程中，最初寻找天然地形所提供的避身场所，而后制造人工的、大自然不能给予的、更持久和更舒服的栖身环境——建筑。

不同于起源时期，现在的建筑已经不是严格意义上的"避身场所"。它还能够提供水源、清除垃圾并提供机械工具使用的能源。建筑正在成为一种综合的支持生命的环境机制。它的基本功能如下。

（1）支持人类的新陈代谢。包括：空气、水、食物供应、垃圾清除。

（2）提供舒适温度。包括：控制辐射温度、空气温度、空气湿度、空气流通。

（3）感官舒适和私密性。包括：视觉、听觉条件，提供视觉、听觉私密。

（4）提供与外界的联系。包括：电话、宽带网络、无线局域网。

（5）提供人的生活空间和设施。

（6）能够抵抗大雪、大风和地震等自然灾害，并且防火。

（7）经济建造并且可维护。

2.2　建筑物的构成系统

1. 建筑系统组成

建筑物分为五个系统，即基础、上部结构、外围护系统、内部分隔系统和设备系统。另外，建筑内部还会容纳桌椅家具等室内陈设（图 2-2、图 2-3）。上述系统构成整体，满足建筑基本功能的要求。

（1）基础，也叫下部结构，是建筑物地面以下的结构受力系统。

基础承受建筑物上部结构传下来的全部荷载，包括恒载和活荷载，并把这些荷载连同本身的重量一起传到地基。因此，基础必须坚固、稳定且可靠。

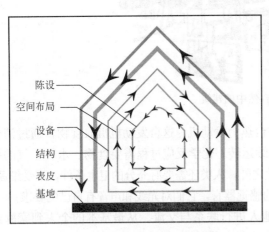

图2-2　建筑物的系统构成图

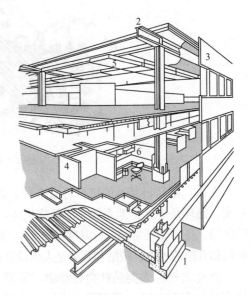

图2-3　建筑物的系统构成
1—基础；2—结构；3—外部围护；
4—内部分隔；5—设备系统；6—家具

（2）上部结构，即建筑物基础之上的结构受力系统。

上部结构承受建筑物自身及外部的全部荷载，包括恒载和活荷载，并能抵抗风、雪等侧向力，要求具有一定的稳定性，足够的刚度和强度，变形必须控制在规范允许范围内。

（3）外围护系统，是指建筑物中同室外环境直接接触，起围合内部空间的外部界面系统，包括屋顶、外墙、外门和外窗等。

它的主要作用是抵御环境的不利影响，如风雨、温度变化、太阳辐射等；满足保温、隔热、隔声、防水、防潮、耐火、耐久等功能要求，使室内环境维持在舒适范围内。

（4）内部分隔系统，是指建筑物中不与室外环境直接接触的，起分隔限定内部空间的系统，如隔墙、楼板、内门和内窗等，能够满足隔声、隔视线等功能要求。

（5）设备系统，是建筑物中主动式调节室内环境舒适度的系统，包括电力、电信、照明、给排水、供暖、通风、空调、消防等。

2. 系统整合

建筑物各个系统之间相互作用构成整体。不同系统的分离将导致建设成本增加，各系统各自为政，最终导致失去控制等问题。当代建筑实践中日益倡导一种整合的建构体系，尽量使各类系统在功能上复合使用，提高资源利用率，强化建筑师对于最终建筑结果的控制。

案例一： 伦敦斯坦斯特德国际机场（图2-4）。

图2-4　伦敦斯坦斯特德国际
机场结构单元体

　　伦敦第三国际机场斯坦斯特德国际机场位于伦敦东北郊，于1991年落成并交付使用，由诺曼·福斯特设计。该项目整合了结构、设备、围护与照明系统。机场大厅的柱网间距为36 m，其单元支撑物为一组由四根钢管组成的柱组，柱组在距地4 m高处转换为斜撑，缩减了屋顶的跨度。屋顶为一藻井形穹顶，其中央是优美的采光玻璃。自然光线自屋顶的采光玻璃和大片的玻璃幕墙照射到机场大厅室内。水、暖、电的管道、设备均安置在由四根钢管组成的柱组之间，增强了空间使用的灵活性，并且使机场在机电设备维修期间仍能照常运行。

　　案例二：柏林国会大厦（图2-5）。

　　柏林国会大厦改建工程位于柏林中心区，于1999年正式落成，由诺曼·福斯特设计。该项目整合了结构、设备、围护与照明系统。议会大厅采用钢结构玻璃穹顶。该玻璃穹顶兼具采光和通风功能。通过透明的穹顶和倒锥体的反射将水平光线反射到下面的议会大厅。穹顶内设有随日照方向自动调整方位的遮光板，防止热辐射并避免眩光。新鲜空气从西门廊檐部的进风口经大厅地板下的风道及设在座位下的风口低速而均匀地散发到大厅内，然后再从穹顶内倒锥体的中空部分排出室外，倒锥体起到拔气罩的作用，室内气流组织得极为合理。

图2-5　柏林国会大厦玻璃穹顶

2.3　建筑基础与场地

2.3.1　建筑选址

　　建筑选址是指工程项目在建设之前对建设地点进行论证和决策的过程。建筑选址的意义非常重大。这是因为选址具有长期性和固定性。建筑的多数因素都可以随外部环境发生变化而进行相应调整，而选址一经确定就难以变动。下面将从朝向、地形和防灾三方面对建筑选址作进一步探讨。

1. 防灾

　　建筑物作为人类栖居及进行各类活动的场所，安全是第一位。直接影响安全的因素，除结构外，自然灾害属第一位，因而在选址时应慎重考虑自然灾害的因素。如在地震烈度高于9度的地区则不适宜建造建筑。在水边进行建设，严禁在干涸河道建房，沿江（海）建筑必须与江（海）岸保持安全距离。

　　同时在山区进行建设时，建设用地必须选择避开山体滑坡、山洪、泥石流区域。

2. 朝向

　　建筑朝向是指建筑物多数采光窗的朝向，主要从满足建筑冬季采暖和夏季纳凉两个热工要求来确定，目标是降低建筑能耗。如果建筑热工设计以采暖为目的，应该选择争取更多太阳辐射的建设地点。如果建筑热工设计以防热为目的，应该选择避免过度太阳辐射的建设地

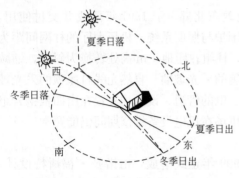

图 2-6　太阳的运行与建筑物选址

点（图 2-6）。

3. 地形

地形，是指地势高低起伏的变化，即地表的形态。基地的地形，直接影响建筑物的剖面空间组织、结构选型等。坡度是地形的基本要素。坡地建筑的基本矛盾是坡地"斜面"与生活空间所需"水平面"的矛盾。坡地建筑，根据坡度的不同，可以采取台地式、缓坡式、错层式和自然式来协调二者矛盾，创造多样坡地建筑形态。

2.3.2　场地地质条件

场地地质条件是指建筑物所在地区地质环境各项因素的综合。工程地质条件，直接影响到地震加速度值。对场地地质条件进行合理的分区与评价，是岩土工程勘测工作的重要内容，也是总体规划设计与建筑物总平面布置的基础。

场地地质构造中的地基承载力和水文地质条件中的地下水位对建筑物的基础形式选择及基础埋深影响较大。

1. 地基承载力

地基是指支承基础的土体或岩体。

地基能承受基础传递的荷载，并能保证建筑正常使用功能的最大能力称地基承载力。为了保证建筑物的稳定和安全，任何建筑物的地基基础设计必须满足地基承载力、变形和稳定性要求。基础底面传给地基的平均压力必须小于地基承载力。

2. 地下水位

地面以下的水统称为地下水。地下水按埋藏条件可分为：上层滞水、潜水、承压水、毛细水等。潜水是埋藏在地表下第一个连续分布的稳定隔水层上，具有自由水面的重力水，即通常所称地下水，潜水水量较大，对基础工程有密切影响；当潜水面以上为黏性土或粉土时，土中的细孔隙类似毛细管，可使潜水从孔隙中升高成为毛细水。寒冷地区的毛细水会引起地基土冻胀。

每一地区的地下水位不是固定不变的，它们往往随着季节的变化而升降。工程设计时，需要了解当地地下水的常年水位和最高水位。《建筑地基基础设计规范》（GB 50007—2011）5.1.5 中规定："基础宜埋置在地下水位以上，当必须埋在地下水位以下时，应采取地基土在施工时不受扰动的措施。"

2.3.3　基础

基础是将结构所承受的各种作用传递到地基上的结构组成部分，是建筑物的重要组成部分。它承受建筑物的全部荷载，并将这些荷载全部传递给下面的土层或者岩层。在城市环境中，城市规划部门划定的用地红线、建筑控制线及各类市政接入管线与建筑基础互相关联，相互影响。

1. 用地红线

用地红线是指各类建筑工程项目用地的使用权属范围的边界线，红线内土地面积就是取得使用权的用地范围，通常是用若干坐标点连成的线。用地红线内除建筑外，可以安排绿化、各种管井。

2. 建筑控制线与基础

建筑控制线是指有关法规或详细规划确定的建筑物、构筑物的基底位置不得超出的界线。任何建筑都不得超越给定的建筑控制线。《民用建筑设计通则》（GB 50352—2005）规定地下建筑物及附属设施，包括结构挡土桩、挡土墙、地下室、地下室底板及其基础、化粪池等，不得突出道路红线和用地红线建造。（注：基底与道路邻近一侧，一般以道路红线为建筑控制线。）（《民用建筑设计通则》（GB 50352—2005）将修订为《民用建筑设计统一规范》，已经完成征求意见稿，实施日期待定。）

3. 管线（电、水、气）穿基础

给水、中水、污水、热水、饮用水、采暖、通风、空调、燃气、照明、电话、通信、网络、电视系统等，构成了建筑设备工程庞杂的内容。建筑基础的设计中预先考虑管线关系，让小管道穿梁敷设，大管道避让基础。

2.3.4　场地内的雨水控制与综合利用

随着水资源短缺、生态环境恶化和城市内涝灾害频发，雨水作为一种可利用资源而备受关注。原有场地雨水排除的观念逐步转变为场地雨水控制与综合利用的设计观念。通过雨水控制和加大雨水入渗等工程措施，有助于从根本上解决了排涝减灾、水资源短缺、改善生态环境等方面的问题。

案例一：世博会中国馆雨水收集利用（图 2 - 7）。

为了实现世博园区绿色、环保的主旨，中国馆在地区馆地下室设有雨水处理站，将国家馆及地区馆屋面雨水全部收集起来，经过雨水处理设备处理后，通过中水供水泵提升至屋面的空调补水箱，由空调补水箱通过重力作用用于空调补给水。在有足够余量的前提下，通过中水变频泵组用于绿化浇洒用水、景观补充水、车库冲洗水等。

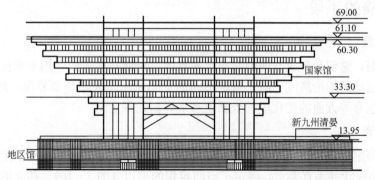

图 2 - 7　世博会中国馆立面图

案例二：德国波茨坦广场雨水收集利用（图 2 - 8、图 2 - 9）。

德国的波茨坦广场是雨水收集利用的典范。设计者对雨水利用采用了如下的方案：将适宜建设绿地的建筑屋顶全部建成"绿顶"，利用绿地滞蓄雨水，一方面防止产生雨水径流，另一方面增加雨水的蒸发量，从而增加空气湿度、改善生态环境；对不宜建设绿地的屋顶，雨水通过具有过滤作用的雨漏管道进入地下总蓄水池。前期处理达标的水由水泵与地面人工湖和水景相连，不达标的水经过处理后，再进入雨水循环系统。

经过精心设计，对于地下水位较浅的柏林市，该项目既没有增加地下水的补给量，也没有增加雨水的排放量，回收循环利用的雨水形成良好的水景景观。

图2-8 德国波茨坦广场总平面图

图2-9 德国波茨坦广场水景

2.4 建筑分隔与空间

建筑是空间的艺术，空间是建筑存在的目的，空间包容了人们的日常生活起居，但空间本身是虚空的。设计师通过各种实体要素限定进而生成空间。

2.4.1 分隔的手段

1. 水平要素

天花和地面，它们是形成空间的两种水平界面。地面是底界面，用来承托家具、设备和人的活动，通过地面的抬高或下降来限定不同的空间领域。天花是顶界面，通常通过形状、质感、明度、色彩等方面的变化进一步强化水平界面的限定。

2. 垂直要素

柱和墙是限定空间的垂直要素，与水平要素相比，给人更强烈的空间限定感。

（1）柱作为线状的垂直要素，限定了空间容积的垂边（图2-10）。孤立的一根柱子成为空间的集中点；两根柱子之间由于视觉张力可以形成一层透明的空间膜；而不在同一直线上的三根以上的柱子可以用来限定空间容积的转角，从而形成一个空间容积。

（2）墙体作为面状的垂直要素可以清晰地界定空间（图2-11）。L形墙体可以产生一个

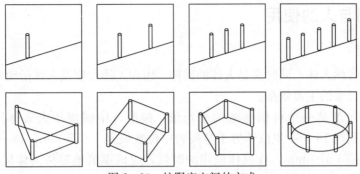

图 2-10 柱限定空间的方式

从转角开始向外扩展的空间区域；两个平行的垂直面限定了它们之间的空间容积，该空间容积沿轴向两端开放；U 形墙体限定了一个完全指向 U 形开口的空间容积；而闭合的墙体，形成了一个可以影响围墙周围空间领域的内向空间。

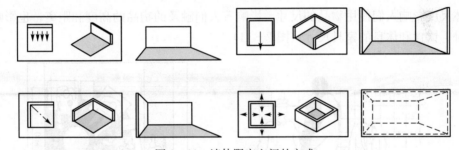

图 2-11 墙体限定空间的方式

3. 综合运用

实际工作当中，通常综合运用水平要素与垂直要素来限定空间。

案例： 巴塞罗那世界博览会德国馆（图 2-12）。

巴塞罗那世界博览会德国馆由现代主义设计大师密斯·凡·德·罗设计。该建筑的主体结构由 8 根十字形断面的钢柱支撑，8 根钢柱构成 3 个相邻长方形开间。地面和屋顶之间由大理石墙面和玻璃墙面自由限定，形成似分似合，似开敞似封闭的流动空间。同时通过露天水面把室内、室外空间融合为一体。

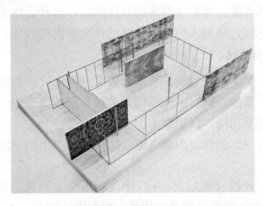

图 2-12 巴塞罗那世界博览会德国馆局部模型

2.4.2 空间与人的使用

1. 人体尺度

建筑空间既容纳人体，同时又是人体的延伸。因而人体尺度及人体活动所占的空间尺度是确定建筑空间尺度的主要依据。

一般的人体尺度是一个可供参考的平均值，按照《中国成年人人体尺寸》（GB/T 10000—1988），我国18~60岁成年男子身高的中位数值是 1 678 mm；18~55 岁成年女子身高的中位数值是 1 570 mm。在具体应用的时候，应该谨慎地对待人体尺度的各种尺寸，因为该类尺寸总是随着男女性别、年龄、种族不同而各不相同的，并且随着时间的流逝而不断变化着（图 2-13）。例如，国家体育总局公布的《2014 年国民体质监测公报》中统计显示，我国成年男子的平均身高随年龄增长而递减，20~24 岁年龄组为 1 719 mm，55~59 岁年龄组为 1 675 mm；成年女子的平均身高 20~24 岁年龄组为 1 599 mm，55~59 岁年龄组为 1 568 mm。

人体尺度影响人们使用物品的尺寸，影响着人们触及的物品的高度和距离，也影响着人们的坐卧、饮食和休息的家具尺寸（图 2-14）。

图 2-13　不同人的尺度

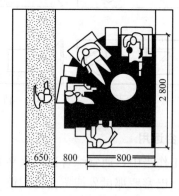

图 2-14　人的行为尺度

人体尺寸还影响人们行走、活动和休息所需的空间体积。当人们坐在椅子上，依靠在护栏上或寄身亭榭空间中时，空间形式和尺寸与人体尺寸的适应关系是静态的。而当人们步入建筑物大厅，走上楼梯或者穿过建筑物的房间与厅堂时，这种适应关系是动态的。这种适应关系帮助人们控制个人空间，满足人们保持合适的社交距离的需要。

2. 空间的组织：行为流线

人在建筑物中活动，需要组织空间，从而形成了行为流线。合理的行为流线要保证各个活动空间相互联系方便、简捷，同时避免不同的流线互相交叉干扰。各类建筑的功能不同，因而其行为流线的组织也不相同。以别墅为例介绍如下。

家人入户流线：开门→放钥匙、雨伞→更衣帽换鞋→卫生间→冰箱→茶水间→客厅→家庭室（书房）→睡眠区。

家务备餐流线：入户开门（或后门）→门厅（放雨伞、钥匙、包、更衣、换鞋）→厨房（储物、冰箱→择菜去鳞皮→洗菜→切菜→炒菜→取碗碟→端菜→上菜→餐后清理）。

访客流线：入户门→客厅区域的行动路线。访客流线不应与家人流线和家务流线交叉，以免在客人拜访的时候影响家人休息或工作。

2.5　建筑结构和围护

建筑结构体系承受并传递荷载，最终将荷载安全地传至地基。建筑围护体系围护内部空间遮蔽外界恶劣气候的侵袭，维持内部空间的舒适性。建筑结构与围护有时是合一的，有时是各自独立的。

2.5.1　结构系统

1. 垂直结构

垂直的立柱和墙体可以承担建筑中的垂直荷载（图 2-15）。在垂直荷载作用下，如果立柱太细或墙太薄，在材料内部由荷载引起的应力还远未达到容许应力的情况下，立柱或者墙就会发生弯曲变形。针对这种情况，易于变形的立柱或墙可以通过加大截面厚度或者使用压杆或拉索从侧面支撑来提高对荷载的承受力。

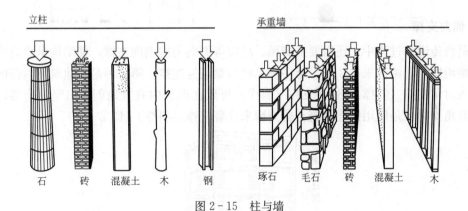

图 2-15　柱与墙

2. 水平结构

相对于垂直结构，支持天花板和屋顶的水平结构要复杂得多。总结起来有以下几种。

（1）悬索结构。两端固定的绳索，中间挂一重物，绳索处于受拉绷直状态，绳索间夹角随绳索的长度而变化，同时受力随之改变。当悬挂重物的重量、数量及位置不同时，受力也随之改变（图 2-16）。

（2）拱。不使用缆索，将石块相互斜靠，从下向上横跨两个固定点，可以形成水平支撑，拱的水平推力和石材内的压应力取决于拱形的高度，拱越平水平推力越大，内作用力也越大。拱自重较大，不能像悬索那样跨越很大的跨度（图 2-17）。

（3）桁架。桁架结合了悬索、拱和拉索的特点，它能承受垂直荷载，同时又不会对固定点产生水平的推力和拉力，在建筑中非常实用。与悬索及拱结构类似，桁架的垂直高度越大其应力越小，总体来讲也更节约建筑费用（图 2-18）。

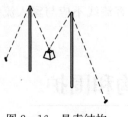 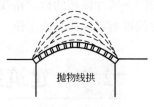

图 2-16 悬索结构   图 2-17 拱

（4）横梁。一根适当厚度和粗细的木材就可看作一根简单的横梁，其应力分析表明，压应力沿着拱形线作用，而拉应力沿着索链线作用，这两条线分别是对方的镜像线，它们对称分布，相互平衡。横梁的两端还受到巨大的剪切力。对于抗剪能力较弱的木材与混凝土，设计建造时应特别注意。梁上压应力最大的地方容易弯曲发生挠曲变形，这时可以使梁具有向上的弧度以抵抗挠曲变形（图 2-19）。

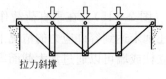 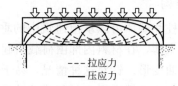

图 2-18 桁架   图 2-19 横梁

3. 侧向支撑

在荷载传递的过程中，还需要抵御风、地震等侧向力的侧向支撑，使结构呈垂直形态防止建筑物坍塌。总结起来有 3 种：第一种是柱与梁刚性连接；第二种是在建筑物内部的各个位置插入对角支撑（斜撑），这些支撑（斜撑）可以在框架内有效地创造出竖向桁架；第三种类似对角支撑，是使用钢筋混凝土剪力墙来代替支撑（斜撑）（图 2-20）。

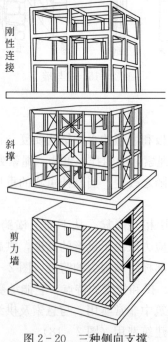

图 2-20 三种侧向支撑

2.5.2　围护

建筑物的围护体系由屋面、外墙、门、窗等组成。屋面、外墙围护成内部空间，能够遮蔽外界恶劣气候的侵袭，同时也起到隔声的作用，从而保证使用人群的安全性、私密性和舒适性。

1. 外墙屋顶与热环境控制

太阳光产生的热辐射是自然环境中的热量来源。热辐射通过建筑的外围护结构的热传导逐渐进入室内（图 2-21）。建筑外墙、屋顶和门窗的隔热和蓄热作用在一定程度上缓和了室内的剧烈温度变化。另外，热辐射透过窗户进入室内并被室内表面所吸收，产生了

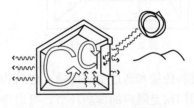

图 2-21　外围护与热辐射

加热的效果。建筑热环境主要受热辐射，空气温度、湿度，空气流动等因素的影响。建筑物通过调节室内环境的热量特性来控制人体热量的损耗速度，使人体保持舒适。

2. 窗户与自然通风和采光

建筑物外围护系统中，通过各种不同形式的开窗，控制建筑室内空间中空气流动的量、速度和方向（图 2-22）。

风力通风是空气从高气压区向低气压区的迁移运动（图 2-23）。风力通风中最有效的办法就是将窗户至少开在房间相对的两边。在对流通风中，通风率是与"开口之间的垂直距离"和"进出气流之间温差"这两者的平方根成正比例的。因而开口的垂直距离尽可能要大一些。最理想的设计经常是同时利用风力和对流，即把面风一面的开口开在低位，背风一面的某些开口开在高位，使得两种方式的动力可以同时起作用。

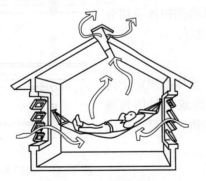

图 2-22　对流通风

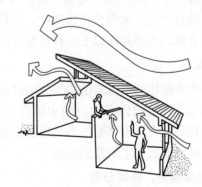

图 2-23　风力通风

建筑物外围护系统中，通过各种不同形式的开窗引入自然采光（图 2-24）。天然采光连续的单峰值光谱视觉效果好，减少视觉疲劳，同时天然采光可以降低人工照明能耗，节约能源。但是对于视觉要求较高的工作如读书、缝补等，在强烈的日光下基本无法进行。在炎热的天气里，直射入建筑内的阳光也是无法忍受的，因此既要尽可能地在建筑中引入自然光，又要屏蔽过强的光照。

窗户的数量和面积应该仔细斟酌，在充分考虑建筑外观、自然光照、自然通风和能耗后

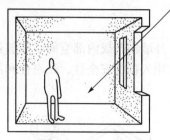

图 2-24　开窗与采光

综合确定。大面积的窗户允许透过更多的自然光，同时可能带来更大的热损失或者热吸收。一般来说，窗户面积最好是室内面积的 1/5 左右，这是一个相对合理的经验值。对人的心理舒适度而言，窗户的高度最好能让室内使用者看见大面积的天空。在普通开窗的情况下，一般日光照射深度为窗户高度的 2.5 倍。

3. 窗户与噪声控制

声音采用两种截然不同的方式进行传播，即通过固体材料传播和通过空气传播。建筑物外围护的密度很高，有助于阻止声音沿空气传播。外墙上的门窗是隔声的薄弱环节，可以选用铝合金密封门窗或新型硬塑料保温隔热型门窗等隔声性能较好的门窗满足隔声需要。若要进一步提高窗的隔声效果，可采用双层玻璃之间设置空气层，以阻隔噪声传播。

4. 防水

水以多种形态存留于建筑物周围与内部。建筑物中有许多细小缝隙开口。重力、风力、物体的表面张力是水渗入建筑的外力。上述三个条件的存在，导致水的渗入。水渗入建筑，降低材料性能，滋生霉菌，腐蚀木材，锈蚀钢筋，因而建筑防水是建筑外围护系统的设计核心。建筑外围护防水的设计思路主要有"防水"及"防水"与"排水"结合。

2.5.3　结构和围护体系的协同作用

建筑实体由结构体系和围护体系构成，二者之间的关系随着材料和结构的发展而改变。砖石砌体结构中，结构体系与围护体系是合一的。框架结构中，楼板将荷载传递给梁、柱、基础，围护体系摆脱了结构的束缚，具有更大的自由度。大型公共建筑中，结构体系和围护体系相分离是主流方向，主要存在以下三种情况（图 2-25）。

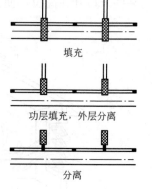

填充

功层填充，外层分离

分离

图 2-25　围护体系与支撑结构相分离的三种关系图

1. 填充

围护体系整体处于建筑结构划分的区域内，整体都固定于建筑的结构上。在结构体系的空隙中填充玻璃等建筑材料作为围护。可以真实地表露出结构的形式逻辑和力学逻辑，也可以在围护体系选材上形成一定的造型效果。

2. 内层填充，外层分离

围护体系的内层构件在结构体系划分出的区域内形成填充体，固定于结构体系上。而外层构件则与结构体系相分离，可通过内层构件作用于结构体系，或是通过自身的结构构件与建筑的结构体系相联系。

3. 分离

围护体系整体与结构体系之间分离，如幕墙围护体系。围护体系自身的结构必须自成一体，依靠内层支撑构件固定于建筑结构体系上。围护体系具有最大的独立性，存在较高程度预制的可能性。装配时间短，节约成本；立面形式更为自由和精制。

2.6　建筑设备系统

人们在建筑物里生活离不开水、电等能源，同时也需要舒适的室内环境。建筑设备满足人的上述需求。依据建筑物的重要性和使用性质的不同，设备体系的配置情况也不尽相同，通常包括给排水、电力/电气系统和采暖通风与空调系统。根据需要还有防盗报警、灾害探测及自动灭火等智能系统。

2.6.1　给水与排水

1. 给水系统

建筑物必须从环境中获取足够的水。人烟稀少的山区，人们一般从河流取水或从井中提取地下水。城市中采用市政供水系统，水源一般是筑坝建造水库或地下水。大型的输水管道将水从水库输送到市区。市政供水系统通常是利用压力将水提升到水塔上，通过埋在街道下面的管道系统将水输送到城市的各个角落。该管道通过控制阀门与各建筑物中的管道相连。通常用水表测量水的流量，按照水的使用量收费（图2-26）。

室内给水系统由管道、阀门和用水设备组成。市政管网内的水具有一定水压，直接供给低层或多层建筑。对于较高的建筑，需要设置地下水池，利用水泵提升至屋顶水箱再通过重力供应。

消防给水是建筑防火、灭火的重要设施。它通过相应的给水管道将消防水源与室内消火栓或自动喷淋系统的喷头相连。

2. 排水系统

洗涤池、水池和洗澡盆内用过的污水，需要通过市政排水系统排出。各家各户的管道汇集到市政污水管网，再在污水处理厂中进行处理。一部分污水经过处理成为中水后，可以用于冷却、灌溉、景观等（图2-27）。

图2-26　给水系统图

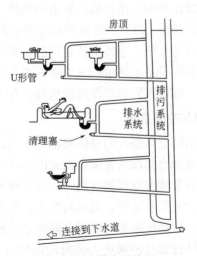

图2-27　排水系统图

2.6.2 电力与电气

电力系统为建筑物提供电力供应，分为强电系统和弱电系统两部分，强电系统指供电、照明等，弱电系统指通信、安保监控、消防报警等。

1. 电力电气系统

电能作为干净、可靠、便利的能源形式，其应用范围遍及所有建筑之中。电能通常由发

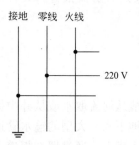

图 2-28 供电系统图

电厂产生，通过输电系统传送到建筑中。火线进入建筑前，通过电表记录所消耗的电量。建筑物内，三条线（一条无电的地线，两条分别为火线与零线）进入配电盘。通过配电盘，再连接到各种电器设备——插座、照明灯或者开关上（图 2-28）。

高层建筑、地处空旷的房屋及易于雷击着火的木构古建筑等需要进行防雷设计。通过设置避雷针则可以瞬间释放积雨云同地面之间的强大电压，将电流导向地面。

2. 弱电系统

建筑弱电系统一般是指直流电路或音频、视频线路、网络线路及电话线路，直流电压一般在 32 V 以内。另一类是载有语音、图像、数据等信息的信息源，如电话、电视、计算机的信息。随着现代弱电高新技术的迅速发展，智能建筑中的弱电技术应用越来越广泛。如智能消防系统、监控系统、计算机网络、楼宇自控、智能广播等。弱电技术的应用程度决定了智能建筑的智能化程度。

2.6.3 采暖通风与空调

空气的温度和质量决定了人们冷暖的感受和健康舒适的要求。当自然条件无法满足人们的舒适度需求的时候，就需要通过设置采暖、通风和空调系统人工设备调节室内环境。

1. 供暖系统

供暖系统由热源、热媒输送管道和散热设备组成。热源是制取具有压力、温度等参数的蒸汽或热水的设备。热电厂或锅炉房是供暖系统的热源。热媒输送管道是把热量从热源输送到热用户的管道系统。室外供热管网的主要设备有供回水管道、各类阀件、伸缩器及屋顶膨胀水箱等。散热设备把热量传送给室内空气的设备。

近年来，随着人们的环保意识增强，都逐渐采用地热等可再生能源进行供暖（冷）。

2. 通风与空调系统

新鲜清洁的空气是人们身体健康和生活品质的基础。最简单的机械通风方式是安装固定风扇或者风扇加竖向排风管道，把室内污浊的空气排出室外。被排出的气体再由室外新鲜空气来填补。在采暖或空调制冷期间，这意味着相当一部分的能量损失。

在复杂的通风系统中，风扇与管道系统相连。排风管道系统将污浊的空气抽走，新风输入新鲜空气。该系统通常与供暖和降温系统相配合，新鲜空气经过预热或预冷至舒适温度输入。回风系统过滤并再循环大部分内部空气，并加入小部分室外新风。该系统造价高，能耗大。

随着绿色节能观念日渐深入，通过采用保温隔热的围护系统，低能耗玻璃、节能门窗、呼吸式幕墙等新技术，达成少用空调、减少能耗的绿色建筑目标。

思 考 题

1. 建筑的作用和本质是什么？
2. 建筑物由哪些系统组成？
3. 请列举建筑物系统整合的实例。
4. 请列举建筑基础与场地条件的关系。
5. 什么是用地红线？
6. 建筑空间限定的方式有哪些？
7. 建筑结构支撑的方式有哪些？
8. 建筑围护系统如何控制室内环境？
9. 可通过哪些设备系统进行建筑环境控制？

第3章
建筑设计基本常识

【本章内容概要】

本章主要介绍建筑设计的基本常识。人体尺度及人体活动所占的空间尺度是确定民用建筑内部各种空间尺度的主要依据。建设地区的温度、湿度、日照、雨雪、风向、风速等是建筑设计的重要依据。

建筑规范是由政府或立法机关颁布的对新建建筑物所作的最低限度技术要求的规定，是建筑法规体系的组成部分。标准规范是广大工程建设者必须遵守的准则和规定。

《建筑设计资料集》是建设行业最权威的工具书之一，它系统、全面，涵盖建筑设计工作的各项专业知识。国家建筑标准设计是工程建设标准化的重要组成部分，是工程建设标准化的一项重要基础性工作，是建筑工程领域重要的通用技术文件。

对建筑物及其构配件的设计、制作、安装所规定的标准尺度体系，称为建筑模数制。制定建筑模数协调体系的目的是用标准化的方法实现建筑制品、建筑构配件的生产工业化。

建筑可以按照层数、高度、设计使用年限、承重结构的材料等多种分类方式进行分类。

建筑可以按照耐火性能进行分级。建筑物不能完全彻底地防火，因而需要对建筑进行防火设计。

建筑设计过程按工程复杂程度、规模大小及审批要求，划分为不同的设计阶段。一般的工程通常分为方案阶段、初步设计阶段和施工图设计阶段。

【本章学习重点与难点】

学习重点：建筑设计依据、常用建筑规范、建筑模数制的内容、建筑分类分级、建筑防火疏散。

学习难点：建筑模数制前景与展望建筑防火疏散的系统。

3.1 建筑设计的依据

3.1.1 人体尺度

人体尺度及人体活动所占的空间尺度是确定民用建筑内部各种空间尺度的主要依据。

1. 身高

按照《中国成年人人体尺寸》（GB/T 10000—1988），我国18～60岁成年男子身高的中位值是1 678 mm，18～55岁成年女子身高的中位值是1 570 mm（图3-1）。

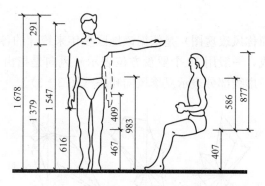

图 3-1　我国成年男子人体尺度图（mm）

2. 人体基本动作尺度

人体的尺度与人的活动是决定建筑空间形状、大小及组合逻辑的主要因素（图 3-2）。

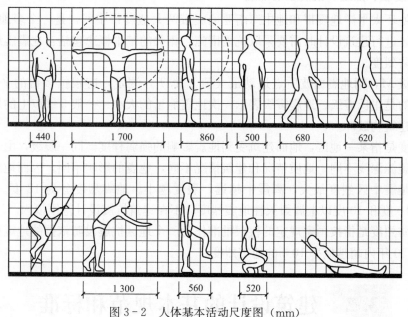

图 3-2　人体基本活动尺度图（mm）

3.1.2　自然条件

建设地区的温度、湿度、日照、雨雪、风向、风速等是建筑设计的重要依据。

1. 建筑气候区划

为区分我国不同地区气候条件对建筑影响的差异性，明确各气候区的建筑基本要求，提供建筑气候参数，我国制定了《建筑气候区划标准》（GB 50178—1993）。该标准将建筑气候的区划系统分为一级和二级区两级，一级区划分为 7 个区，包括：严寒地区、寒冷地区、夏热冬冷地区、温和地区和夏热冬暖地区。二级区划在一级区划的基础上又进一步细化为 20 个区。

2. 风玫瑰图

风向频率玫瑰图（简称风玫瑰图）是依据该地区多年来统计的各个方向吹风的平均日数的百分数按比例绘制而成，一般用 16 个罗盘方位表示。风向是指由外吹向中心。图中实线部分表示全年风向频率，虚线部分表示夏季风向频率（图 3-3）。

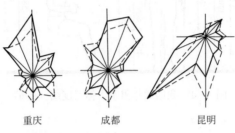

重庆　　　　　成都　　　　　昆明

图 3-3　不同城市的风向频率玫瑰图

3. 地震震级、烈度和抗震设防烈度

我国地处环太平洋地震带和地中海南亚地震带两大地震带中间，是一个多地震的国家。因而在地震区进行建筑设计时需要采取抗震措施。相关的基本概念包括：地震震级、地震烈度和抗震设防烈度。

地震震级 M，用地震面波质点运动最大值（A/T）测定，应根据多台的平均值确定。国际上通用的是里氏震级。地震震级表示一次地震能量的大小。一般 5 级以上的地震会造成人员伤亡和建筑物破坏。

地震烈度是指某一地区，地面建筑受到地震影响的强弱程度。同一震级，由于距离震中远近不同，震源深浅不同，地质情况和建筑情况不同，地震的影响不同，因而地震烈度各不相同。一般是震中区烈度最大，离震中越远，烈度越小。地震烈度分为 12 度。6 度以上，建筑受损，10 度和 10 度以上属毁灭性地震烈度，不在建筑抗震设计范围以内。

抗震设防烈度是指按国家规定的权限批准作为一个地区抗震设防依据的地震烈度。一般情况下，取 50 年内超越概率 10% 的地震烈度。

3.2　建筑设计的基本规范和标准

建筑法规体系分为法律、规范和标准 3 个层次。建筑规范是由政府或立法机关颁布的对新建建筑物所作的最低限度技术要求的规定，是建筑法规体系的组成部分。标准规范是广大工程建设者必须遵守的准则和规定。标准规范的制定和实施有助于提高工程建设科学管理水平，保证工程质量和安全，促进技术进步。

20 世纪 50 年代，中国建筑工程部编订了《民用建筑设计通则》，并着手制定各类建筑设计规范。1984 年，城乡建设环境保护部成立了民用建筑设计标准审查委员会，组织民用建筑设计规范的编制和管理工作。随着建筑活动的发展和深化，建筑设计规范不断进行修订和更新。

建筑设计规范制定公布后，由城市建设主管部门负责监督实施，设置专门人员按规范审查施工图，对不符合要求的设计责成设计人修改，然后颁发施工许可证。

3.2.1　常用设计规范及标准

1. 城市规划类

《城市规划制图标准》（CJJ/T 97—2003）；

《城市用地分类与规划建设用地标准》（GB 50137—2011）；

《城市道路交通规划设计规范》（GB 50220—1995）；

《城市道路绿化规划与设计规范》（CJJ 75—1997）；

《城市居住区规划设计规范》（GB 50180—1993）（2016 年版）；

《村镇规划标准 》（GB 50188—2007）；

《城市工程管线综合规划规范》（GB 50289—1998）。

2. 建筑设计类

《房屋建筑制图统一标准》（GB/T 50001—2010）；

《民用建筑设计通则》（GB 50352—2005）；

《公共建筑节能设计标准》（GB 50189—2015）；

《住宅设计规范》（GB 50096—2011）。

3. 景观设计类

《风景名胜区分类标准》（CJJ/T 121—2008）；

《风景名胜区规划规范》（GB 50298—1999）；

《公园设计规范》（GB 51192—2016）。

4. 技术（结构、设备、防火）

《建筑设计防火规范》（GB 50016—2014）；

《建筑地基基础设计规范》（GB 50007—2011）；

《建筑抗震设计规范》（GB 50011—2010）。

3.2.2　建筑设计资料集和标准设计图集

1. 建筑设计资料集

《建筑设计资料集》是建设行业最权威的工具书之一，它系统、全面，涵盖建筑设计工作的各项专业知识。我们目前使用的《建筑设计资料集》（第二版）于 1994 年由中国建筑工业出版社出版，是在原第一版的基础上，按照总类、民用建筑、工业建筑和建筑构造四大部分进行修订的。共分 10 集，第 1、2 集为总类；第 3、4、5、6、7、10 集为民用及工业建筑；第 8、9 集为建筑构造。编写体例以图、表为主，辅以简要的文字。《建筑设计资料集》集中反映了我国 20 世纪 80 年代以来建筑理论和设计实践中的成果。

目前由中国建筑学会和中国建筑工业出版社联合组织的《建筑设计资料集》（第三版）修编工作进入收尾阶段，有望在年内出版。

另外，日本建筑学会也编有《建筑设计资料集成》，分为综合篇、人体·空间篇、居住篇、休闲住宿篇、地域·城市篇。收录了世界各地获得高度评价的案例，但是有些地方与中国规范不符，可以与中国建筑工业出版社的《建筑设计资料集》相对照着使用。

2. 国家建筑标准设计图集

国家建筑标准设计是工程建设标准化的重要组成部分，是工程建设标准化的一项重要基础性工作，是建筑工程领域重要的通用技术文件。全国有 90％的建筑工程采用标准设计图集，标准设计工作量占到设计工作量的近 60％，对于保证工程质量，提高效率，节约资源，降低成本，促进行业技术进步，发挥了不可替代的作用。中国建筑标准设计研究院是国家建筑标准设计的归口管理单位，负责组织编制、出版、发行国家建筑标准设计图集。现行国家标准设计包括建筑、结构、给排水、暖通空调、动力、电气、弱电、人防工程及市政 9 个专业共 600 多册图集。以建筑专业为例，又分为：0 类总图及室外工程、1 类墙体、2 类屋面、3 类楼地面、4 类楼梯、5 类装修、6 类门窗及天窗、8 类设计图示、9 类综合项目及参考图。每类下面又分为各种具体的图集。随着行业发展新版新编图集不断问世。

3.3　建筑模数制

3.3.1　概述

对建筑物及其构配件的设计、制作、安装所规定的标准尺度体系，称为建筑模数制。制定建筑模数协调体系的目的是用标准化的方法实现建筑制品、建筑构配件的生产工业化。

模数作为统一构件尺度的最小基本单位，在古代建筑中就已应用。在古希腊、古罗马建筑中 5 种古典柱式的高度与柱底半径（module）成倍数关系，模数一词即来源于此。中国宋代《营造法式》规定的大木作制度，木构件尺寸都用"材契"来度量，规定"材分八等"，依据建筑的等级高低而选用具体的用材模数。清工部《工程做法》用"斗口"实际也就是标准材的断面宽度作为木构建筑基本模数，斗口共分十一等。

1920 年，美国人阿尔弗雷德·F. 贝米斯首次提出利用模数坐标网格和基本模数值来预制建筑构件（图 3-4）。第二次世界大战期间，德国人 E. 诺伊费特提出了著名的"八分制"，瑞典人贝里瓦尔等提出了综合性模数网格和以 10 cm 为基本模数值的模数理论。当时建筑工业化尚处在初始阶段，用预制件装配的建筑因造价过高而难以推广。第二次世界大战后至 20 世纪 60 年代，工业化体系建筑蓬勃兴起，建筑模数的研究达到高潮。许多国家以法规形式公布和推行这种制度。70 年代起，国际标准化组织房屋建筑技术委员会（ISO/TC

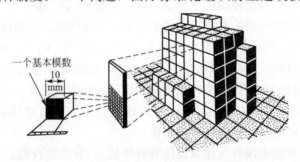

一个基本模数
10 mm

图 3-4　阿尔弗雷德·F. 贝米斯提出的立体模数概念

59）陆续公布了有关建筑模数的一系列规定。建筑模数协调体系已成为国际标准化范围内的一种质量标准。

我国的建筑模数协调标准是从 1956 年开始实施的，它基本上是参照苏联有关规范编制而成。经过工程实践的检验，20 世纪 70 年代对标准做了删繁就简的修编。80 年代又参照国际标准化组织房屋建筑技术委员会（ISO/TC 59）制定的国际标准对原有标准进行修编初步形成了建筑模数协调的体系，目前该体系正在完善过程当中。目前现行的建筑模数制标准是《建筑模数协调统一标准》（GB/T 50002—2013）。《厂房建筑模数协调标准》（GB/T 50006—2010）、《住宅建筑模数协调标准》（GB/T 50100—2001）等已经更新，并随着工程实践经验的积累逐步完善。

3.3.2　建筑模数协调的主要内容

建筑中选定一个标准的尺度单位作为尺度协调中的增值单位，它是建筑设计、建筑施工、建筑材料与制品、建筑设备、建筑组合件等各部门进行尺度协调的基础，这就是现代建筑中的统一模数制。

建筑模数协调的内容如下。

1. 模数数列

模数数列在建筑设计中要求用有限的数列作为实际工作的参数，它是运用叠加原则和倍数原理在基本数列基础上发展起来的。《建筑模数协调统一标准》（GB/T 50002—2013）中模数包括基本模数和导出模数，各有适用范围。在建筑统一模数制中，基本模数的数值为 100 mm（$1M$ 等于 100 mm）。整个建筑物和建筑的一部分及建筑部件的模数化尺寸，应是基本模数的倍数。导出模数应分为扩大模数和分模数。扩大模数基数应为 $2M$、$3M$、$6M$、$9M$、$12M$；分模数基数应为 $(1/10)\,M$、$(1/5)\,M$、$(1/2)\,M$。

2. 模数网格

模数网格可由正交、斜交或弧线的网格基准线（面）构成，连续基准线（面）之间的距离应符合模数，不同方向连续基准线（面）之间的距离可采用非等距的模数数列。

相邻网格基准线（面）之间的距离可采用基本模数、扩大模数或分模数。对应的模数网格分别为基本模数网格、扩大模数网格和分模数网格。

对于模数网格在三维坐标空间中构成的模数空间网格，其不同方向上的模数网格可采用不同的模数（图 3-5）。

模数网格可采用单线网格，也可采用双线网格，对应于建筑中的结构网格和装修网格。

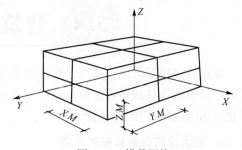

图 3-5　模数网格

3. 定位原则

部件定位可采用中心线定位法、界面定位法或中心线与界面定位法混合使用的方法。所谓界面定位是指模数化网格线位于构件的边界面，而中心线（或偏中线）定位是指模数化网格线位于构件中心线（或偏中心线）。

4. 公差和接缝

公差是指部件或分部件在制作、放线或安装时允许偏差的数值。部件或分部件在加工或装配时会在一个方向或几个方向上产生偏差，应对部件或分部件作出基本公差的规定，包括制作公差、安装公差、就位公差等。接缝是指两个或两个以上相邻构件之间的缝隙。在设计和制造构件时，应考虑到接缝因素。

3.3.3 建筑模数协调的前景与展望

建筑模数协调与建筑标准化和建筑工业化密切相关。它通过减少构件种类，实现大批量生产预制构件。而在当前数字技术时代，西方先进国家先锋建筑师的设计实践中，建筑设计

图 3-6 横滨国际客运码头

与制造的逻辑发生了改变。基于三维参数模型的一体化设计制造过程，创造出不同于以往的建筑形态。在这类明星式建筑中，模数的作用有逐渐式微的迹象（图 3-6）。

但是，就我国目前的建筑实践状况而言，通过制定详细的、完善的模数制系统等有效的控制措施使建筑垃圾减量化，是非常紧迫而现实的任务。有关资料表明，我国每 10 000 m² 建筑的施工过程中，仅建筑废渣就会产生 500～600 t。我国每年仅施工建设所产生和排出的建筑废渣就有 4 000 万 t。这其中就包括了因建筑模数体系的不完善，而造成的建筑制品不完全利用、重复、破坏等的浪费行为。

另外，我国住宅建筑正面临前所未有的发展前景，住宅建设总量在 10～15 年内仍将保持增长的趋势。由于住宅建设中模数化的缺失导致了产业化失调，产业化运营长期不到位，导致效率低下，产品的性能差。模数协调的研究和应用是当前住宅建设的最重要的技术基础工作之一，从而实现接近和达到先进国家的建设水准。

3.4 建筑物分类及分级

建筑可以按照层数、高度、设计使用年限、承重结构的材料等多种分类方式进行分类，还可以按照耐火性能进行分级。此种分类分级方式影响建筑适用的规范类别，承重材料决定了建筑的内力特征和结构特性。

1. 按照建筑层数和高度分类

住宅建筑按层数分类：一层至三层为低层住宅，四层至六层为多层住宅，七层至九层为中高层住宅，建筑高度大于 27 m 的住宅建筑和建筑高度大于 24 m 的非单层厂房，仓库和其他民用建筑是高层建筑。

2. 按设计使用年限分类

《民用建筑设计通则》（GB 50352—2005）中按照设计使用年限，将民用建筑分为四类

（表 3-1）。

表 3-1　设计使用年限分类

类别	设计使用年限/年	示例
1	5	临时性建筑
2	25	易于替换结构构件的建筑
3	50	普通建筑和构筑物
4	100	纪念性建筑和特别重要的建筑

3. 按照承重结构的材料分类

（1）木结构建筑，是指以木材作房屋承重骨架的建筑。

（2）砖（或石）结构建筑，是指以砖或石材为承重墙柱和楼板的建筑。这种结构便于就地取材，能节约钢材、水泥和降低造价，但抗害性能差，自重大。

（3）钢筋混凝土结构建筑，是指以钢筋混凝土作承重结构的建筑。如框架结构、剪力墙结构、框剪结构、筒体结构等，具有坚固耐久、防火和可塑性强等优点，故应用较为广泛。

（4）钢结构建筑，是指以型钢等钢材作为房屋承重骨架的建筑。钢结构力学性能好，便于制作和安装，工期短，结构自重轻，适宜在超高层和大跨度建筑中采用。随着我国高层、大跨度建筑的发展，采用钢结构呈增长趋势。

（5）混合结构建筑，指采用两种或两种以上材料作承重结构的建筑。如由砖墙、木楼板构成的砖木结构建筑；由砖墙、钢筋混凝土楼板构成的砖混结构建筑；由钢屋架和混凝土墙（或柱）构成的钢混结构建筑。其中砖混结构在大量民用建筑中应用最为广泛。

4. 按耐火性能分级

所谓耐火等级，是衡量建筑物耐火程度的标准，它是由组成建筑物构件的燃烧性能和耐火极限的最低值所决定的。划分建筑物耐火等级的目的在于根据建筑物的用途不同提出不同的耐火等级要求，做到既有利于安全，又有利于节约基本建设投资。现行《建筑设计防火规范》（GB 50016—2014）将建筑物的耐火等级划分为一、二、三、四级（表 3-2）。地下或半地下建筑（室）和一类高层建筑的耐火等级不应低于一级；单、多层重要公共建筑和二类高层建筑的耐火等级不应低于二级。

表 3-2　不同耐火等级建筑相应构件的燃烧性能和耐火极限　　　　　　　单位：h

构件名称		耐火等级			
		一级	二级	三级	四级
墙	防火墙	不燃性 3.00	不燃性 3.00	不燃性 3.00	不燃性 3.00
	承重墙	不燃性 3.00	不燃性 2.50	不燃性 2.00	难燃性 0.50
	非承重外墙	不燃性 1.00	不燃性 1.00	不燃性 0.50	可燃性
	楼梯间和前室的墙 电梯井的墙 住宅建筑单元之间的 墙和分户墙	不燃性 2.00	不燃性 2.00	不燃性 1.50	难燃性 0.50

构件名称		耐火等级			
		一级	二级	三级	四级
墙	疏散走道两侧的隔墙	不燃性 1.00	不燃性 1.00	不燃性 0.50	难燃性 0.25
	房间隔墙	不燃性 0.75	不燃性 0.50	难燃性 0.50	难燃性 0.25
柱		不燃性 3.00	不燃性 2.50	不燃性 2.00	难燃性 0.50
梁		不燃性 2.00	不燃性 1.50	不燃性 1.00	难燃性 0.50
楼板		不燃性 1.50	不燃性 1.00	不燃性 0.50	可燃性
屋顶承重构件		不燃性 1.50	不燃性 1.00	不燃性 0.50	可燃性
疏散楼梯		不燃性 1.50	不燃性 1.00	不燃性 0.50	可燃性
吊顶（包括吊顶搁栅）		不燃性 0.25	难燃性 0.25	难燃性 0.15	可燃性

注：1. 除本规范另有规定外，以木柱承重且墙体采用不燃材料的建筑，其耐火等级应按四级确定。

　　2. 住宅建筑构件的耐火极限和燃烧性能可按现行国家标准《住宅建筑规范》（GB 50368—2005）的规定执行。

表3-2中的数值是指建筑构件的耐火极限。

建筑构件的耐火极限是指在标准耐火试验条件下，建筑构件、配件或结构从受到火的作用时起，到失去承载能力、完整性或隔热性时止所用时间，用小时表示。

（1）失去承载能力，是指构件在受到火焰或高温作用下，由于构件材质性能的变化，使承载能力和刚度降低，承受不了原设计的荷载而破坏。

（2）失去完整性，是指薄壁分隔构件在火中高温作用下，发生爆裂或局部塌落，形成穿透裂缝或孔洞，火焰穿过构件，使其背面可燃物燃烧起火。

（3）失去隔热性，是指具有分隔作用的构件，背火面任一点的温度达到220 ℃时，构件失去隔火作用。

3.5　建筑防火与疏散

建筑物不能完全彻底地防火。如果温度接近其熔点，且持续时间较长，钢材将失去大部分的结构强度作用。混凝土的耐火性能比钢材略胜一筹，但火舌的舔舐，会使其基本的结晶结构大量碎裂，最终导致严重的结构性破坏。砖瓦虽然耐火，但砖瓦之间的砂浆接缝容易受热碎裂，从而削弱砖石结构的整体强度。因而需要对建筑进行防火设计，通过一整套先进、有效措施来对付火灾，从而保护人们的生命和财产安全。

1. 建筑物的火灾危险——防火间距

防火的第一步就是防止火灾的发生。建筑防火规范对城市不同地区建筑设施的建筑物内部建筑材料的燃烧性能、耐火等级和防火间距都有明确的规定。现行《建筑设计防火规范》（GB 50016—2014）对不同耐火等级的一般民用建筑之间的防火间距作出了具体规定（表3-3，针对相邻建筑的具体情况该表数值还稍有调整）。防火间距是防止着火建筑的辐射热在一定时间内引燃相邻建筑，且便于消防扑救的间隔距离。对民用建筑与加油站、特殊工房、变配电所、锅炉房等火灾危险源的防火间距另有更为严格的规定。

表3-3　民用建筑之间的防火间距　　　　　单位：m

建筑类别		高层民用建筑	裙房和其他民用建筑		
		一、二级	一、二级	三级	四级
高层民用建筑	一、二级	13	9	11	14
裙房和其他民用建筑	一、二级	9	6	7	9
	三级	11	7	8	10
	四级	14	9	10	12

2. 防火于未然——构件的耐火性和防火构造

我们应该做到防火于未然，建筑结构要耐火，提高构件耐火极限，使其在火灾中不致倒塌。或者采取措施，提高钢构件的耐火性（图3-7）。目前多采用水泥砂浆和金属网密封钢构件；可以由多层石膏板包封，也可以在水泥胶凝材料中加入轻质金属喷涂于钢材表面，形成绝缘层。

3. 防止火势蔓延——防火分区

火灾的蔓延模式主要分为水平蔓延和垂直蔓延两种，蔓延途径可以经由内墙门，外墙窗口，楼板上的孔洞、建筑物内的各种管道竖井，穿越楼板、墙壁的管线、缝隙、闷顶等多种途径。

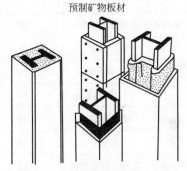

预制矿物板材

混凝土　灰泥和金属网　喷涂绝缘层

图3-7　钢柱的防火构造

为了防止火势蔓延，建筑设计时必须进行防火分区的设计。防火分区是在建筑内部采用防火墙、耐火楼板及其他防火分隔设施分隔而成，能在一定时间内防止火灾向同一建筑的其余部分蔓延的局部空间。它是控制建筑火灾的基本空间单元。《建筑设计防火规范》（GB 50016—2014）中规定一、二级耐火等级的单层、多层民用建筑其防火分区最大允许建筑面积是2 500 m²，一、二级高层民用建筑防火分区的最大允许建筑面积是1 000 m²。

4. 灭火于始燃——灭火系统设计

迅速灭火也是防止火势蔓延的有效途径。楼区居民可以使用应急灭火设备，如手提灭火器、固定水龙带等将小火扑灭。消火栓系统是最基本、最常用的灭火方式。通过供水管网供水，经过消防水泵或者气压给水装置加压后，从喷水枪喷水灭火。重要民用建筑或易燃物集中的厂房、仓库通常设置自动灭火系统。当消防控制中心火灾报警控制器收到火灾报警信号并确认无误时，立即输出联动控制信号，实现自动灭火。自动灭火设备可分为自动喷淋灭火系统（水）、气体灭火系统、泡沫灭火系统、干粉灭火系统、消火栓灭火系统及消防炮等。其中消火栓灭火系统和自动喷淋灭火系统（水）最常用；对非常珍贵的特藏库、珍品库房及重要的音像制品库房宜设置气体灭火系统；泡沫灭火系适宜非水溶性甲、乙、丙类液体可能泄漏的室内场所；大型体育场馆等超大空间一般采用消防炮。

5. 保护人身安全——疏散设计

为保护人民人身安全，建筑设计时必须进行安全疏散的设计，以便于万一发生火情，群众可以从逃生通道逃生。安全疏散设施主要有：安全出口，疏散走道，疏散楼梯，避难层（间）和避难走道，消防电梯，应急照明和安全疏散指示标志，应急广播，防排烟设施，屋顶直升机停机坪。《建筑设计防火规范》（GB 50016—2014）对疏散距离的规定如表 3 - 4 所示。

表 3 - 4 　直通疏散走道的房间疏散门至最近安全出口的直线距离　　　　单位：m

名　称		位于两个安全出口之间的疏散门			位于袋形走道两侧或尽端的疏散门		
		一、二级	三级	四级	一、二级	三级	四级
托儿所、幼儿园 老年人建筑		25	20	15	20	15	10
歌舞娱乐放映游艺场所		25	20	15	9	—	—
医疗 建筑	单、多层	35	30	25	20	15	10
	高层 病房部分	24	—	—	12	—	—
	高层 其他部分	30	—	—	15	—	—
教学 建筑	单、多层	35	30	25	22	20	10
	高层	30	—	—	15	—	—
高层旅馆、公寓、展览建筑		30	—	—	15	—	—
其他 建筑	单、多层	40	35	25	22	20	15
	高层	40	—	—	20	—	—

注：1. 建筑内开向敞开式外廊的房间疏散门至最近安全出口的直线距离可按本表的规定增加 5 m。

　　2. 直通疏散走道的房间疏散门至最近敞开楼梯间的直线距离，当房间位于两个楼梯间之间时，应按本表的规定减少 5 m；当房间位于袋形走道两侧或尽端时，应按本表的规定减少 2 m。

　　3. 建筑物内全部设置自动喷水灭火系统时，其安全疏散距离可按本表及注 1 的规定增加 25%。

安全疏散的设计原则如下。

（1）在建筑物内的任一房间或部位，一般都应有两个不同疏散方向可供疏散，尽可能不设计袋形走道。疏散路线一般宜短、直，不宜长、曲。

（2）在建筑物外墙上设置可供人员临时避难用的室外楼梯、阳台或屋顶疏散平台。

（3）疏散通道上的门应为防火门，且在火灾时保持关闭状态，防止烟气通过敞开的门向相邻防火分区蔓延。

3.6　建筑设计的程序

3.6.1　设计权的取得

设计单位要取得设计权，首先应该具有与该项工程的等级相适应的设计资质；通过设计投标来赢得承揽设计的资格；接受建设方的委托，并与之依法签订相关的设计合同。

在招投标的过程中，招标方提供工程的名称、地址、占地面积、建筑面积等，还提供已批准的项目建议书或可行性研究报告，工程经济技术要求，城市规划管理部门确定的规划控制条件和用地红线图，可供参考的工程地质、水文地质、工程测量等建设场地勘察成果报告，供水、供电、供气、供热、环保、市政道路等方面的基础材料。投标方则据此按投标文件的编制要求在规定的时间内提交投标文件。投标文件一般可能包含由建筑总平面图、各建筑主要层面平面图、建筑主要立面图和主要剖面图所组成的建筑方案，反映该方案设计特点的若干分析图和彩色建筑表现图或建筑模型，以及必要的设计说明。设计说明的内容以建筑设计的构思为主，也包括结构、设备各专业，环保、卫生、消防等各方面的基本设想和设计依据，同时还应提供设计方案的各项技术经济指标及初步的经济估算。

3.6.2　建筑设计的程序：方案阶段、初步设计阶段和施工图设计阶段

建筑设计过程按工程复杂程度、规模大小及审批要求，划分为不同的设计阶段。一般的工程通常分为：方案阶段、初步设计阶段和施工图设计阶段。对于大型民用建筑工程或技术复杂的项目通常在初步设计和施工图设计之间增加技术设计阶段。

1. 方案阶段

方案设计阶段通常在方案投标阶段完成。在取得设计权后，如果建设方对方案没有疑义，进入初步设计阶段。

2. 初步设计阶段

初步设计阶段的图纸和设计文件，要求建筑专业的图纸标明建筑的定位轴线和轴线尺寸、总尺寸、建筑标高、总高度，以及与技术工种有关的一些定位尺寸，在设计说明中则应标明主要的建筑用料和构造做法；结构专业的图纸需要提供房屋结构的布置方案图和初步计算说明及结构构件的断面基本尺寸；各设备专业也应提供相应的设备图纸、设备估算数量及说明书。在最后出图前，各参与设计的专业间应该进行会签，以保证各工种协调一致。根据这些图纸和说明书，工程概算人员应当在规定的期限内完成工程概算。以上要求如因工程较为复杂，还需经过技术设计阶段来协调解决。

在按照国家规定的设计深度完成了初步的设计文件后，设计单位应当经由建设单位向有关的监督和管理部门提交全部初步设计的设计文件，等候审批。在此期间，建设单位应当落实某些重要设备如电梯等的订货。结构专业的设计人员则需根据初步设计的文件作出地质钻探的定位图纸并提交实施。未经实地勘探的项目不允许进行施工图设计。

3. 施工图设计阶段

该阶段对初步设计的文件进行细化处理，达到可以按图施工的深度，并且满足设备材料采购、非标准设备制作和施工的要求。

施工图设计阶段的图纸和设计文件，要求建筑专业的图纸应提供所有构配件的详细定位尺寸及必要的型号、数量等资料，还应绘制工程施工中所涉及的建筑细部详图。其他各专业则亦应提交相关的详细的设计文件及其设计依据，如结构专业的详细计算书等，并且协同调整各专业的设计以达到完全一致。

在施工图文件完成后，设计单位应当将其经由建设单位报送有关施工图审查机构，进行强制性标准、规范执行情况等内容的审查。审查内容主要涉及建筑物的稳定性、安全性，包括地基基础和主体结构是否安全可靠；是否符合消防、卫生、环保、人防、抗震、节能等有关强制性标准、规范；施工图是否达到规定的深度要求；是否损害公共利益等几个方面。施工图经由审图单位认可或按照其意见修改并通过复审且提交规定的建设工程质量监督部门备案后，施工图设计阶段全部完成。这时如果建设单位要求提供施工图预算，设计单位应当予以配合。

思 考 题

1. 建筑设计的依据有哪些？
2. 常用设计规范有哪些？
3. 建筑模数协调的内容主要包括哪些？什么是基本模数，什么是扩大模数？
4. 建筑物如何进行分类和分级？
5. 建筑防火疏散的系统包括哪些？
6. 建筑设计的一般程序包括哪些？

第 4 章

建筑场地设计

【本章内容概要】

本章主要介绍场地设计的相关知识。主要内容包括场地设计的基本概念、场地设计的制约因素、场地设计的工作要点和建筑总平面图。

【本章学习重点与难点】

学习重点：场地设计各个阶段的具体内容、场地设计各个阶段的设计方法及需要遵循的原则和规范、总平面图包含的内容及表达方式。

学习难点：场地设计各个阶段所涉及的相关规范内容、总平面图的基本内容。

4.1 场地设计的基本概念

4.1.1 场地的概念

场地的概念有狭义和广义之分。狭义地讲，是指建筑物之外的广场、停车场、室外活动场地、室外展览场之类的内容；广义地讲，是指建筑基地（根据用地性质和使用权属确定的建筑工程项目的使用场地）中所包含的全部内容所组成的整体。

4.1.2 场地的构成要素

场地的构成要素主要如下。

（1）建筑物。

（2）交通系统。

（3）室外活动设施。

（4）绿化景园设施。

（5）工程系统。

图 4-1 为某公共建筑总平面图。

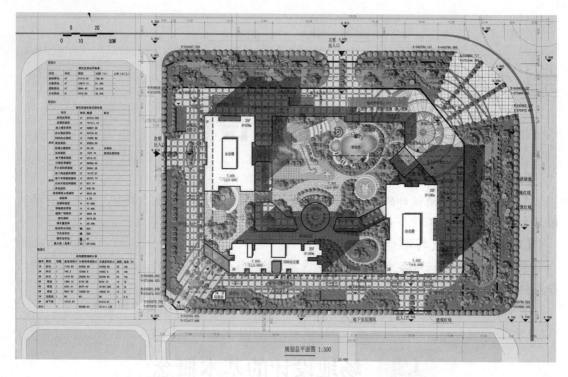

图 4-1　某公共建筑总平面图

4.1.3　场地设计

1. 场地设计的概念

场地设计是指为满足于各建设项目的要求，在基地现状条件和相关的法规、规范的基础上，组织场地中各构成要素之间关系的设计活动。

（1）工作内容。整个建筑设计中除建筑物单体的详细设计外所有的设计活动。

（2）工作目标。重视要素之间关系的组织，进行整体的设计。

（3）工作特征。科学性与艺术性的结合。

2. 场地设计的两个阶段

（1）场地布局。用地的基本划分，建筑物、交通系统、绿化系统及其他内容的基本布局安排。

（2）场地详细设计。道路、广场、停车场等交通系统的详细设计，绿化种植、景园设施及小品等的详细设计，以及工程管线系统的综合布置和场地竖向的详细设计。

3. 场地设计的相关领域

场地设计的相关领域包括城市规划、城市设计、风景园林设计、建筑外环境设计等。

4.2　场地设计的制约因素

4.2.1　前提条件

1. 城市规划的要求

（1）对用地性质的控制——适建、不适建、有条件可建等情况。

（2）对用地范围的控制——建筑红线和道路红线。

（3）对用地强度的控制——容积率、建筑密度、绿化覆盖率。

（4）对建筑范围的控制——建筑范围控制线（图4-2）、退红线。

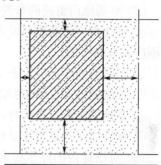

需要掌握以下几个概念。

（1）建筑红线——建筑用地相互之间的用地分界线。

（2）道路红线——城市道路（公用设施）用地与建筑用地之间的用地分界线。

图4-2　建筑范围控制线图

（3）容积率——基地内所有建筑物的建筑面积之和与基地总用地面积的比值。

（4）建筑密度——基地内所有建筑物基底占地面积之和与总用地面积的百分比。

（5）绿化覆盖率——基地内所有乔灌木及多年生草本植物占地面积的总和占基地用地面积的百分比，一般不包括屋顶绿化。

2. 相关规范的要求

《民用建筑设计通则》（GB 50352—2005）场地内建筑物的布局、建筑物与相邻场地边界线的关系、建筑突出物与红线的关系、基地内的通路设置、通路对外出入口的位置、绿化、管线的布置、场地竖向布置的规定等。

《建筑设计防火规范》（GB 50016—2014）场地内的消防车道、建筑物的防火间距等消防问题。

1）对建筑布局的规定

《民用建筑设计通则》（GB 50352—2005）建筑布局和间距应综合考虑防火、日照、防噪、卫生等方面的要求，应符合下列要求。

（1）建筑物间的距离，应满足防火要求。

（2）有日照要求的建筑，应符合当地规划部门制定的日照间距。

（3）建筑布局应有利于在夏季获得良好的自然通风，并防止冬季寒冷地区和多沙暴地区风害的侵袭。高层建筑的布局应避免形成高压风带和风口。

（4）根据噪声源的位置、方向和程度，应在建筑物功能分区、道路布置、建筑朝向、距离及地形、绿化和建筑物的屏障作用等方面，采取综合措施，以防止和减少环境噪声。

对于场地中建筑物的布置与相邻场地的关系，有如下规定。

（1）建筑物与相邻基地边界线之间应按建筑防火和消防等要求留出空地或道路。当建筑前后各自留有空地或道路，并符合建筑防火规定时，则相邻基地边界线两边的建筑可毗邻建造。

（2）建筑物高度不应影响相邻基地内建筑物的最低日照要求。

2）对交通组织的规定

《民用建筑设计通则》（GB 50352—2005）提出了以下几个方面的规定。

（1）对场地与外部道路的基本关系规定：基地应与道路红线相连接，否则应设通路与道路红线相连接。其连接部分的最小长度和通路的最小宽度，应符合当地规划部门制定的条例。

（2）对场地内道路的布置要求：

① 基地内应设通路与城市道路相连接。通路应能通达建筑物的各个安全出口及建筑物周围应留有的空地；

② 通路的间距不应大于 160 m；

③ 长度超过 35 m 的尽端式车行路应设回车场；

④ 基地内车行量较大时，应另设人行道；

⑤ 基地内车行路边缘至相邻有出入口的建筑物的外墙间的距离不应小于 3 m。

（3）对场地内的停车要求：新建或扩建工程应按建筑面积和使用人数，并经城市规划主管部门确认，在建筑物内，或同一基地内，或统筹建设的停车场或停车库内设置停车空间。

（4）对车流量较大的场地出入口位置的要求。车流量较多的基地，其通路连接城市道路的位置应符合下列规定：

① 距大中城市主干道交叉口的距离，自道路红线焦点量起不应小于 70 m；

② 距非道路交叉口的过街人行道最小边缘线不应小于 5 m；

③ 距公共交通站台边缘不应小于 10 m；

④ 距公园、学校、儿童及残疾人等建筑物的出入口不应小于 20 m；

⑤ 与立体交叉口的距离或其他特殊情况时，应按当地规划主管部门的规定处理。

（5）对人员密集的场地的交通组织的要求。电影院、剧场、文化娱乐中心、会堂、博览建筑、商业中心等人员密集建筑的基地、在执行当地规划部门的条例和有关专项建筑设计规范时，应保持与下列原则一致：

① 基地应至少一面直接邻接城市道路，该城市道路应有足够的宽度，以保证人员疏散时不影响城市正常交通；

② 基地沿城市道路的长度应按建筑规模或疏散人数确定；并至少不小于基地周长的 1/6；

③ 基地应至少有两个以上不同方向通向城市道路的出口；

④ 基地或建筑物的主要出入口，应避免直对城市主要干道的交叉口；

⑤ 建筑主要出入口前应有供人员集散用的空地，其面积和长宽尺寸应根据使用性质和人数确定；

⑥ 绿化面积和停车场面积应符合当地规划部门的规定。绿化布置应不影响集散空地的使用，并不应设置围墙大门等障碍物。

《建筑设计防火规范》（GB 50016—2014）对于一般的场地和高层民用建筑场地也做出

了相应规定。

（1）街区内的道路应考虑消防车的通行，道路中心线间的距离不宜大于 160 m。

当建筑物沿街道部分的长度超过 150 m 或总长度大于 220 m 时，应设置穿过建筑物的消防车道。确有困难时，应设置环形消防车道。

（2）高层民用建筑，超过 3 000 个座位的体育馆，超过 2 000 个座位的会堂，占地面积大于 3 000 m² 的商店建筑、展览建筑等单、多层公共建筑应设置环形消防车道，确有困难时，可沿建筑的两个长边设置消防车道；对于住宅建筑和山坡地或河道边临空建造的高层建筑，可沿建筑的一个长边设置消防车道，但该长边所在建筑立面应为消防车登高操作面。

（3）有封闭内院或天井的建筑物，当内院或天井的短边长度大于 24 m 时，宜设置进入内院或天井的消防车道；当该建筑物沿街时，应设置连通街道和内院的人行通道（可利用楼梯间），其间距不宜大于 80 m。

（4）在穿过建筑物或进入建筑物内院的消防车道内侧，不应设置影响消防车通行或人员安全疏散的设施。

（5）消防车取水的天然水源和消防水池应设置消防车道。消防车道的边缘距离取水点不宜大于 2 m。

（6）消防车道应符合下列要求：

① 车道的净宽度和净空高度均不应小于 4 m；

② 转弯半径应满足消防车转弯的要求；

③ 消防车道与建筑之间不应设置妨碍消防车操作的树木、架空管线等障碍物；

④ 消防车道靠建筑外墙一侧的边缘距离建筑外墙不宜小于 5 m；

⑤ 消防车道的坡度不宜大于 8%。

（7）环形消防车道至少应有两处与其他车道连通。尽头式消防车道应设置回车道或回车场，回车场的面积不应小于 12 m×12 m；对于高层建设，不宜小于 15 m×15 m；供重型消防车使用时，不宜小于 18 m×18 m。

4.2.2 直接依据

1. 项目的内容

包括建筑物内部的内容和建筑物外部的内容两部分，建筑物内外部的内容具有一定的关联性，如图 4-3 所示。

（1）建筑物内部的内容不但会影响到建筑物本身的布局形态，还决定着外部场地中的连带内容的组成，并对它们在场地中的存在形式构成影响。比如在人流量较大的建筑物出入口前应设有集散人流的广场，其规模也应与内部空间的规模相匹配；场地中景园设施的位置和形态也应与建筑物的内部空间组成形式相适应。

（2）建筑物外部的内容包括两大类，一类要满足直接功能要求，如游泳池、运动场、室外展览场、露天剧场等；另一类则是为了辅助这些功能和满足建筑物内部功能实现的要求，如人流集散广场、停车场、货车装卸场、景观庭园等。建筑物外部内容直接参与场地的构成，如图 4-4 所示。

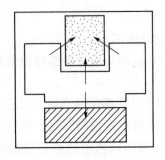

图 4-3 建筑物内外部内容的关联

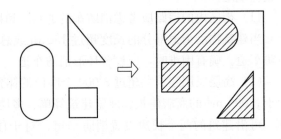

图 4-4 建筑物外部内容直接参与场地构成

2. 项目的性质

项目的性质包括项目的类型属性及项目的个体特性两部分。

（1）项目的类型属性是场地设计确定其基本发展方向和发展目标的根本依据，类型属性不同的项目，其场地设计会有不同的倾向，如文化类项目的场地设计应具有较高的文化品位，办公类项目会比较正式，纪念类项目的场地设计会更重视精神层次的效果，重视内涵和寓意的表达，会有更多的庄重感和严肃性，商业类项目则会有更多的新奇性、表现性和商业效果等。

（2）项目的个体特性则反映出项目本身的个体特点，进行场地设计时，其基本的设计方向和设计目标要反映出类型属性的特征，还应根据项目的个体特点进行进一步的精确定位。

3. 项目的使用者

需要考虑使用者的人群构成及使用者的行为要求。

哪些人是使用者？进行场地设计应先对未来的使用者进行调查和预测，确定服务对象的范畴和规模，并进行分类确定其组成类别，还要明确各类别之间的相互关系。

分析使用者的行为要求，了解人的一些比较固定的行为习性，如"左侧通行""左转弯""抄近路""十字路口驻足不前""视线向外"等（图 4-5）。

人的行为与发生该行为的空间有密切的关联，空间的设计应保证行为的顺利进行，还应约束和诱导行为的发生与进行，与此相对应，场地中内容的配置，各内容

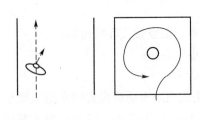

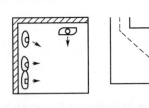

图 4-5 人的行为习性分析

的规模与形式的确定都要考虑到与相关行为之间的关系，要保证行为的顺利进行，还要限制一些行为的发生，这些问题应在场地设计中引起重视。

4.2.3 客观基础

1. 基地的自然条件

基地及其周围的自然状况，包括地形、地貌、地质、水文、气候、小气候等条件，可以统称为基地的自然条件。基地内部的自然状况对设计的影响是具体而直接的，对这些条件的分析是认识基地自然条件的核心。

1）地形与地貌

地形对场地设计有一定的制约作用，尤其是项目规模较大时，或场地组成元素较多时，地形直接影响场地的分区方式和布局结构等（图 4-6）。

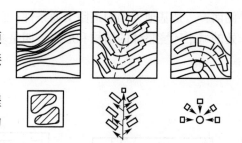

图 4-6　地形对场地分区及布局结构的制约

一般来说，平行于等高线的布置方式土方工程量较小，建筑物内部的空间组织比较容易，道路的起伏坡度会比较小，车辆及人员运行会比较方便，工程管线的布置也比较容易。

2）地质与水文

基地的地质、水文条件关系着场地中建筑物位置的选择，也关系到地下工程设施、工程管线的布置方式及地面排水的组织方式。场地设计需要掌握的基地地质情况包括：地面以下一定深度的土壤特性；土壤和岩石的种类及组合方式；土层冻结深度；基地所处地区的地震情况及地上、地下的一些不良地质现象等。

3）气候与小气候

气候与小气候条件是基地条件的重要组成部分。气候条件对场地设计的影响很大，在不同气候条件的地区会有不同的场地设计模式，气候条件是促成场地设计地方特色形成的重要因素之一（图 4-7）。

集中　　分散　　间距大　　间距小

南向　　西晒　　迎风　　背风

向阳　　背阳　　通风　　挡风

图 4-7　气候与小气候条件对场地设计的制约

2. 基地的建筑条件

1）基地内部

基地内部的条件就不仅是它的天然条件了，原来的建设所遗留的内容形成的"建设现状"也是基地的重要组成部分，它们不可避免地对场地设计构成产生影响（图 4-8）。

当所建设的项目是一个增建、扩建类的项目时，基地内原有建筑条件的重要性会增强，新的设计不应过于消极，而应是针对原有的不足作出必要的补充（图 4-9）。

2）基地周围

基地周围的建设状况是基地建筑条件的另一重要部分。概括起来这些条件可以分为 4 个侧面：一是基地外围的道路交通条件；二是基地所邻近的其他场地的建设状况；三是基地所处的城市环境整体的结构和形态；四是基地附近所具有的一些特殊的城市元素（图4-10）。

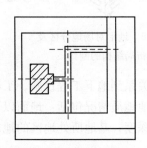

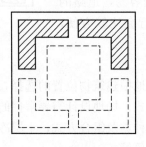

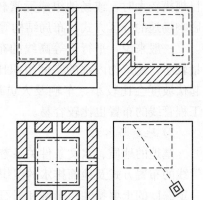

图4-8　基地内部建设现状是　　　图4-9　扩建项目中原有内容　　　图4-10　基地周围建筑
　基地条件的重要组成部分　　　　　对场地设计的制约　　　　　　　条件的4个侧面

4.3　场地设计的工作要点

4.3.1　第一阶段

1.场地分区

1）场地分区与基地利用

（1）集中的方式。

采用适当集中的划分方式，将用地划分成几大块，将性质相同的用地尽量集中在一起，利于边角地段的利用，可以保证基地的每一部分都有可能被充分利用起来，减少闲置的地块，同时也增大了可使用的用地面积。

集中的方式也是相对的，应该有其依据，这些依据一是性质上的，二是基地的形状上的。性质上的集中可以将相同的类似性质的用地集中在一起，连成一片；形状上的集中是根据基地的轮廓形式特征来划分地块，使每一区域都尽量完整，便于利用（图4-11）。

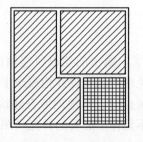

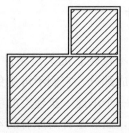

图4-11　集中分区的两种方式（性质与形状）

（2）均衡的方式。

当用地比较宽松时，场地分区与用地划分可采取多种变化的方式，宜采取均衡的方法，为达到用地划分的均衡可采取两种方式。

一是可根据不同的性质将用地划分为大致相当的几个相对集中的区域，这样场地整体上的区域划分会比较明确。均衡可通过各区域之间用地面积的比例的关系及各区域内部用地的再一层次上的细化来实现，通过这两种手段来保障基地的各个部分都被充分利用起来。

二是可以将基地直接细化为较小的区域，再将内容在不违背自身要求的情况下适当分解，组合到各大区域中去，这样只要保证每个区域都各有其用，也就保证了均衡（图4-12）。

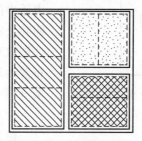

图4-12 均衡分区的两种方式（直接与间接）

2）场地分区与内容组织

从内容组织的角度来看，分区是要将场地中所应包含的各项内容按照某种特定方式加以归类组合，将相同的或具有类似性的内容归纳到一起，同时也是将差异较大的内容划分开来。使场地能够呈现比较清晰和明确的结构关系，使功能、空间和景观等方面都呈现出一种有序的状态。

（1）分区的依据。

内容的功能特性是确定分区的根本依据，而功能特性是由多方面体现的，因此，以功能性质为基础决定分区的形态时，需要考虑由功能性质而引发的一系列相对应的范畴，诸如动和静、洁和污、公共与私密、景观要求的高和低等。

（2）分区的形态。

分区的形态有两个方面的表现，一是各区域的分划状态，二是各区域之间的相互关系（图4-13）。

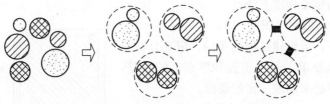

图4-13 内容分区形态的两个方面表现

分——将场地中的全部内容按照相互之间的差异性分解成若干组团和区域。

合——将不同内容按照相似性和类同性组合在一起。

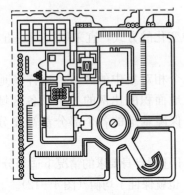

图 4-14 西萨·佩里设计
的四叶公寓

内容分区的形态最基本的表现就是内容的划分状态，这包括全部内容被分成了几部分，每一部分都包含了什么，哪些内容组合到了一起，哪一些分离出来。

2. 实体布局

实体是指场地内的建筑物或构筑物，其与基地及其他内容之间的协调介绍如下。

1）实体布局与基地

（1）比例悬殊的情况。

应注意建筑物对基地的组织和控制，选择在基地内适中的位置来布置。如西萨·佩里设计的休斯敦的四叶公寓，基地规模较大，建筑物占地规模较小，设计选取对角线作为建筑布局的基准，采取了双塔均匀布置的形式，这样能最有效地将整个基地组织调动起来（图 4-14）。

（2）比例适中的情况。

建筑物布置在基地中央［图 4-15（a）］，这种用地模式是重视建筑物的一种表现，它有利于场地布局形成所需的特色。

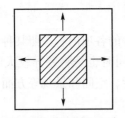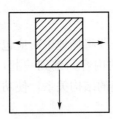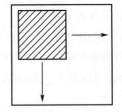

(a) 建筑物布置在基地中央　　(b) 建筑物布置在基地一侧　　(c) 建筑物布置在边角位置

图 4-15　比例适中时建筑物布置方式

建筑物布置在基地一侧［图 4-15（b）］是较为常用的设计手法，符合场地中其他内容的布置要求，以主从分别来组织场地内各部分之间的关系是形成场地布局整体结构关系的常见手段。

建筑物布置在边角位置［图 4-15（c）］使建筑物用地之外的部分在总用地中比重加大，建筑物用地的重要程度下降。

（3）比例相近的情况（图 4-16）。

在这种情况下，组织建筑物的布局，应充分注意到其他内容的用地要求，通过位置和形态上的调整，使剩余的用地集中起来形成一定的规模。

2）实体布局与其他内容之间的协调

实体与其他内容在场地中的三种形态关系，如图 4-17 所示。

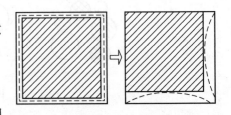

图 4-16　比例相近时建筑物布置方式

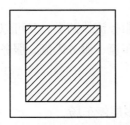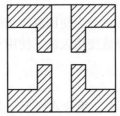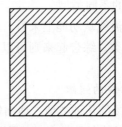

图 4-17　实体与其他内容在场地中的三种形态关系

（1）实体为核心的形式。场地中各项内容以建筑物为核心组织起来，是一种有中心的组织方式，其他内容与建筑物有直接的关联。

（2）相互间穿插的形式。实体与其他内容基本上采取的是分散式的布置形式，彼此交错，这种形式注重的是均衡。特点在于灵活性和变化性。

（3）其他内容为核心的形式。另一种有中心的组织形式，但组织的核心不是实体，而是场地中的其他内容，如庭院、广场、绿化等，建筑物环绕在它们的周围布置（图 4-18）。

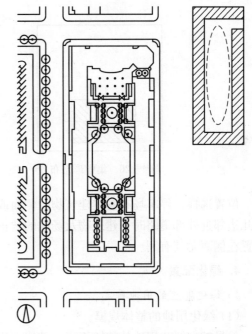

图 4-18　以其他内容为核心的建筑物形式

3. 交通组织

场地中交通组织的内容概括起来可分为两个方面，一是流线体系的确定，二是停车组织方式的确定。

1）流线系统的组织

（1）流线的整体形式。从单一流线的角度来看，在场地中有两种基本的流线组织方式（图 4-19）。

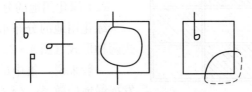

图 4-19　流线体系的基本结构

① 尽端式，是指流线进入场地抵达目的地后，离开场地时是从原路线折返回去，再从原来的入口离开。

② 通过式，是指流线从一端进入场地后从另一端离开而无须折返。

也可以将这两种组织方式结合起来，形成综合的结构。

（2）流线的不同类型。

场地中的流线从功能上来看，可以分为使用流线和服务流线两类，又可以分为人员流线和车辆流线两类。综合起来则可以分成使用人流、使用车流、服务人流、服务车流4个基本类型。

2）停车系统的组织

（1）停车场的几种类型。地面停车、组合式停车及多层停车场。

（2）停车场的布置方式。空间组合的方式包括集中式（图4-20）和分散式（图4-21）两种形态。

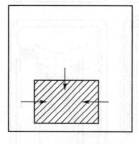
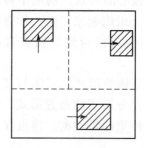

图4-20　集中形态布置　　　图4-21　分散形态布置

位置选择：停车场布置在建筑物的侧面或正面入口的两旁等位置会更好，特别是在基地有几边邻近外部道路时，建筑物及场地的"正面"一般会朝向主要道路一侧，这时，停车场布置在侧面尤其有利。

4. 绿化配置

1）绿化配置的用地确定

（1）绿化用地的整体规模。

尽量扩大绿化用地的整体规模，具体方法有3种。

① 进行场地划分时，给予绿化以主体地位，预留充分的绿化用地。

② 考虑其他内容的基本布局组织形式时，尽量选择占地较小的形式以节约用地。

③ 充分利用基地中的边角地块，在其他内容的组织中穿插布置绿化。

（2）绿化用地的分布形态。

绿化用地的分布形态可分为集中式和分散式两种形式（图4-22）。

一般来说，集中的分布形态能够更有效地发挥绿地的效益，分散的分布形态的利弊需视具体情况而定。

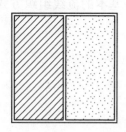
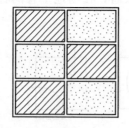

图4-22　绿化用地的两种形式

位置：绿地的配置不论规模大小，都应注重用地在基地中的位置，应将其结合到其他内容的布局中统筹考虑，以形成最佳的效果。

2）绿地配置的基本形式

（1）边缘绿地。

当场地的内容组成比较复杂，建筑物和其他内容均具有一定规模，用地比较紧张时，场地中的绿地大多会以边缘形式存在。绿地的配置应照应到其他内容的组织要求。

（2）独立绿地。

小规模的绿化景园设施，如花坛、雕塑、小块草地、树木等，在场地中呈现为点状，具有独立的性质，成为独立绿地。独立形式的绿地规模较小，布置起来具有灵活性，是点缀环境、丰富场地景观的极为有效的方式。

位置：基地入口、建筑物入口附近、广场之中、建筑物所围合的天井、院落之中、场地中一些通道的端部等（图4-23）。

（3）集中绿地。

特点：规模较大，一般可进入，适应性不强，具有复合性功能。

位置：一般情况下，在公共性的场地中，集中绿地多为开放式的，或靠近基地外边界布置，或邻近场所地内的主要人流路线，以吸引更多使用者进入其中（图4-24）。

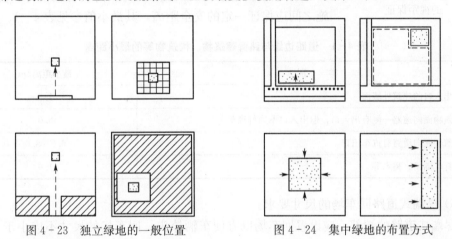

图4-23　独立绿地的一般位置　　　　图4-24　集中绿地的布置方式

4.3.2　第二阶段

1. 道路布置

1）平面形式

（1）道路宽度。

场地内车行道路的路面宽度一般由通行车辆的种类和可能的高峰交通量来决定，同时应考虑气候条件、地形，以及维护需求等因素的影响。在场地中，人车通道很多情况下与广场、庭院等复合在一起。既要考虑人车的通行，也要考虑人流的集散和车辆的进出转折等方面的要求。道路的最小宽度在较为理想的情况下，单车道宽度应在3.5 m以上，双车道可为6～7 m。

《民用建筑设计通则》（GB 50352—2005）中规定，考虑机动车与自行车共用的通路宽度不应小于4 m，双车道不应小于7 m。

《建筑设计防火规范》（GB 50016—2014）中规定，消防车道的宽度不应小于4.0 m。人行道宽度可视具体情况而定，设在车道两侧的人行道宽度一般不应小于1.5 m。

（2）转弯半径。

转弯半径是指道路在转弯或交叉口处道路内边缘的平曲线半径。转弯半径的大小应根据所通行车辆的种类、车速等条件来确定。一般情况下，对于小汽车，道路的转弯半径不应小于 6 m，对于大客车，道路的转弯半径不应小于 12 m。

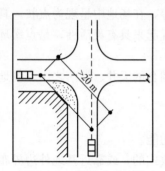

图 4 - 25　道路交叉口处
的视距保证

（3）道路交叉口的视距保证。

道路交叉口的视距是指在交叉口处驾车人能看到相交道路上来车的距离（图 4 - 25）。为了使司机能够及时看到来车情况，确保行车安全，道路交叉口处视距应满足一定要求。在一般情况下，会车视距不应小于 20 m。为确保实现通畅，在视距范围内，不应设置任何遮挡视线的物体，如建筑物、围墙、树木等。

（4）场地内道路与建筑物、构筑物的安全距离。

场地内道路边缘与路旁建筑物、构筑物及栏杆、树木等设施之间应保证一定的安全距离，其最小值参见表 4 - 1。

表 4 - 1　道路边缘与路旁建筑物、构筑物等的最小距离

类　　别	最小距离/m
（1）无出入口的建筑外墙面	1.5
（2）建筑物面向道路一侧有出入口，但出入口不通行汽车	3.0
（3）建筑物面向道路有汽车出口	6.0～8.0
（4）栏杆、围墙、树木等	1.0

（5）尽端式道路回车场的尺寸要求。

在尽端式道路的端部，应设置回车场以方便车辆掉头。回车场的尺寸不应小于 12 m×12 m，供大型消防车使用的回车场尺寸不宜小于 15 m×15 m（图 4 - 26）。

2）剖面形式

道路的剖面形式设计包括道路纵、横断面形式的选择及道路的纵、横坡度的确定。

横断面：有路沿的形式、没有路沿的形式及加厚路面边缘加路肩的形式（图 4 - 27）。

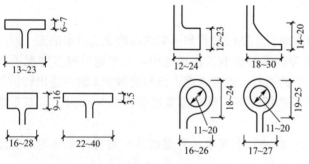

图 4 - 26　回车场的形式与尺寸（m）

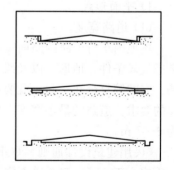

图 4 - 27　道路的横断面形式

道路横向坡度的确定，由路面类型、行车的方便性、是否有利于排水、路面的纵向坡度及当地的气候条件等因素来决定。一般来说，水泥混凝土和沥青混凝土路面，路拱的横坡可取 1%～2%，其他的黑色路面及整齐的块石路面，可取 1.5%～2.5%，更低级的

路面，其坡度值要更大一些，比如砂石路面一般要做到 $2.5\% \sim 3.5\%$，而土路面横坡则要达到 $3.0\% \sim 4.0\%$。

场地道路的纵断面应能提供良好的车辆行驶条件和排水条件，而且应将其放到场地整体的竖向设计的背景中考虑。从保证车辆良好行驶的角度出发，道路的最大纵坡一般不应大于 8%。为了保证雨水排出较为顺利，道路又不能完全不设纵坡，而是应该保证一定的坡度值。随着路面形式与构筑材料的变差，其排水纵坡值应逐渐加大，一般最小纵坡不应小于 0.3%。

2. 停车布置

1）平面尺寸

（1）停车位的平面尺寸。

一般停车位宽度至少应为 2.8 m，如果用地不太受限制，采用 3 m 的宽度较为理想。停车位的进深一般取 6 m 即可（图 $4-28$）。

（2）停车带。

停车场的停车带尺寸与停车方式有关。如表 $4-2$ 所示。

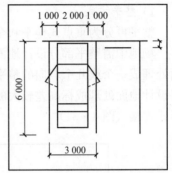

图 $4-28$ 停车位尺寸（mm）

表 $4-2$ 停车场的停车带尺寸 单位：m

项　　目	停车方式			
	平行式 $0°$	斜列式		垂直式 $90°$
		$45°$	$60°$	
停车位深 W_1	2.8	5.8	6.4	5.8
停车位宽 W_2	7.0	4.0	3.2	2.8
通道宽 W_3	4.0	4.0	5.5	7.3
停车单元宽 W	10.0	16.0	18.0	19
停车位深 W_1'	2.8	5.0	5.7	5.8
停车单元宽 W'	10.0	14.0	17.0	19

（3）停车场平面组合方式。

应根据停车数量的多少，场地中交通组织及停车场用地的平面尺寸等因素确定。几种常见的平面组合形式如图 $4-29$ 所示。需要注意的是，尽端式停车场应注意内端部车辆的进出和回车问题。

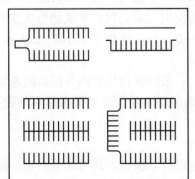

图 $4-29$ 停车场的平面组合形式

2）出入通道

地面公共停车场，当停车位的数量大于 50 个时，设置 2 个以上出入口。当停车位的数量大于 500 个时，出入口的数量不得少于 3 个，而且出入口之间的间距需大于 15 m。地面小汽车停车场出入口宽度不得小于 7 m。

停车场出入口处应做到视线通畅，使驾车人在驶出停车场时能看清外面道路上来往的车辆和行人，以保证行车安全。因此，在出入口后退 2 m 的通道中心线两侧各 60°角的范围内，不应有任何遮挡视线的物体，如图 4－30 所示。

3. 竖向布置

竖向设计是场地设计的一项重要内容，基本任务包括：确定场地的整平方式和设计地面的连接形式；确定场地中各建（构）筑物的地坪标高和广场、停车场、活动场等建构设施的整平标高，确定场地中道路的标高和坡度，组织场地的雨水排出系统，按需要设置挡土墙、护坡、排水沟等工程构筑物，另外还包括土石方工程量的计算及土石方的平衡等内容。

1）整平方式

整平可分为重点式整平和全面式整平两种。

场地中需整平部分设计地面的连接形式有两种基本的类型：一种是平坡式，即把设计地面处理成一个或几个坡向的整平面，各部分的坡度和标高均相差不大；另一种是台阶式，即将设计地面处理成标高差较大的几个不同的整平面，在各平面之间以挡土墙、护坡、台阶等形式连接（图 4－31）。

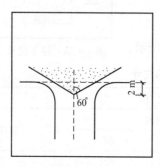

图 4－30　停车场出入口处视线保证

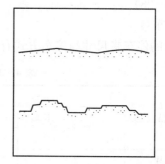

图 4－31　设计地面的连接形式

2）标高确定

竖向设计的另一方面内容是确定场地内的各项内容、场地各个部分的设计标高，组织好它们之间的高低关系。标高确定实际上是为包括建筑物、道路、广场在内的场地中各项内容进行竖向定位，如确定建筑物的地坪标高，道路的基本标高，停车场、广场的控制标高等。

标高确定应注意以下两点。

一是应组织好各项内容、各个部分之间标高的关系，既应便于使用，又应结合地形，同时还应能够形成良好的视觉景观和空间效果。在确定各处标高时，应处理好建筑物与周围的室外地面的高差关系。一般情况下，室内外高差可取 0.45～0.6 m，最小不应小于 0.15 m，保持这一高差的目的是使建筑物周围的雨水能够顺利排出。

二是要处理好场地与周围的外部环境之间的标高关系，一般应保持场地内外标高的连贯性，不应出现不必要的陡坎或陡坡。场地内外标高关系的确定还应考虑场地雨水排出问题，应使雨水能够顺利排出，而不致积水。

3）雨水排出

为保证雨水排出顺畅，避免积水，场地地表应保持一定的排水坡度，其坡度值的大小视降雨强度及地面的构造形式、材料不同而定，一般情况下，宜采用 0.5%～2% 的坡度。坡度的确定要综合考虑，在表 4－3 中给出了广场、游戏场、绿地等的适用坡度。

表4-3 场地内容的适用坡度

内容名称	适用坡度/%	内容名称	适用坡度/%
密实性地面和广场	0.3~3.0	杂用场地	0.3~2.9
广场兼停车场	0.2~0.5	绿地	0.5~1.0
儿童游戏场	0.3~2.5	湿陷性黄土地面	5.7~7.0
运动场	0.2~0.5	—	—

如果场地的具体地形难以满足上述组织方式时，则应在建筑物的四周形成局部的高差，并采取其他一些辅助设施，引导雨水自建筑物周围排出（图4-32）。

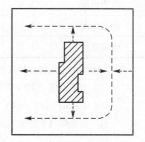

图4-32 建筑物周围的雨水排出

4. 管线布置

1）一般原则

（1）各种管线的敷设不应影响建筑物的安全，并且应防止管线受腐蚀、沉陷、震动、荷载等影响而损坏。

（2）管线应根据其不同特性和要求综合布置，对安全、卫生、防干扰等有影响的管线不应共沟或靠近敷设。

（3）地下管线的走向亦与道路或与主体建筑平行布置，并力求线型顺直、短捷和适当集中，尽量减少转弯，并应使管线之间及管线与道路之间尽量减少交叉。

（4）与道路平行的管线不宜设于车道下，不可避免时应尽量将其深埋在翻修较少的车道下。

基本布置次序：从建筑物基础外缘向外，离建筑物的由近及远的水平排序宜为电力管线或电信管线、燃气管、热力管、给水管、雨水管、污水管；各类管线的垂直排序，由浅入深宜为电信管线、热力管、小于160 kV的电力电缆、大于10 kV的电力电缆、燃气管、给水管、雨水管、污水管。

2）布置间距

当管线的布置出现交叉的情况时，应按以下原则来处理：燃气管道应位于其他管道之上，给水管应在污水管道之上，电力电缆应在热力管和电信电缆的下面，并在其他管线的上面。

当管线布置发生矛盾时，则应遵循以下原则：临时管线避让永久管线，小管线避让大管线，压力管线避让重力自流管线，可弯曲管线应避让不可弯曲的管线，施工量小的管线应避让施工量大的管线。

各类管线应根据不同的特性和设置要求综合布置，避免相互之间的干扰，管线与管线应保证一定的间距，相互之间的水平与垂直净距应符合规定，详见表4-4。

表4-4 各种地下管线之间的最小水平净距 单位：m

管线名称	给水管	排水管	煤气管			热力管	电力电缆	电信电缆	电信管道
			低压	中压	高压				
排水管	1.5	1.5	—	—	—	—	—	—	—

管线名称		给水管	排水管	煤气管			热力管	电力电缆	电信电缆	电信管道
				低压	中压	高压				
煤气管	低压	1.0	1.0	—	—	—	—	—	—	—
	中压	1.5	1.5	—	—	—	—	—	—	—
	高压	2.0	2.0	—	—	—	—	—	—	—
热力管		1.5	1.5	1.0	1.5	2.0	—	—	—	—
电力电缆		1.0	1.0	1.0	1.0	1.0	2.0	—	—	—
电信电缆		1.0	1.0	1.0	1.0	1.0	1.0	0.5	—	—
电信管道		1.0	1.0	1.0	1.0	2.0	1.0	1.2	0.2	—

注：(1) 表中给水管与排水管之间的净距适用于管径小于 200 mm，当管径大于 200 mm 时，应大于或等于 3 m；

　　(2) 大于或等于 10 kV 的电力电缆与其他任何电力电缆之间值大于或等于 0.25 m，如加套管，净距可减至 0.1 m；小于 10 kV 电力电缆之间应大于或等于 0.1 m；

　　(3) 低压煤气管的压力为小于或等于 0.005 MPa，中压为 0.005～0.3 MPa；高压为 0.3～0.8 MPa。

5. 景园布置

1) 设计特性

从整体上看，景园绿化是场地的组成部分，因此它的详细布置应与场地的总体风格相协调，应将它有机地统一到场地的整体之中。作为场地中外部空间的主要组成部分，绿化和景园设施的设计应注重它的空间性，在设计中应有意识地促使空间感的形成。另外，还应考虑领域感、形象性、通达性、可选择性等特性的形成。

2) 素材组织

(1) 植物——景园绿化的主体。植物的划分空间、整体连接的作用如图 4-33 所示。

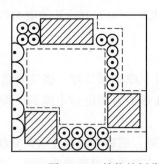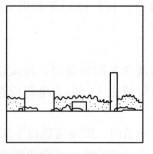

图 4-33　植物的划分空间、整体连接作用

大中型乔木布置，是构成室外环境的基本结构和骨架，一般有规律地成行、成排种植，用以强化秩序观，也可独植成为独立景观。

小乔木与灌木布置，具有密集的枝叶，对视线可起到屏障作用，常被用来作为绿色屏障和私密性的控制要素。较矮的灌木则能在不遮挡视线的情况下对空间起到一定的暗示性限定，如种植在人行通路两旁的矮灌木能够限定人行路线，强化通道，但又不影响行人的视线。

地被植物布置，是用来作为不同形态的地表面的划分。

在对植被进行设计时应注意以下几方面问题。

一、植物的配置应考虑季节，不同种类的植物随季节会有不同的变化，最为显著的就是常绿与落叶的区别。落叶植物能够突出强调场地中季节的变化。相对而言，常绿树种各方面特征在不同季节没有明显变化，更利于形成稳定效果。

二、植物的配置应考虑时效因素。

三、植物的配置应注意养护的问题。

（2）水景——最富吸引力的因素。

静态的水可处理成小面积的水池，也可处理成较大面积的湖塘；动态的水可处理成喷泉、瀑布或是水雕塑的形式，场地具有一定规模时，也可以处理成溪流。

3）设施细部

设施细部包含地面铺装、室外台阶、坡道、座椅、栅栏、围墙、栏杆等。

各种设施的配备、安置得当能够方便人在室外环境中的行为活动，因此各种设施是景园布置的必备内容，影响着人们在室外环境中行为和心理感受上的舒适程度，是环境质量高低的标志。

4.4　场地设计与建筑总平面图

4.4.1　建筑总平面

1. 概念

总平面图亦称"总体布置图"，按一定比例绘制，表示建筑物、构筑物的方位、间距及道路网、绿化、竖向布置和基地临界情况等。图上有指北针，有的还有风玫瑰图。

建筑总平面图是表明新建房屋所在基础有关范围内的总体布置，它反映新建、拟建、原有和拆除的房屋、构筑物等的位置和朝向，室外场地、道路、绿化等的布置，地形、地貌、标高等及原有环境的关系和邻界情况等。

2. 内容

在建筑总平面图中应包括以下内容（图 4 - 34）。

（1）保留的地形和地物。

（2）测量坐标网、坐标值，场地范围的测量坐标（或定位尺寸），道路红线、建筑控制线，用地红线。

（3）场地四邻原有及规划的道路、绿化带等的位置（主要坐标或定位尺寸）和主要建筑物及构筑物的位置、名称、层数及间距。

（4）建筑物、构筑物的位置（人防工程、地下车库、油库、储水池等隐蔽工程）用虚线表示。

（5）与各类控制线的距离，其中主要建筑物、构筑物应标注坐标（或定位尺寸）、与相邻建筑物之间的距离及建筑物总尺寸、名称（或编号）及层数。

（6）道路、广场的主要坐标（或定位尺寸），停车场及停车位、消防车道及高层建筑消防扑救场地的布置，必要时加绘交通流线示意。

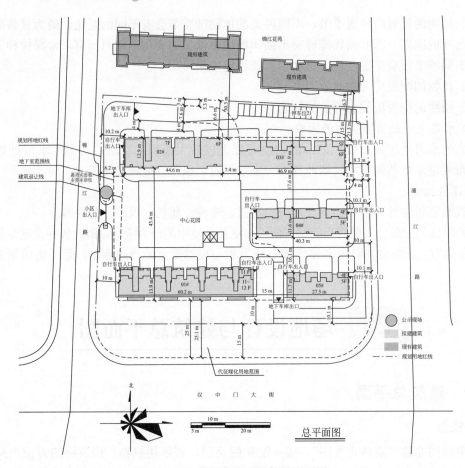

图 4-34 某居住小区局部总平面图

(7) 绿化、景观及休闲设施的布置示意，并表示出护坡、挡土墙，排水沟等。

(8) 指北针或风玫瑰图。

(9) 主要技术经济指标表。

(10) 说明栏内注写：尺寸单位、比例、地形图的测绘单位、日期，坐标及高程系统名称（如为场地建筑坐标网时，应说明其与测量坐标网的换算关系），补充图例及其他必要的说明等。

在建筑总平面图中还需要掌握以下几个概念。

(1) 指北针是用来确定新建房屋的朝向的。其符号应按国标规定绘制，如图 4-35 (a) 所示，细实线圆的直径为 24 mm，箭尾宽度为圆直径的 1/8，即 3 mm。圆内指针涂黑并指向正北，在指北针的尖端部写上"北"或"N"。

(2) 风向频率玫瑰图（简称"风玫瑰图"）。根据某一地区多年统计，各个方向平均吹风次数的百分数值，是按一定比例绘制的，是新建房屋所在地区风向情况的示意图。

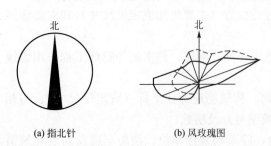

(a) 指北针   (b) 风玫瑰图

图 4-35 指北针及风玫瑰图

如图 4-35（b）所示。一般多用 8 个或 16 个罗盘方位表示，玫瑰图上表示风的吹向是从外面吹向地区中心，图中实线为全年风向频率玫瑰图，虚线为夏季风向频率玫瑰图。

由于风玫瑰图也能表明房屋和地物的朝向情况，所以在已经绘制了风玫瑰图的图样上则不必再绘制指北针。在建筑总平面图上，通常应绘制当地的风玫瑰图。没有风玫瑰图的城市和地区，则在建筑总平面图上画上指北针。风玫瑰图最大的方位为该地区的主导风向。

（3）等高线。在总平面图上通常画有多条类似徒手画的波浪线，每条线代表一个等高面，称其为等高线。等高线上的数字代表该区域地势变化的高度。等高线上所注的高度是绝对标高。我国把青岛附近的黄海平均海平面定为绝对标高的零点。其他各地的标高均以此为基准。

4.4.2 总平面图纸表现

1. 图示特点

（1）绘图比例较小：总平面图所要表示的地区范围较大，除新建房屋外，还要包括原有房屋和道路、绿化等总体布局。因此，在《建筑制图》国家标准中规定，总平面图的绘图比例应选用 1∶500、1∶1 000、1∶2 000，在具体工程中，由于国土局及有关单位提供的地形图比例常为 1∶500，故总平面图的常用绘图比例是 1∶500。

（2）用图例表示其内容：由于总平面图绘图比例较小，图中的原有房屋、道路、绿化、桥梁边坡、围墙及新建房屋等均是用图例表示，书中列出了建筑总平面图的常用图例。在较复杂的总平面图中，如用了国标中没有的图例，应在图纸中的适当位置绘出新增加的图例。

（3）图中尺寸单位为米，注写到小数点后两位。

2. 图线

粗实线——新建建筑物的可见轮廓线。

细实线——原有建筑物、构筑物、道路、围墙等可见轮廓线。

中虚线——计划扩建建筑物、构筑物、预留地、道路、围墙、运输设施、管线的轮廓线。

单点长划细线——中心线、对称线、定位轴线。

折断线——与周边的分界线。

其他表示方法如表 4-5 所示。

表 4-5 总平面图相关名称及图例

名称	图例	说明	名称	图例	说明
新建建筑物	8 ▲	1. 需要时，可用▲表示出入口，可在图形内右上角用点或数字表示层数 2. 建筑物外形（一般以±0.00 高度处的外墙定位轴线或外墙面线为准）用粗实线表示。需要时，地面以上建筑用中粗实线表示，地面以下建筑用细虚线表示	新建的道路	45.00 R8 5 50.00	"R8" 表示道路转弯半径为 8 m；"50.00" 为路面中心控制点标高；"5" 表示 5%，为纵向坡度；"45.00" 表示变坡点间距离
原有建筑物		用细实线表示	原有的道路		用实线表示

名称	图例	说明	名称	图例	说明
计划扩建的预留地或建筑		用中粗虚线表示	计划扩建的道路	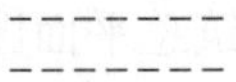	用细中虚线表示
拆除的建筑物	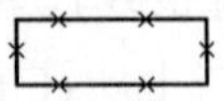	用细实线表示	拆除的道路	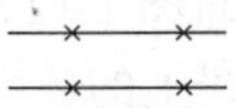	用细实线表示
坐标	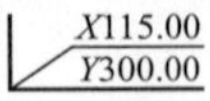 *X*115.00 *Y*300.00	表示测量坐标	桥梁	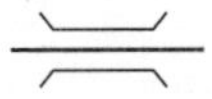	1. 上图表示铁路桥，下图表示公路桥 2. 用于旱桥时应注明
	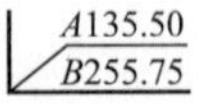 *A*135.50 *B*255.75	表示建筑坐标		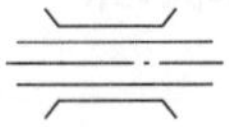	
围墙及大门	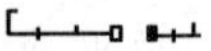	上图表示实体性质的围墙，下图表示通透性质的围墙，如仅表示围墙时不画大门	护坡	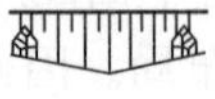	1. 边坡较长时，可在一端或两端局部表示 2. 下边线为虚线时，表示填方
	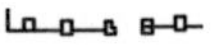		填挖边坡	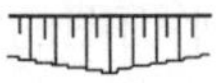	
台阶	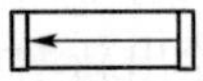	箭头指向表示向下	挡土墙		被挡的土在"突出"的一侧
铺砌场地	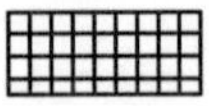		挡土墙上设围墙		

思　考　题

1. 场地设计的直接依据有哪些？

2. 名词解释：容积率，建筑密度，绿化覆盖率。

3. 根据《民用建筑设计通则》规定考虑机动车与自行车共用的道路宽度不应小于几米？双车道不应小于几米？

4. 根据《建筑设计防火规范》规定建筑的内院或天井，当其短边长度超过多少米时，宜设有进入内院或天井的消防车道？

5. 建筑总平面图中应包括哪些内容？

第5章

建筑功能设计

【本章内容概要】

本章主要介绍功能设计的相关知识。主要内容包括功能设计的基本概念、功能设计的制约因素、功能设计的工作要点和建筑平面图。

【本章学习重点与难点】

学习重点：功能设计的设计依据，功能分区、流线组织、功能组合等各个阶段的设计方法及需要遵循的原则和规范，平面图包含的内容及表达方式。

学习难点：功能关系分析及功能分区的基本原则和方法，流线组织的基本方法，理解和掌握功能组合的基本原理。

5.1 建筑功能的基本概念

5.1.1 人类对建筑的基本需求

1）对外

物理层面：能够抵御寒冷、日照及保温隔热。心理层面：领地感、归属感等。

2）对内

物理层面：提供适宜的物理空间环境，即采光、通风、隔声及隔热。心理层面：安全感、私密感等。

5.1.2 建筑功能的概念

人们盖房子总是有具体目的和使用要求的，这在建筑中叫作"功能"（图5-1）。

图5-1 建筑功能起源于对空间具体使用的要求

5.1.3　建筑功能的分类

1. 使用功能

功能的使用要求在一般情况下是人们建造建筑的首要目的。

2. 精神功能

建筑在满足使用的同时还承担着满足人类生产生活的生理需求、社会需求、心理需求、审美需求，以及自我实现的需求的精神功能，其关系如图 5-2 所示。

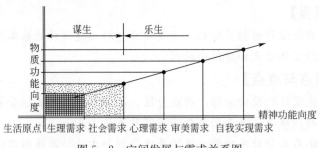

图 5-2　空间发展与需求关系图

3. 环境、城市功能

建筑本身具有一套完整的内部功能。作为构成环境、城市整体的元素，它还必须具有另一种功能，即实现城市整体环境（或周边环境）的最优化。建筑就有了双重的职责和功能。

5.2　功能设计的制约因素

5.2.1　前提条件

1. 使用要求

根据使用性质和特点，满足各类建筑内"适用"要求。

2. 规划要求

功能分区合理，与周围环境协调，布置紧凑，注意节约用地、节约能源。

3. 交通要求

合理组织交通路线，避免人流、货流交叉、迂回，保证疏散畅通，防火安全。

4. 采光通风卫生要求

选择合理的建筑朝向，尽可能组织好自然采光和通风，以保证室内有良好的卫生条件。

5. 结构技术经济要求

房间平面及空间组合应选择合理的结构形式及最佳的开间、进深尺寸，符合相应的质量标准，具有良好的经济性。

6. 美观要求

注重房屋"美"的创造，使建筑物内、外空间协调，比例恰当，尽可能地创造出良好的景观环境。

5.2.2 直接依据

1. 项目的类型属性

各种类型的建筑在使用上各有不同的特点，建筑物的使用性质及特点是设计最基本的内在功能的依据，直接关系到内部空间的特征及空间组合的方式。不同性质的建筑，有着不同的功能使用要求和不同的空间形态的要求，因此，功能定性和定位的问题，是首先应该确定的问题。如影剧院的视听效果，图书馆的出纳管理，实验室对温度、湿度的要求等，在很大程度上制约和影响建筑的功能，在设计中必须充分重视。此外，要考虑使用对象的特点，是一般群众使用，还是为特殊的对象服务，他们的习惯、爱好、心理都值得在设计中仔细推敲，他们关系到建筑标准、内部的设施等。

2. 满足应用对象的使用需求

1）尺度特征

人体活动尺度的要求如图 5-3 所示。

图 5-3 人体活动的基本尺度图

2）使用流程

工业建筑有一定的生产工艺，建筑设计必须根据工艺的安排进行建筑平面布局。在公共建筑中虽然没有严密的工序，但有一定的使用程序和一定的管理运行方式，建筑功能的布局要按照这种使用程序和管理运行方式进行安排，它们影响着平面布局方式、空间的安排及出入口的设置等。如影剧院建筑，一般观众的程序：售票—检票—等候—进场就座—观看—退场的活动程序，因此，售票厅、门厅、观众厅、舞台及楼梯等布局一般采用门厅—观众厅—舞台三进式的布置，且把进场与出场分开。一些建筑的使用是按照一定的顺序和路线进行的，为保证人们活动的有序和顺畅，功能流线组织要充分考虑空间的使用流程，如交通建筑设计的中心问题就是考虑旅客的活动规律，以及整个活动顺序中不同环节的功能特点和不同要求（图 5-4）。

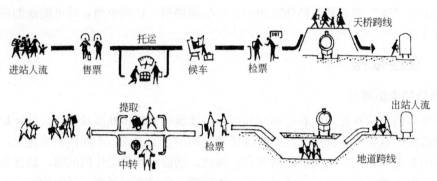

图 5-4　一般旅客进站出站活动顺序图

5.3　功能设计的工作要点

5.3.1　功能关系分析

　　一般为了更清楚、更简明地表示建筑物内部的使用关系，常以一种简明分析图表示，通常称为功能关系图。

　　功能关系图——将某类建筑的各种空间用图表的方式形象地绘出其相互关系的简图。

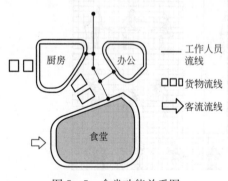

图 5-5　食堂功能关系图

　　功能关系图是进行功能分析的手段，不仅表示出使用程序，也表示各部分在功能平面布局中的位置及相互之间的关系。如在食堂建筑功能设计中，反映在建筑上的就是厨房、备餐、饭厅和管理的 4 个部分的关系，而主要又是前三者之间的关系。如图 5-5 所示。

　　在功能复杂的建筑中，功能关系图更能够清楚、简明地帮助我们分析各个部分使用上相互之间的关系，从而能把众多的房间按照其使用的关系分成较简单的若干组，抓住它们的主要使用关系，便于更快地进入平面布局。

　　以医院为例，图 5-6 为一般综合性医院的功能关系图。医院用房虽然众多，按其使用情况分成门诊部、辅助医疗部、手术部、住院部、行政办公及服务供应等几个部分，而且各部分的使用关系有相应要求：门诊部必须靠近医院地段的入口部分，病房应置于后部，可设有单独的出入口；辅助医疗部则需置于门诊部和病房之间，使二者使用都很方便；而手术部则要靠近病房；服务供应部分为病房服务，也需设单独的出入口；行政办公则要求各部分都能联系。

　　不同类型的建筑物有不同的组成，不同的功能要求，也就有不同的功能关系分析。各种类型建筑的功能关系图一般可根据使用情况，在调查研究的基础上，由设计者自行编制。但

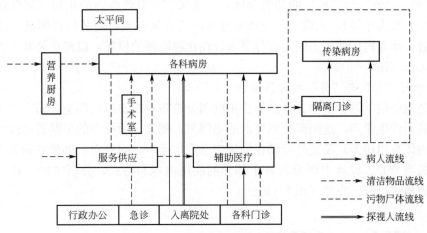

图 5-6　一般综合性医院功能关系图

必须指出，功能关系分析图仅仅是辅助设计的分析图，并不能把它看成是这个建筑物的平面空间布置图或建筑平面图。还需指出，这种使用程序——功能序列也不能简单地看作是内部空间的组织程序，在设计中不仅要按照使用程序——功能序列来安排建筑空间，更要根据使用程序来精心安排空间序列——审美序列，使观众在使用中产生一种空间的美感，从而使功能序列和审美序列有机结合，彼此连贯一致。

5.3.2　功能分区

功能分区是把多个空间按不同功能要求进行同类项归类，根据它们之间密切程度按区段加以划分，做到功能分区明确和联系方便。

一般功能分区要考虑以下方面的关系：主与次、内与外、动与静、洁与污、公共性与私密性等方面的关系。

1. 功能分区原则

在分区布置中，为了创造较好的卫生或安全条件，避免使用过程中的相互干扰及为了满足某些特殊要求，平面空间组合中功能的分区常常需要解决好以下几个问题。

1）处理好"主"与"次"的关系

公共建筑中主要使用部分是公众直接使用的部分，如学校的教室、医院的诊室等基本工作用房，辅助使用部分包括附属及服务用房。在进行空间布局时必须考虑各类空间使用性质的差别，将主要使用空间与辅助使用空间合理地进行分区（图5-7），一般的规律是：主要使用部分布置在较好的区位，靠近主要入口，保证良好的朝向、采光、通风及景观、环境条件，辅助或附属部分则可放在较次要的区位，朝向、采光、通风等条件可能就会差一些，并常设单独的服务入口。

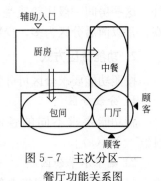

图 5-7　主次分区——餐厅功能关系图

2）处理好"内"与"外"的关系——公共领域和私有领域的关系

公共建筑物中的各种使用空间，有的对外性强，直接为公众使用；有的对内性强，主要供内部工作人员使用，如内部办公、仓储等辅助用房。在进行空间组合时，也必须考虑这种

"内"与"外""公"与"私"的功能分区，一般来讲，对外性强的用房（如观众厅、陈列室、营业厅、演讲厅等），人流大，应该靠近入口或直接进入，使其位置明显，通常环绕交通枢纽布置；而对内性强的房间则应尽量布置在比较隐蔽的位置，以避免公共人流穿越而影响内部的工作（图5-8）。

3）处理好"动"与"静"的分区关系

公共建筑中供学习、工作、休息等使用的部分希望有较安静的环境，而有的用房容易嘈杂喧闹，甚至产生噪声，这两部分则要求适当隔离。例如，学校中的公共活动教室（如音乐教室、室内体育用房等）及室外操场在使用中会产生噪声，而教室、办公室则需要安静，两者就要求适当分开。设计中要分析各个部分的使用内容和特点，分析"动"和"静"的要求，有意识地进行分区布置（图5-9）。

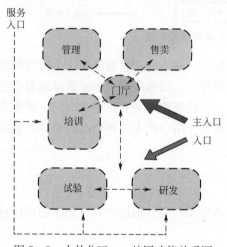

图5-8　内外分区——校园功能关系图

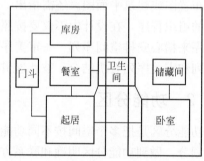

图5-9　动静分区——居室功能关系图

4）处理好"洁"与"污"的分区关系

公共建筑中某些附属用房或辅助用房（如厨房、锅炉房、洗衣房等）在使用过程中产生气味、烟灰、污物及垃圾，必然影响主要工作房间，所以要使二者相互隔离，以免影响主要工作房间。一般应将产生污染的房间置于常年主导风向的下风向，且不在主要交通线上。此外，这些房间一般比较凌乱，也不宜放在建筑物的主要一面，避免影响建筑物的整洁和美观，常以前后分区为多，少数可以置于底层或最高层。

2. 功能分区方式

按照功能要求分区可分为分散分区、集中水平分区和垂直分区（图5-10）。

1）分散分区

将功能要求不同的各部分用房按一定的区域，布置在几个不同的单幢建筑物中〔图5-10（a）〕。

2）集中水平分区

将功能不同的用房集中布置在同一种建筑的不同的平面区域，各组取水平方向的联系或分隔，但要联系方便，平面不宜过于复杂，保证必要的分隔，避免相互影响〔图5-10（b）〕。

3）垂直分区

功能要求不同的各部分用房集中布置在同一栋建筑的不同的层上，以垂直方式进行联系或分隔［图5-10（c）］，要注意分层布置得合理，各层房间数量、面积大小的均衡，以及结构的合理性，并使垂直交通与水平交通组织紧凑方便。分层布置的原则一般是根据使用活动的要求、不同使用对象的空间大小等因素来综合考虑的。

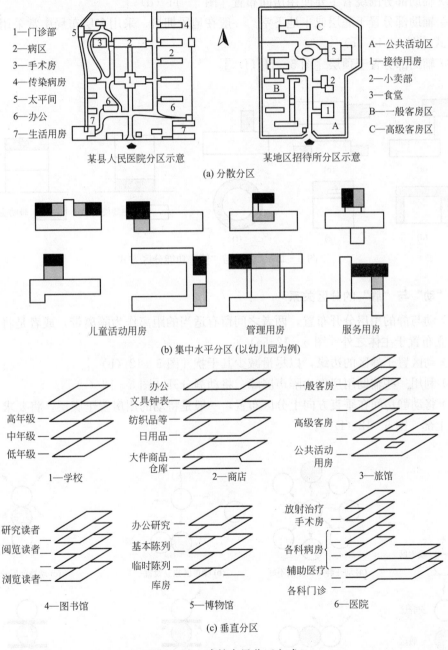

1—门诊部
2—病区
3—手术房
4—传染病房
5—太平间
6—办公
7—生活用房

某县人民医院分区示意

A—公共活动区
1—接待用房
2—小卖部
3—食堂
B—一般客房区
C—高级客房区

某地区招待所分区示意

(a) 分散分区

儿童活动用房　　　　管理用房　　　　服务用房

(b) 集中水平分区 (以幼儿园为例)

高年级—
中年级—
低年级—
1—学校

办公
文具钟表—
纺织品等—
日用品—
大件商品
仓库—
2—商店

一般客房—
高级客房—
公共活动
用房—
3—旅馆

研究读者—
阅览读者—
浏览读者—
4—图书馆

办公研究—
基本陈列—
临时陈列—
库房—
5—博物馆

放射治疗
手术房—
各科病房
辅助医疗—
各科门诊—
6—医院

(c) 垂直分区

图 5-10　建筑布局分区方式

3. "主"与"辅"的分区方法

（1）主要部分和辅助部分水平方向分开布置。二者露天联系或通过连廊联系
［图5-11（a）］。

（2）辅助部分布置在主要部分的一侧。一般应避免将辅助部分布置在主要部分的两侧 ［图 5-11（b）］。

（3）辅助部分布置在主要部分的后部 ［图 5-11（c）］。

（4）辅助部分围绕着主要使用房间布置 ［图 5-11（d）］。

（5）辅助部分置于底层或半地下室。一般在地段拥挤、采用多层布局中常采用的垂直分区的方式 ［图 5-11（e）］。

（6）辅助部分置于顶层 ［图 5-11（f）］。

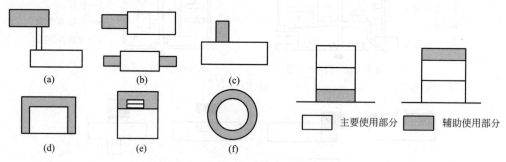

图 5-11 "主"与"辅"功能分区方式

4. "动"与"静"的分区关系

（1）动与静的用房分开布置，两者之间留有适当的距离作为隔离带，或者是将"动"的用房独立布置于主体之外 ［图 5-12（a）］。

（2）动区置于静区的边缘，以尽量减少其干扰 ［图 5-12（b）］。

（3）利用一些辅助用房作为隔声屏障，将动静分开 ［图 5-12（c）］。

（4）将动静房间在垂直方向上分区布置，一般是将动的用房置于底层，将要求安静的房间置于上部 ［图 5-12（f）］。

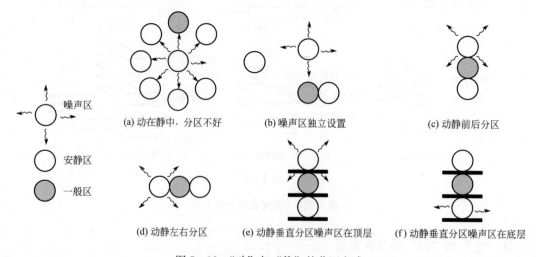

图 5-12 "动"与"静"的分区方式

5.3.3　流线组织

流线组织问题，实质上是各种流线活动的合理顺序问题，是一定的功能要求与关系的体现，同时也是空间组合的重要依据。

1. 交通流线的类型

流线一般分为人流（内部流线、外部流线）、物流、洁流、污流、水平流线及垂直流线。

2. 交通流线组织的要求

合理的流线把功能分区有机地组织起来，才能保证建筑功能的有效发挥。具体应做到以下几点。

（1）通行方便、简洁明确。

（2）联系方便、通达性好。

（3）各流线避免交叉干扰。

（4）主要交通位置明显。

（5）交通面积集中紧凑。

建筑物的主要入口门厅和各个次要入口布置应该考虑迎向人流和物流的主要来源或有利于它们之间的分流。

在建筑物内部，各使用部分的分布应该尽量使得使用频率较高的房间靠近主要入口或交通核布置。

3. 流线组织的方式

（1）水平方向的组织，即把不同的流线组织在同一平面的不同区域［图 5 - 13（a）］。

（2）垂直方向的组织，即把不同的流线组织在不同的层上，在垂直方向把不同流线分开［图 5 - 13（b）］。

（3）水平和垂直相结合的流线组织方式，即在平面上划分不同的区域，又按层组织交通流线，常用于规模大、流线较复杂的建筑物中［图 5 - 13（c）］。

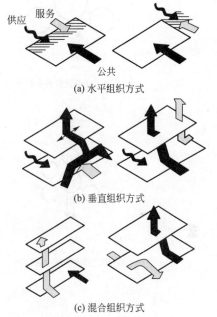

(a) 水平组织方式

(b) 垂直组织方式

(c) 混合组织方式

图 5 - 13　公共建筑的流线组织方式

5.3.4　功能组合

功能组合分为串联式、并联式及混合式组织方式。

1. 串联式

各使用部分之间互相穿通。通常可见于空间的使用顺序和连续性较强，或使用时联系相当紧密，相互间不需要单独分隔的情况（图 5 - 14）。

2. 并联式

通过走道或一个处在中心位置的公共部分，连接并联的各个使用空间。在这种情况下，各使用空间互相独立，使用部分和交通部分的功能明确，是使用最多、最常见的一种组织方式（图 5 - 15）。

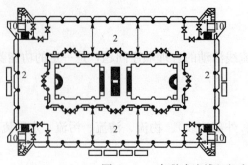

图 5-14　串联式流线组织方式

(a) 用公共中心连接各并联部分　　　　(b) 用起居室连接其他房间的典型住宅平面

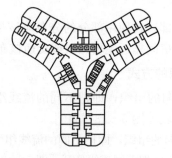

(c) 用走道连接各并联部分　　　　(d) 某旅馆用内走道连接各间客房

图 5-15　并联式流线组织方式

3. 混合式

使用以上两种方法，根据需要，在建筑物的某一个局部采用一种组合方式，而在整体上以另一种组合方式为主。

5.4　功能设计与建筑平面图

5.4.1　建筑平面

1. 平面图

平面图是反映自建筑室内高度 1 200 mm 处平切，向下看到的建筑构件组合关系的图纸。

建筑物各层的水平剖切图，是从各层标高以上大约直立的人眼的高度将建筑物水平剖切后朝下看所得的该层的水平投影图。既表示建筑物在水平方向各部分之间的组合关系，又反映各建筑空间与围合它们的垂直构件之间的相关关系。

2. 房间分类

建筑物内的房间可以分为主要用房、辅助用房和交通联系用房。

5.4.2　使用部分的平面构成

使用房间（主要用房）主要是指建筑的主要利用房间，如住宅的起居室、卧室；商场的营业厅等。

1. 使用部分房间的面积、形状和尺寸

1）房间面积的组成

房间的面积可由以下三部分组成。

（1）家具和设备所占用的面积。

（2）人们使用家具设备及活动所需的面积。

（3）房间内部的交通面积。

2）影响房间面积大小的因素

（1）容纳人数。

在实际工作中，房间面积的确定主要是依据我国有关部门及各地区制定的面积定额指标。应当指出：每人所需的面积除面积定额指标外，还需通过调查研究并结合建筑物的标准综合考虑。部分民用建筑房间面积定额参考指标如表 5-1 所示。

表 5-1　部分民用建筑房间面积定额参考指标

建筑类型	房间名称	面积定额/（m²/人）	备注
中小学	普通教室	1~1.2	小学取下限
办公楼	一般办公室	3.5	不包括走道
	会议室	0.5	无会议桌
		2.3	有会议桌
铁路旅客站	普通候车室	1.1~1.3	
图书馆	普通阅览室	1.8~2.5	4~6 座双面阅览桌

有些建筑的房间面积指标未作规定，使用人数也不固定，如展览室、营业厅等。这就要求设计人员根据设计任务书的要求，对同类型、规模相近的建筑物调查研究，通过分析比较得出合理的房间面积。

（2）家具设备及人们使用活动面积（图 5-16）。

① 房间的形状和尺寸。参考因素很多，如听觉、视觉，结构，美观等。

民用建筑常见的房间形状有矩形、方形、多边形、圆形、扇形等。绝大多数的民用建筑房间形状常采用矩形。对于一些单层大空间如观众厅、杂技场、体育馆等房间，它的形状则首先应满足这类建筑的特殊功能及视听要求（图 5-17）。

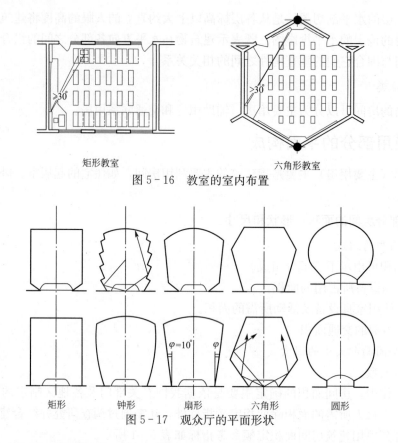

图 5-16 教室的室内布置

矩形教室　　六角形教室

矩形　　钟形　　扇形　　六角形　　圆形

图 5-17 观众厅的平面形状

② 房间平面尺寸。房间尺寸是指房间的面宽和进深，而面宽常常是由一个或多个开间组成。在确定了房间面积和形状之后，确定合适的房间尺寸便是一个重要问题了。一般从以下几个方面进行综合考虑。

第一，满足家具设备布置及人们活动的要求。例如主要卧室要求床能两个方向布置，因此开间尺寸常取 3.6 m，深度方向常取 3.90～4.50 m。小卧室开间尺寸常取 2.70～3.00 m。医院病房主要是满足病床的布置及医护活动的要求，3～4 人的病房开间尺寸常取 3.30～3.60 m，6～8 人的病房开间尺寸常取 5.70～6.00 m（图 5-18）。

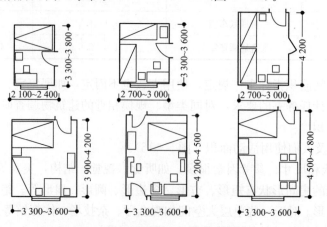

图 5-18 卧室及病房的开间和进深尺寸（mm）

第二，满足视听要求。有的房间如教室、会堂、观众厅等的平面尺寸除满足家具设备布置及人们活动要求以外，还应保证有良好的视听条件。

从视听的功能考虑，教室的平面尺寸应满足以下的要求：第一排座位距黑板的距离≥2.00 m；后排距黑板的距离不宜大于 8.50 m；为避免学生过于斜视，水平视角应≥30°。

中学教室平面尺寸常取 6.00 m×9.00 m、6.30 m×9.00 m、6.60 m×9.00 m、6.90 m×9.00 m 等。教室的视线要求与平面尺寸的关系如图 5-19 所示。

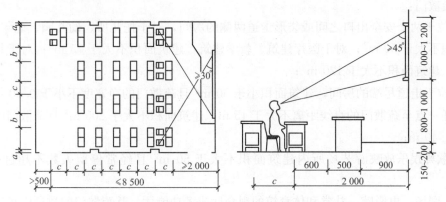

图 5-19　教室的视线要求与平面尺寸的关系（mm）

第三，良好的天然采光。一般房间多采用单侧或双侧采光，因此，房间的进深常受到采光的限制。一般单侧采光时进深不大于窗上口至地面距离的 2 倍，双侧采光时进深可较单侧采光时增大一倍。采光方式与进深的关系如图 5-20 所示。

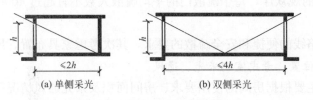

(a) 单侧采光　　　　　(b) 双侧采光

图 5-20　采光方式与进深的关系

第四，经济合理的结构布置。较经济的开间尺寸是不大于 4 m，钢筋混凝土梁较经济的跨度是不大于 9 m。对于由多个开间组成的大房间，如教室、会议室、餐厅等，应尽量统一开间尺寸，减少构件类型。

第五，符合建筑模数协调统一标准。

2. 门窗在房间中的布置

1）门的宽度、数量和开启方式

门的宽度由人流、家具、设备决定，门的数量由防火规范限制，门的开启方式由使用特点和门的用途决定。

门的宽度取决于人流股数及家具设备的大小等因素。一般单股人流通行最小宽度取550 mm，一个人侧身通行需要宽度为 300 mm。因此，门的最小宽度一般为 700 mm，常用于住宅中的厕所、浴室。住宅中卧室、厨房、阳台的门应考虑一人携带物品通行，卧室常取

900 mm，厨房可取 800 mm。普通教室、办公室等的门应考虑一人正面通行，另一人侧身通行，常采用 1 000 mm。双扇门的宽度可为 1 200～1 800 mm，四扇门的宽度可为 2 400～3 600 mm。

按照《建筑设计防火规范》（GB 50016—2014）的要求：

（1）公共建筑内房间的疏散门数量应经计算确定且不应少于 2 个。除托儿所、幼儿园、老年人建筑、医疗建筑、教学建筑内位于走道尽端的房间外，符合下列条件之一的房间可设置 1 个疏散门：

① 位于两个安全出口之间或袋形走道两侧的房间，对于托儿所、幼儿园、老年人建筑，建筑面积不大于 50 m²；对于医疗建筑、教学建筑，建筑面积不大于 75 m²；对于其他建筑或场所，建筑面积不大于 120 m²；

② 位于走道尽端的房间，建筑面积小于 50 m² 且疏散门的净宽度不小于 0.90 m，或由房间内任一点至疏散门的直线距离不大于 15 m、建筑面积不大于 200 m² 且疏散门的净宽度不小于 1.40 m；

③ 歌舞娱乐放映游艺场所内建筑面积不大于 50 m² 且经常停留人数不超过 15 人的厅、室。

（2）剧场、电影院、礼堂和体育馆的观众厅或多功能厅，其疏散门的数量应经计算确定且不应少于 2 个，并应符合下列规定：

① 对于剧场、电影院、礼堂的观众厅或多功能厅，每个疏散门的平均疏散人数不应超过 250 人；当容纳人数超过 2 000 人时，其超过 2 000 人的部分，每个疏散门的平均疏散人数不应超过 400 人；

② 对于体育馆的观众厅，每个疏散门的平均疏散人数不宜超过 400～700 人。

2）门的位置

主要考虑交通路线的便捷和安全疏散的要求，其次考虑家具布置、风向等要求。

3）窗的大小和位置：考虑室内采光、通风

窗口面积大小主要根据房间的使用要求、房间面积及采光通风情况等因素来考虑。根据不同房间的使用要求，建筑采光标准分为五级，每级规定相应的窗地面积比，即房间窗口总面积与地面积的比值，见民用建筑采光等级表（表 5-2）。

表 5-2　民用建筑采光等级表

采光等级	视觉工作特征		房间名称	窗地面积比
	工作或活动要求精确程度	要求识别的最小尺寸/mm		
Ⅰ	极精密	0.2	绘图室、制图室、画廊、手术室	1/5～1/3
Ⅱ	精密	0.2～1.0	阅览室、医务室、健身房、专业实验室	1/6～1/4
Ⅲ	中精密	1～10	办公室、会议室、营业厅	1/8～1/6
Ⅳ	粗糙	＞10	观众厅、居室、盥洗室、厕所	1/10～1/8
Ⅴ	极粗糙	不作规定	储藏室、走廊、楼梯间	—

5.4.3　交通联系部分的平面构成

1. 交通空间的内容

交通空间的内容包括：解决水平交通的走廊、过道；解决垂直交通的楼梯、坡道、电梯；用于交通联系枢纽的门厅、过厅。

2. 交通联系部分的平面设计要求

(1) 简捷、方便、紧急疏散迅速。

(2) 有一定的采光和通风。

(3) 力求节省面积，造型合理。

3. 过道（走廊）设计要求

(1) 走道的类型。

走道又称为过道、走廊。有内廊和外廊。按走道的使用性质不同，可分为以下 3 种情况：

① 完全为交通需要而设置的走道；

② 主要作为交通联系同时也兼有其他功能的走道；

③ 多种功能综合使用的走道，如展览馆的走道应满足边走边看的要求。

(2) 走道的宽度和长度。

走道的宽度和长度主要根据人流和家具通行、安全疏散、防火规范、走道性质、空间感受来综合考虑。为了满足人的行走和紧急疏散要求，我国《建筑设计防火规范》规定学校、商店、办公楼等建筑的疏散走道、楼梯、外门各自总宽度不应低于表 5 - 3 所示的指标。

表 5 - 3　楼梯、门和走道的宽度指标　　　　　　单位：m/百人

层数	耐火等级		
	一、二级	三级	四级
一、二层	0.65	0.75	1.00
三层	0.75	1.00	—
≥四层	1.00	1.25	—

综上所述，一般民用建筑常用走道宽度如下。

教学楼：内廊 2.10～3.00 m、外廊 1.8～2.1 m。

门诊部：内廊 2.40～3.00 m、外廊 3.00 m（兼候诊）。

办公楼：内廊 2.10～2.40 m、外廊 1.50～1.80 m。

旅馆：内廊 1.50～2.10 m、外廊 1.50～1.80 m。

作为局部联系或住宅内部走道宽度不应小于 0.90 m。走道的长度应根据建筑性质、耐火等级及防火规范来确定。按照《建筑设计防火规范》（GB 50016—2014）的要求，直通疏散走道的房间疏散门至最近安全出口的直线距离不应大于表 5 - 4 的规定。

表5-4　直通疏散走道的房间疏散门至最近安全出口的直线距离　　　　单位：m

名　称			位于两个安全出口之间的疏散门			位于袋形走道两侧或尽端的疏散门		
			一、二级	三级	四级	一、二级	三级	四级
托儿所、幼儿园老年人建筑			25	20	15	20	15	10
歌舞娱乐放映游艺场所			25	20	15	9	—	—
医疗建筑	单、多层		35	30	25	20	15	10
	高层	病房部分	24	—	—	12	—	—
		其他部分	30	—	—	15	—	—
教学建筑	单、多层		35	30	25	22	20	10
	高层		30	—	—	15	—	—
高层旅馆、公寓、展览建筑			30	—	—	15	—	—
其他建筑	单、多层		40	35	25	22	20	15
	高层		40	—	—	20	—	—

注：1. 建筑内开向敞开式外廊的房间疏散门至最近安全出口的直线距离可按本表的规定增加5 m。

2. 直通疏散走道的房间疏散门至最近敞开楼梯间的直线距离，当房间位于两个楼梯间之间时，应按本表的规定减少5 m；当房间位于袋形走道两侧或尽端时，应按本表的规定减少2 m。

3. 建筑物内全部设置自动喷水灭火系统时，其安全疏散距离可按本表及注1的规定增加25%。

（3）走道的采光和通风。

走道的采光和通风主要依靠天然采光和自然通风。内走道一般是通过直接和间接采光，如走道尽端开窗，利用楼梯间、门厅或走道两侧房间设高窗来解决。

4. 楼梯设计要求

（1）楼梯的形式。

楼梯的形式主要有单跑梯、双跑梯（平行双跑、直双跑、L形、双分式、双合式、剪刀式）、三跑梯、弧形梯、螺旋楼梯等形式。

（2）楼梯的宽度和数量。

楼梯的宽度和数量主要根据使用性质、使用人数和防火规范来确定。一般供单人通行的楼梯宽度应不小于850 mm，双人通行为1 100～1 200 mm。一般民用建筑楼梯的最小净宽应满足两股人流疏散要求，但住宅内部楼梯可减小到850～900 mm。

楼梯的数量应根据使用人数及防火规范要求来确定，必须满足关于走道内房间门至楼梯间的最大距离的限制（表5-4）。在通常情况下，每一幢公共建筑均应设两个楼梯。对于使用人数少或除幼儿园、托儿所、医院以外的二、三层建筑，当其符合表5-5中的要求时，也可以只设一个疏散楼梯。

表5-5　设置一个疏散楼梯的条件

耐火等级	层数	每层最大建筑面积/m²	人　数
一、二级	二、三层	400	第二层和第三层人数之和不超过100人
三级	二、三层	200	第二层和第三层人数之和不超过50人
四级	二层	200	第二层人数不超过30人

5. 电梯设计要求

高层建筑的垂直交通以电梯为主，其他有特殊功能要求的多层建筑，如大型宾馆、百货公司、医院等，除设置楼梯外，还需设置电梯以解决垂直升降的问题。

电梯按其使用性质可分为乘客电梯、载货电梯、消防电梯、客货两用电梯、杂物电梯等几类。确定电梯间的位置及布置方式时，应充分考虑以下几点要求。

（1）电梯间应布置在人流集中的地方，如门厅、出入口等，位置要明显，电梯前面应有足够的等候面积，以免造成拥挤和堵塞。

（2）按防火规范的要求，设计电梯时应配置辅助楼梯，供电梯发生故障时使用。布置时可将两者靠近，以便灵活使用，并有利于安全疏散。

（3）电梯井道无天然采光要求，布置较为灵活，通常主要考虑人流交通方便、通畅。电梯等候厅由于人流集中，最好有天然采光及自然通风。

6. 自动扶梯及坡道设计要求

自动扶梯是一种在一定方向上能大量、连续输送流动客流的装置。除了给乘客提供一种既方便又舒适的上下楼层间的服务外，自动扶梯还可引导乘客走一些既定路线，以引导乘客或顾客游览、购物，并具有良好的装饰效果。在具有频繁而连续人流的大型公共建筑中，如百货大楼、展览馆、游乐场、火车站、地铁站、航空港等建筑将自动扶梯作为主要垂直交通工具考虑。其布置方式有单向布置、转向布置、交叉布置。其梯段宽度较小，通常为 600～1 000 mm。自动扶梯的布置形式如图 5-21 所示。

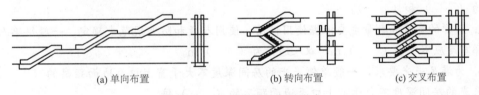

(a) 单向布置　　　　　　(b) 转向布置　　　　　　(c) 交叉布置

图 5-21　自动扶梯的布置形式

7. 门厅设计要求

门厅作为交通枢纽，其主要作用是接纳、分配人流，室内外空间过渡及各方面交通（过道、楼梯等）的衔接。同时，根据建筑物使用性质不同，门厅还兼有其他功能，如医院门厅常设挂号、收费、取药的房间，旅馆门厅兼有休息、会客、接待、登记、小卖等功能。除此以外，门厅作为建筑物的主要出入口，其不同空间处理可体现出不同的意境和形象。因此，民用建筑中门厅是建筑设计重点处理的部分。

（1）门厅的大小。

门厅的大小应根据各类建筑的使用性质、规模及质量标准等因素来确定，设计时可参考有关面积定额指标。部分民用建筑门厅面积参考指标如表 5-6 所示。

表 5-6　部分民用建筑门厅面积参考指标

建筑名称	面积定额	备注
中小学校	0.06～0.08 m²/生	—
食堂	0.08～0.18 m²/座	包括洗手、小卖

建筑名称	面积定额	备注
城市综合医院	11 m²/日百人次	包括衣帽和询问
旅馆	0.2~0.5 m²/床	—
电影院	0.13 m²/观众	—

（2）门厅的布局。

门厅的布局可分为对称式与非对称式两种。门厅设计应注意：

① 门厅应处于总平面中明显而突出的位置；

② 门厅内部设计要有明确的导向性，同时交通流线组织简明醒目，减少相互干扰；

③ 重视门厅内的空间组合和建筑造型要求；

④ 门厅对外出口宽度按防火规范的要求不得小于通向该门厅走道、楼梯宽度的总和。

思 考 题

1. 建筑功能分区的原则有哪些？

2. 建筑交通流线组织的要求有哪些？

3. 民用建筑的平面组成，从使用性质分析，可归纳为使用部分和（　　　），使用部分又可分为（　　　）和（　　　）。

4. 楼梯的宽度和数量主要根据使用性质、使用人数和防火规范来确定。一般供单人通行的楼梯宽度应不小于（　　　）m，双人通行为（　　　）m。

5. 为满足采光要求，一般单侧采光的房间深度不大于窗上口至地面距离的（　　　）倍，双侧采光的房间深度不大于窗上口至地面距离的（　　　）倍。

第6章

建筑空间设计

【本章内容概要】

本章主要介绍空间设计的相关知识。主要内容包括空间设计的基本概念、空间设计的制约因素、空间设计的工作要点和建筑剖面图。

【本章学习重点与难点】

学习重点：建筑空间基本构成要素及空间设计的制约要素，单一空间和复合空间设计的内容和方法及一般规律，剖面图的概念和绘制要点。

学习难点：一般空间及特殊空间的使用要求，空间构成的要素及空间组合的基本方法，理解建筑剖面并掌握确定建筑剖面高度的方法。

6.1 建筑空间的基本概念

建筑空间包括建筑内部空间和建筑外部空间，它们的构成都包含两部分要素，即物质要素和空间要素。

6.1.1 物质要素

建筑是由物质材料建构起来的，不同的物质要素在建构建筑空间中起着不同的作用。例如，墙体除了负有承重作用外，也可以围合空间和分隔空间；楼板除了承受水平荷载外，也可以围合和界定上下空间等，建筑空间建造时通过物质要素合理地建构在一起，以取得特定的使用效果和空间艺术效果。

物质要素又可以分为结构性要素和非结构要素两种。

（1）结构性要素：如承重的墙、柱、梁等，须经过结构计算，科学地确定其尺寸、尺度和位置。

（2）非结构要素：不承重，主要用于围合和分隔空间。

这两者的根本区别在于：结构性的物质要素是由专业工程师经过精确计算共同决定它的位置、形式及尺度的大小；而非结构性的物质要素主要由使用需要或使用者来决定。结构性的物质要素要求基本上是固定的，建成后不可改变，而非结构性的物质要素是非固定的，可以改变。

6.1.2 空间要素

空间和实体相对，建筑空间由实体组合而构成。尽管各类建筑使用功能不一，但各种类

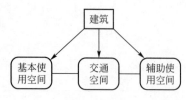

图 6-1　建筑物内部空间 3 种构成

型建筑物在空间组成上仍然存在着共性，就空间构成来讲，一般由 3 种主要类型的空间组成，即基本使用空间、辅助使用空间和交通空间。

这三者的关系如图 6-1 所示，即通过交通联系空间，把基本使用空间和辅助使用空间联系成一个有机的整体。建筑空间设计的基本任务之一就是处理好这三者之间的关系。

6.2　空间设计的制约因素

6.2.1　一般空间的使用要求

对于一般性民用建筑来说，在通常情况下，空间设计受到以下几个方面因素的制约。

1. 人体活动及家具设备的要求

房间净高应不低于 2.20 m。卧室使用人数少、面积不大，常取 2.7~3.0 m；教室使用人数多，面积相应增大，一般取 3.30~3.60 m；公共建筑的门厅人流较多，高度可较其他房间适当提高；商店营业厅净高受房间面积及客流量多少等因素的影响，国内大中型营业厅（无空调设备的）底层层高为 4.2~6.0 m，二层层高为 3.6~5.1 m。

房间的家具设备及人们使用家具设备的必要空间，也直接影响到房间的净高和层高。如学生宿舍通常设有双层床，则层高不宜小于 3.30 m；医院手术室净高应考虑手术台、无影灯及手术操作所必要的空间，净高不应小于 3.0 m；游泳馆比赛大厅，房间净高应考虑跳水台的高度、跳水台至顶棚的最小高度；对于有空调要求的房间，通常在顶棚内布置有水平风管，确定层高时应考虑风管尺寸及必要的检修空间。

2. 采光、通风要求

一般进深不大的房间，通常采用侧窗采光和通风已足够满足室内卫生的要求。当房间进深大，侧窗不能满足上述要求时，常设置各种形式的天窗，从而形成了各种不同的剖面形状。

有的房间虽然进深不大，但具有特殊要求，如展览馆中的陈列室，为使室内照度均匀、稳定、柔和并减轻和消除眩光的影响，避免直射阳光损害陈列品，常设置各种形式的采光窗。对于厨房一类房间，由于在操作过程中常散发出大量蒸汽、油烟等，可在顶部设置排气窗以加速排除有害气体。

房间的高度应有利于天然采光和自然通风。房间里光线的照射深度，主要靠窗户的高度来解决，进深越大，要求窗户上沿的位置越高，即相应房间的净高也要高一些。当房间采用单侧采光时，通常窗户上沿离地的高度，应大于房间进深长度的一半。当房间允许两侧开窗时，窗户上沿离地的高度不小于总深度的 1/4（图 6-2）。

房间的通风要求，室内进出风口在剖面上的高低位置，也对房间净高有一定影响。潮湿和炎热地区的民用房屋，经常利用空气的气压差来组织室内穿堂风，如在内墙上开设高窗，或

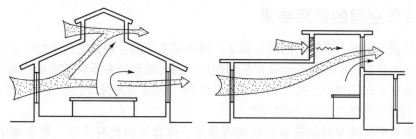

图 6-2　房间的通风

在门上设置亮子等改善室内的通风条件，在这些情况下，房间净高就相应要高一些（图6-2）。

除此以外，容纳人数较多的公共建筑，应考虑房间正常的气容量，保证必要的卫生条件。

3. 结构高度及其布置方式的影响

层高等于净高加上楼板层结构的高度。因此，在满足房间净高要求的前提下，其层高尺寸随结构层的高度而变化。应考虑梁所占的空间高度。

4. 建筑经济效果

层高是影响建筑造价的一个重要因素。实践表明，普通砖混结构的建筑物，层高每降低 100 mm 可节省投资 1%。

5. 室内空间比例

一般来说面积大的房间高度要高一些，面积小的房间则可适当降低。同时，不同的比例尺度给人不同的心理效果，高而窄的比例易使人产生兴奋、激昂、向上的情绪，且具有严肃感。但过高就会觉得不亲切；宽而矮的空间使人感觉宁静、开阔、亲切，但过低又会使人产生压抑、沉闷的感觉。图 6-3 表示空间比例不同给人以不同的感受。

(a) 宽而矮的空间比例

(b) 高而窄的空间比例

图 6-3　空间比例不同给人以不同的感受

6.2.2 特殊空间的使用要求

在民用建筑中，绝大多数的建筑是属于一般功能要求的，如住宅、学校、办公楼、旅馆及商店等。这类建筑房间的剖面形状多采用矩形，因为矩形剖面不仅能满足这类建筑的使用要求，而且具有上面谈到的一些优点。对于某些特殊功能（如视线、音质等）要求的房间，则应根据使用要求选择适合的剖面形状。

有视线要求的房间主要是指影剧院的观众厅、体育馆的比赛大厅、教学楼中阶梯教室等。这类房间除平面形状、大小满足一定的视距、视角要求外，地面应有一定的坡度，以保证良好的视觉要求，即舒适、无遮挡地看清对象。

1. 视线要求

在剖面设计中，为了保证良好的视觉条件，即视线无遮挡，需要将座位逐排升高，使室内地面形成一定的坡度。地面的升起坡度主要与设计视点的位置及视线升高值有关；另外，第一排座位的位置、排距等对地面的升起坡度也有影响。如图 6-4 表示电影院和体育馆设计视点与地面坡度的关系。

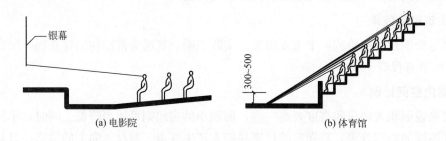

(a) 电影院   (b) 体育馆

图 6-4   电影院和体育馆设计视点与地面坡度的关系（mm）

视线升高值 C 的确定与人眼到头顶的高度和视觉标准有关，一般定为 120 mm。当错位排列（后排人的视线擦过前面隔一排人的头顶而过）时，C 值取 60 mm；当对位排列（后排人的视线擦过前排人的头顶而过）时，C 值取 120 mm。以上两种座位排列法均可保证视线无遮挡的要求（图 6-5、图 6-6）。

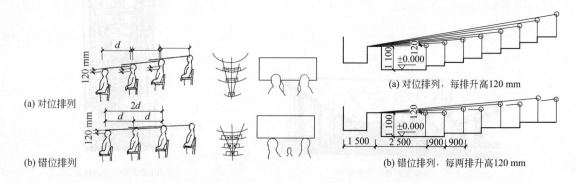

(a) 对位排列

(b) 错位排列

图 6-5   视觉标准与地面升起的关系

(a) 对位排列，每排升高120 mm

(b) 错位排列，每两排升高120 mm

图 6-6   中学演示教室的地面升高剖面（mm）

2. 音质要求

凡剧院、电影院、会堂等建筑，大厅的音质要求对房间的剖面形状影响很大。为保证室内声场分布均匀，防止出现空白区、回声和聚焦等现象，在剖面设计中要注意顶棚、墙面和地面的处理。为有效地利用声能，加强各处直达声，必须使大厅地面逐渐升高，除此以外，顶棚的高度和形状是保证听得清楚、真实的一个重要因素。它的形状应使大厅各座位都能获得均匀的反射声，同时并能加强声压不足的部位。一般来说，凹面易产生聚焦，声场分布不均匀，凸面是声扩散面，不会产生聚焦，声场分布均匀。为此，大厅顶棚应尽量避免采用凹曲面或拱顶。如图 6-7 为观众厅的几种剖面形状示意。

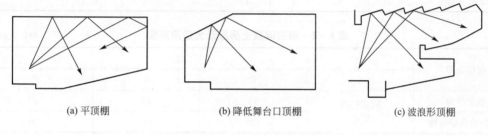

(a) 平顶棚　　　　　　　(b) 降低舞台口顶棚　　　　　　　(c) 波浪形顶棚

图 6-7　观众厅的几种剖面形状

6.2.3　建筑空间层数的要求

影响建筑空间层数的因素有以下几个方面。

1. 使用要求

住宅、办公楼、旅馆等建筑，可采用多层和高层。

对于托儿所、幼儿园等建筑，考虑到儿童的生理特点和安全，同时为便于室内与室外活动场所的联系，其层数不宜超过三层。医院门诊部为方便病人就诊，层数也以不超过三层为宜。

影剧院、体育馆等一类公共建筑都具有面积和高度较大的房间，人流集中，为迅速而安全地进行疏散，宜建成低层。

2. 建筑结构、材料和施工的要求

建筑结构类型和材料是决定房屋层数的基本因素。如一般混合结构的建筑是以墙或柱承重的梁板结构体系，一般为 1~6 层。常用于一般大量性民用建筑，如住宅、宿舍、中小学教学楼、中小型办公楼、医院、食堂等。

多层和高层建筑，可采用梁柱承重的框架结构、剪力墙结构或框架剪力墙结构等结构体系。

空间结构体系，如薄壳、网架、悬索等则适用于低层大跨度建筑，如影剧院、体育馆、仓库、食堂等。

3. 地震烈度

地震烈度表示地震对地表及工程建筑物影响的强弱程度。地震烈度不同，对房屋的层数和高度要求也不同。表 6-1 和表 6-2 分别为砌体房屋总高度和层数限值，钢筋混凝土房屋最大适用高度。

表 6-1　砌体房屋总高度和层数限值

砌体类型	最小墙厚/m	烈度							
		6		7		8		9	
		高度/m	层数/层	高度/m	层数/层	高度/m	层数/层	高度/m	层数/层
黏土砖	0.24	24	8	21	7	18	6	12	4
混凝土小砌块	0.19	21	7	18	6	15	5	不宜采用	
混凝土中砌块	0.20	18	6	15	5	9	3		
粉煤灰中砌块	0.24	18	6	15	5	9	3		

表 6-2　钢筋混凝土房屋最大适用高度　　　　单位：m

结构类型	烈度			
	6	7	8	9
框架结构	同非抗震设计	55	45	25
框架-抗震墙结构		120	100	50

4. 建筑基地环境与城市规划的要求

　　房屋的层数与所在地段的大小、高低起伏变化有关。同时不能脱离一定的环境条件。特别是位于城市街道两侧、广场周围、风景园林区等，必须重视建筑与环境的关系，做到与周围建筑物、道路、绿化等协调一致。同时要符合当地城市规划部门对整个城市面貌的统一要求。

6.3　空间设计的工作要点

6.3.1　单一空间

　　单一空间的设计需要综合考虑空间尺度（图 6-8）、空间形状、空间洞口及空间朝向等方面内容。

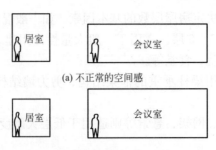

(a) 不正常的空间感

(b) 比较正常的空间感

图 6-8　不同的高宽比引起的不同空间感受

6.3.2　复合空间

1. 空间的组合

建筑空间组合就是根据内部使用要求，结合基地环境等条件将各种不同形状、大小、高低的空间组合起来。使之成为使用方便、结构合理、体型简洁完美的整体。图 6-9 为大小、高低不同的空间组合。

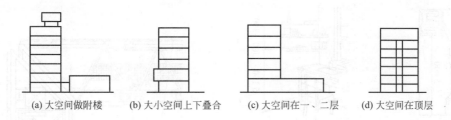

(a) 大空间做附楼　　(b) 大小空间上下叠合　　(c) 大空间在一、二层　　(d) 大空间在顶层

图 6-9　大小、高低不同的空间组合

当建筑物内部出现高低差，或由于地形的变化使房屋几部分空间的楼地面出现高低错落时，可采用错层的方式使空间取得和谐统一。具体处理方式如下。

(1) 以踏步或楼梯联系各层楼地面以解决错层高差（图 6-10）。

(2) 以室外台阶解决错层高差。

组合方式如下。

(1) 分层式组合：将使用功能联系紧密而且高度一样的空间组合在同一层。

(2) 分段式组合：在同一层中将不同层高的空间分段组合，而且在垂直方向重复这样的组合，相当于在结构的每一个分段可以进行较为简单的叠加。

2. 空间的利用

1) 夹层空间的利用

在公共建筑中的营业厅、体育馆、影剧院、候机楼等，由于功能要求其主体空间与辅助空间的面积和层高不一致，因此常采取在大空间周围布置夹层的方式，以达到利用空间及丰富室内空间的效果。如图 6-11 为夹层空间的利用实例。

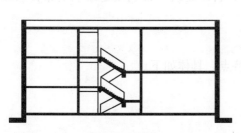

图 6-10　以楼梯间解决错层高差剖面

图 6-11　夹层空间的利用

2) 房间上部空间的利用

房间上部空间主要是指除了人们日常活动和家具布置以外的空间。如住宅中常利用房间

上部空间设置搁板、吊柜作为储藏之用（图6-12）。

　　3）结构空间的利用

　　在建筑物中墙体厚度的增加，所占用的室内空间也相应增加，因此充分利用墙体空间可以起到节约空间的作用。通常多利用墙体空间设置壁柜、窗台柜，利用角柱布置书架及工作台（图6-13）。

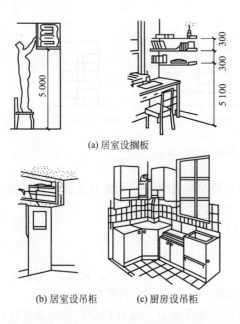

(a) 居室设搁板

(b) 居室设吊柜　　(c) 厨房设吊柜

图6-12　房间上部空间设搁板、吊柜（mm）

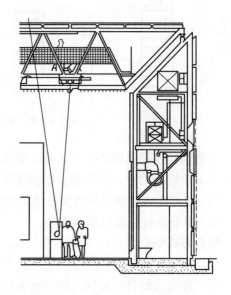

图6-13　结构空间的有效利用

　　4）楼梯间及走道空间的利用

　　一般民用建筑楼梯间底层休息平台下至少有半层高，可作为布置储藏室及辅助用房和出入口之用。同时，楼梯间顶层有一层半的空间高度，可以利用部分空间布置一个小储藏间。

　　民用建筑走道主要用于人流通行，其面积和宽度都较小，高度也相应要求低些，充分利用走道上部多余的空间布置设备管道及照明线路。居住建筑中常利用走道上空布置储藏空间。走道及楼梯间空间的利用如图6-14所示。

3. 复合空间的组织方式

　　复合空间的组织方式必须适合于建筑的功能特点，具体如下。

　　（1）走道式（图6-15）。

　　（2）广厅式（图6-16）。

　　（3）穿套式（图6-17）。

　　（4）大空间为中心式（图6-18）。

　　（5）混合式（图6-19）。

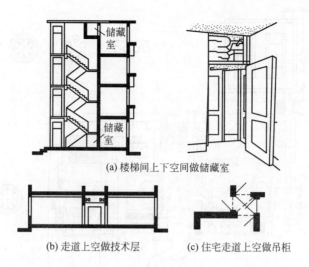

储藏
室
储藏
室
(a) 楼梯间上下空间做储藏室
(b) 走道上空做技术层
(c) 住宅走道上空做吊柜

图 6－14　走道及楼梯间空间的利用

房间——使用空间
走道——交通联系空间

图 6－15　走道式

广厅——交通联系空间
主要使用空间

图 6－16　广厅式

图 6－17　穿套式

辅助空间
主要使用空间
次要使用空间

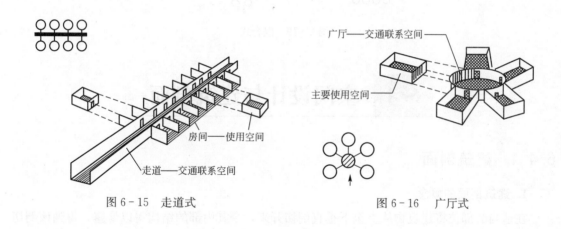

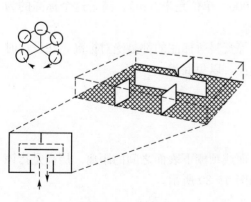

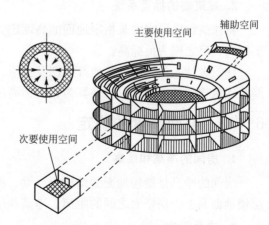

图 6－18　大空间为中心式

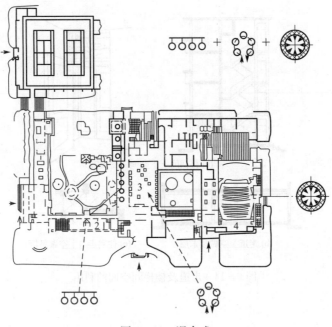

图 6-19　混合式

6.4 空间设计与建筑剖面

6.4.1　建筑剖面

1. 建筑剖面的概念

在适当的部位将建筑物从上至下垂直剖切开来，令其内部的结构得以暴露，得到该剖切面的正投影图。建筑剖面表示建筑物在垂直方向各部分空间的组合关系。

2. 建筑物的标高系统

将建筑物底层室内某指定地面的高度定为±0.000，单位是米（m）。高于这个标高的为正标高，反之则为负标高。

建筑设计人员获得的基地红线图及土质、水文等资料所标注的都是绝对标高，在设计时涉及建筑物的各部分都应当换算为相对标高进行标注，以免混淆。

6.4.2　剖面高度的确定

1. 房间的净高和层高

房间的净高是指楼地面到结构层（梁、板）底面或顶棚下表面之间的距离。层高是指该层楼地面到上一层楼面之间的距离。净高和层高如图 6-20 所示。

2. 窗台高度

窗台高度与使用要求、人体尺度、家具尺寸及通风要求有关。大多数的民用建筑，窗台

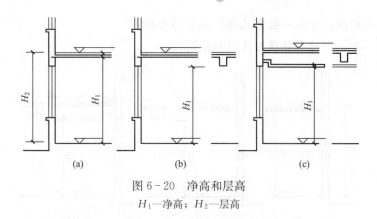

图 6-20 净高和层高

H_1—净高；H_2—层高

高度主要考虑方便人们工作、学习，保证书桌上有充足的光线。

一般常取 900～1 000 mm，这样窗台距桌面高度控制在 100～200 mm，保证了桌面上充足的光线，并使桌上纸张不致被风吹出窗外。

对于有特殊要求的房间，如设有高侧窗的陈列室，为消除和减少眩光，应避免陈列品靠近窗台布置。实践中总结出窗台到陈列品的距离要使保护角大于 14°。为此，一般将窗下口提高到离地 2.5 m 以上。厕所、浴室窗台可提高到 1 800 mm 左右。托儿所、幼儿园窗台高度应考虑儿童的身高及较小的家具设备，医院儿童病房为方便护士照顾患儿，窗台高度均应较一般民用建筑低一些。

公共建筑的房间如餐厅、休息厅、娱乐活动场所，以及疗养建筑和旅游建筑，为使室内采光充足和便于观赏室外景色，丰富室内空间，常将窗台做得很低，甚至采用落地窗。

3. 室内外地面高差

为了防止室外雨水流入室内，并防止墙身受潮，一般民用建筑常把室内地坪适当提高，以使建筑物室内外地面形成一定高差，该高差主要由以下因素确定。

(1) 内外联系方便。住宅、商店、医院等建筑的室外踏步的级数常以不超过四级，即室内外地面高差不大于 600 mm 为宜。而仓库类建筑为便于运输，在入口处常设置坡道，为不使坡道过长影响室外道路布置，室内外地面高差以不超过 300 mm 为宜。

(2) 防水、防潮要求。一般大于或等于 300 mm。

(3) 地形及环境条件。位于山地和坡地的建筑物，应结合地形的起伏变化和室外道路布置等因素，综合确定底层地面标高，使其既方便内外联系，又有利于室外排水和减少土石方工程量。

(4) 建筑物性格特征。一般民用建筑应具有亲切、平易近人的感觉，因此室内外高差不宜过大。纪念性建筑除在平面空间布局及造型上反映出它独自的性格特征以外，还常借助于室内外高差值的增大，如采用高的台基和较多的踏步处理，以增强严肃、庄重、雄伟的气氛。

思 考 题

1. 室内外地面高差为了满足防水、防潮的要求，一般高度应大于或等于多少？

2. 复合空间的组织方式一般有几种？各有哪些特点？

3. 下列图示中，哪一个数值为房间的净高？

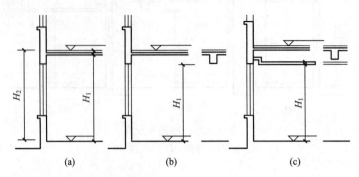

          (a)   (b)   (c)

4. 简述地面升起坡度与哪些因素有关。

5. 单选题：影剧院观众厅的顶棚应尽量避免采用（　　），以免产生声音的聚焦。

A. 平面　　　　　　　B. 斜面　　　　　　　C. 凹曲面　　　　　　D. 凸面

6. 简述建筑空间利用有哪些处理手法。

第7章

建筑形态设计

【本章内容概要】

本章主要介绍形态设计的相关知识。主要内容包括形态设计的基本概念、形态设计的制约因素、形态设计的工作要点和建筑立面的设计。

【本章学习重点与难点】

学习重点：建筑形态设计的一般要求及建筑形式美的一般规律，建筑构成的基本要素及建筑形态设计的基本方法，建筑立面的处理方法。

学习难点：建筑形式美的一般规律，建筑立面处理的一般方法。

7.1 建筑形态的基本概念

7.1.1 建筑形态设计

"形"是指形状，它是由边界线也就是轮廓所围合成的呈现形式，包括外部轮廓和内部轮廓。"态"则是表达内在发展方式，与物体在空间中占有的地位有密切的关系。

建筑形态设计贯穿于设计的全过程，是在妥善组织内部空间及对功能进行合理组织的基础上，在技术条件的制约下对建筑的体形、立面及细部进行处理，使之与环境协调。形态设计应从整体到局部再到细部，应按照一定的美学规律进行处理。

7.1.2 建筑形态的表意功能

在建筑设计中，把人们熟悉的某种事物，或带有典型意义的事件作为原型，经过概括、提炼、抽象，成为建筑形态语言，使人联想或领悟到某种含义，以增强建筑感染力，成为特定意义的表达，建筑形态就具有了一定的表意功能（图7-1）。

图7-1 美国遗产中心和艺术中心

7.2   形态设计的制约因素

7.2.1   建筑形态设计的一般要求

1. 反映建筑使用功能要求和特征

建筑是为了满足人们生产和生活需要而创造出的物质空间环境。各类建筑由于使用功能的千差万别，室内空间全然不同，在很大程度上必然导致不同的外部体形及立面特征。

如住宅建筑：重复排列的阳台、尺度不大的窗户，形成了生活气息浓郁的居住建筑性格特征。体育场建筑：外观上体现出内部的大空间及看台结构。而行政办公大楼建筑具有庄重、雄伟的外观特征（图7-2）。

2. 反映物质技术条件的特点

建筑不同于一般的艺术品，它必须运用大量的材料并通过一定的结构施工技术等手段才能建成。因此，建筑体形及立面设计必然在很大程度上受到物质技术条件的制约，并反映出结构、材料和施工的特点。如日本代代木体育馆的悬索结构（图7-3）。

居住建筑立面有大量门窗及阳台

办公建筑立面全部覆盖玻璃幕墙

图7-2   居住建筑与办公建筑
　　　　不同的立面处理方式

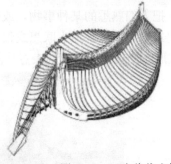

图7-3   日本代代木体育馆

3. 符合城市规划及基地环境的要求

建筑本身就是构成城市空间和环境的重要因素，它不可避免地要受到城市规划、基地环境的某些制约，所以建筑基地的地形、地质、气候、方位、朝向、形状、大小、道路、绿化及与原有建筑群的关系等，都对建筑外部形象有极大影响。

图 7 - 4   流水别墅

例如，美国建筑大师赖特设计的流水别墅建于幽雅的山泉峡谷之中，建筑凌跃于奔泻而下的瀑布之上，与山石、流水、树林融为一体（图 7 - 4）。

4. 适应社会经济条件

建筑形态设计应控制成本，严格掌握质量标准，尽量节约资金。

应当指出：建筑外形的艺术美并不是以投资的多少为决定因素。事实上只要充分发挥设计者的主观能动性，在一定的经济条件下，巧妙地运用物质技术手段和构图法则，努力创新，完全可以设计出适用、安全、经济、美观的建筑物。

7.2.2   建筑形式美的一般规律

建筑造型是有其内在规律的，人们要创造出美的建筑，就必须遵循建筑美的法则，如统一、均衡、稳定、对比、韵律、比例、尺度等。不同时代、不同地区、不同民族，尽管建筑形式千差万别，尽管人们审美观各不相同，但这些建筑美的基本法则都是一致的，是被人们普遍承认的客观规律，因而具有普遍性。

1. 统一与变化

（1）以简单的几何形体求统一。

图 7 - 5   简单的几何形体：法国卢浮宫

任何简单的容易被人们辨认的几何形体都具有一种必然的统一（图 7 - 5）。

（2）主从分明，以陪衬求统一。

复杂体量的建筑根据功能的要求常包括主要部分和从属部分，如果不加以区别对待，则建筑必然显得平淡、松散，缺乏统一性。在外形设计中，恰当地处理好主要与从属、重点与一般的关系，使建筑形成主从分明，以次衬主，就可以加强建筑的表现力，取得完整统一的效果。

2. 均衡与稳定

一幢建筑物由于各体量的大小、高低、材料的质感、色彩的深浅、虚实变化不同，常表现出不同的轻重感。一般来说，体量大的、实体的、材料粗糙及色彩暗的，感觉上要重一些；体量小的、通透的、材料光洁和色彩明快的，感觉上要轻一些。研究均衡与稳定，就是要使建筑形象显得安定、平稳。

（1）均衡。在建筑构图中，均衡与力学的杠杆原理是有联系的。如图 7 - 6 均衡的力学原理所示：支点表示均衡中心，根据均衡中心的位置不同，又可分为对称的均衡与不对称的均衡。

对称的建筑是绝对均衡的，以中轴线为中心并加以重点强调，两侧对称容易取得完整统一的效果，给人以端庄、雄伟、严肃的感觉，常用于纪念性建筑或者其他需要表现庄严、隆重的公共建筑（图7-7）。

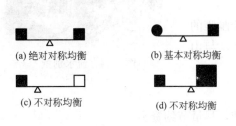

(a) 绝对对称均衡　　(b) 基本对称均衡

(c) 不对称均衡　　(d) 不对称均衡

图7-6　均衡的力学原理

图7-7　对称均衡：历史博物馆使用
对称式布局的建筑体形

不对称均衡是将均衡中心（视觉上最突出的主要出入口）偏于建筑的一侧，利用不同体量、材质、色彩、虚实变化等的平衡达到不对称均衡的目的。它与对称均衡相比显得轻巧、活泼。如维特拉家具博物馆（图7-8）。

（2）稳定。是指建筑整体上下之间的轻重关系。一般来说上面小，下面大，由底部向上逐层缩小的手法易获得稳定感。

近代建造了不少底层架空的建筑，利用悬臂结构的特性，粗糙材料的质感和浓郁的色彩加强底层的厚重感，同样达到稳定的效果（图7-9）。

图7-8　不对称均衡：维特拉家具博物馆

图7-9　上大下小的稳定：2010世博会中国馆

3. 韵律

韵律是任何物体各要素重复出现所形成的一种特性，它广泛渗透于自然界一切事物和现象中，如心跳、呼吸、水纹、树叶等。这种有规律的变化和有秩序的重复所形成的节奏，能给人以美的感受。

建筑物由于使用功能的要求和结构技术的影响，存在着很多重复的因素，如建筑形体、空间、构件乃至门窗、阳台、凹廊、雨篷、色彩等，这就为建筑造型提供了很多有规律的依据，在建筑构图中，有意识地对自然界一切事物和现象加以模仿和运用，从而出现了具有条理性、重复性和连续性为特征的韵律美（图7-10和图7-11）。

图 7 - 10　住宅门窗的韵律感

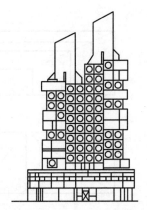

图 7 - 11　日本东京中银舱体楼

4. 对比

建筑造型设计中的对比，具体表现在体量的大小、高低、形状、方向、线条曲直、横竖、虚实、色彩、质地、光影等方面。在同一因素之间通过对比，相互衬托，就能产生不同的形象效果。对比强烈，则变化大，感觉明显，建筑中很多重点突出的处理手法往往是采取强烈对比的结果；对比小，则变化小，易于取得相互呼应、和谐、协调统一的效果。因此，在建筑设计中恰当地运用对比的强弱是取得统一与变化的有效手段（图 7 - 12）。

图 7 - 12　巴西会议大厦体量形状的对比

5. 比例

比例是指长、宽、高 3 个方向之间的大小关系。无论是整体或局部及整体与局部之间，局部与局部之间都存在着比例关系。良好的比例能给人以和谐、完美的感受；反之，比例失调就无法使人产生美感。

一般来说，抽象的几何形状及若干几何形状之间的组合，处理得当就可获得良好的比例而易于为人们所接受。如圆形、正方形、正三角形等具有肯定的外形而引起人们的注意；"黄金率"比例关系（即长宽之比为 1∶1.618）的长方形要比其他长方形好；大小不同的相似形，它们之间对角线互相垂直或平行，由于具有"比率"相等而使比例关系协调（图 7 - 13）。

6. 尺度

尺度是研究建筑物整体与局部构件给人感觉上的大小与其真实大小之间的关系。

抽象的几何形体显示不了尺度感，但一经尺度处理，人们就可以感觉出它的大小来。在建筑设计过程中，常常以人或与人体活动有关的一些不变因素如门、台阶、栏杆等作为比较标准，通过与它们的对比而获得一定的尺度感。

建筑设计中，尺度的处理通常有 3 种方法。

（1）自然的尺度。以人体大小来度量建筑物的实际大小，从而给人的印象与建筑物真实

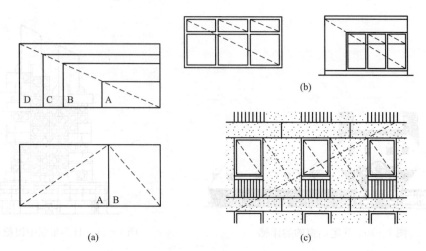

(b)

(a)   (c)

图 7-13 用对角线相互重合、垂直及平行的方法使窗与窗、窗与墙之间保持相同的比例关系

的大小一致。常用于住宅、办公楼、学校等建筑（图 7-14）。

（2）夸张的尺度。运用夸张的手法给人以超过真实大小的尺度感。常用于纪念性建筑或大型公共建筑，以表现庄严、雄伟的气势（图 7-15）。

（3）亲切的尺度。以较小的尺度获得小于真实的感觉，从而给人以亲切宜人的尺度感。常用来创造小巧、亲切、舒适的气氛，如庭院建筑（图 7-16）。

图 7-14 自然的尺度：北京某住宅

图 7-15 夸张的尺度：广东博物馆

图 7-16 亲切的尺度：苏州园林

7.3 形态设计的工作要点

7.3.1 建筑形态构成的基本要素

空间的限定由点、线、面、体等实体要素来完成，同时也是建筑具体形态构成的起点。线条、造型、体量，正是这些实体要素使具有形状大小的几何空间产生了开敞与封闭，节奏与韵律的特点，塑造出不可穷尽的现代建筑的空间形式。如图 7-17、图 7-18、图 7-19 所示是建筑中点、线、面、体的表现形式。

图 7-17 建筑中的点要素转化成窗要素

图 7-18 建筑空间透视中的线要素

7.3.2 建筑形态设计的方法

1. 体量组合

（1）单一体型。单一体型是将复杂的内部空间组合到一个完整的体型中去。外观各面基本等高，平面多呈正方形、矩形、圆形、Y 形等。这类建筑的特点是没有明显的主从关系和组合关系，造型统一、简洁、轮廓分明，给人以鲜明而强烈的印象。

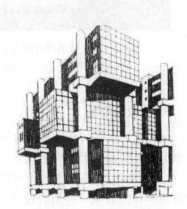

图 7-19 建筑体量的分割

单一体型的体型变化可以通过体量的增加、消减、旋转、扭曲、倾斜等。

（2）单元组合体型。一般民用建筑如住宅、学校、医院等常采用单元组合体型。它是将几个独立体量的单元按一定方式组合起来的。它具有以下特点。

① 组合灵活。结合基地大小、形状、朝向、道路走向、地形起伏变化，建筑单元可随意增减，高低错落，既可形成简单的一字形体型，也可形成锯齿形、台阶式等体型。

② 建筑物没有明显的均衡中心及体型的主从关系。这就要求单元本身具有良好的造型。由于单元的连续重复，形成了强烈的韵律感（图 7-20）。

（3）复杂体型。复杂体型是由两个以上的体量组合而成的，体型丰富，更适用于功能关系比较复杂的建筑物。由于复杂体型存在着多个体量，进行体量与体量之间相互协调与统一时应遵循形式美的一般规律。

2. 形态的转折与转角处理

转折主要是指建筑物顺道路或地形的变化做曲折变化。建筑形态的转折往往根据功能和造型的需要，转角部分的建筑形态常采用主附体相结合，以附体陪衬主体，主从分明的方式。也可采取局部体量升高以形成塔楼的形式，以塔楼控制整个建筑物及周围道路，使交叉口、主要入口更加醒目（图 7-21）。

图 7-20　博塔设计的戈达鲁德银行
体现单元组合的体形

图 7-21　加利福尼亚大学迪威斯
社会科学、人文科学教学楼

3. 体量的衔接

（1）直接连接。在体型组合中，将不同体量的面直接相连称为直接连接。这种方式具有体型分明、简洁、整体性强的优点，常用于功能要求各房间联系紧密的建筑（图 7-22）。

（2）咬接。各体量之间相互穿插，体型较复杂，但组合紧凑，整体性强，较前者易于获得有机整体的效果，是组合设计中较为常用的一种方式（图 7-23）。

（3）以走廊或连接体相连。这种方式的特点是各体量之间相对独立而又互相联系，走廊的开敞或封闭、单层或多层，常随不同功能、地区特点、创作意图而定，建筑给人以轻快、舒展的感觉。

图 7-22 古根汉姆博物馆体量之间的联系

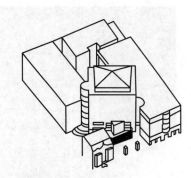

图 7-23 建筑物与旋转 45°的立方体的咬接

7.4 形态设计与建筑立面

7.4.1 建筑立面

建筑立面是由许多部件组成的，这些部件包括门窗、墙柱、阳台、遮阳板、雨篷、檐口、勒脚、花饰等。立面设计就是恰当地确定这些部件的尺寸大小、比例关系以及材料色彩等。通过形的变换、面的虚实对比、线的方向变化等，求得外形的统一与变化和内部空间与外形的协调统一。

7.4.2 立面处理方法

1. 设计原则

（1）在推敲建筑立面时不能孤立地处理某个面，必须注意几个面的相互协调和相邻面的衔接以取得统一。

（2）建筑造型是一种空间艺术，研究立面造型不能只局限在立面的尺寸大小和形状，应考虑到建筑空间的透视效果。

2. 立面的比例与尺度

立面的比例与尺度的处理是与建筑功能、材料性能和结构类型分不开的，由于使用性质、容纳人数、空间大小、层高等不同，形成全然不同的比例和尺度关系。

建筑立面常借助于门窗、细部等的尺度处理反映出建筑物的真实大小。

3. 立面的虚实与凹凸

建筑立面中"虚"的部分是指窗、空廊、凹廊等，给人以轻巧、通透的感觉；"实"的部分主要是指墙、柱、屋面、栏板等，给人以厚重、封闭的感觉。巧妙地处理建筑外观的虚实关系，可以获得轻巧生动、坚实有力的外观形象。

以虚为主、虚多实少的处理手法能获得轻巧、开朗的效果（图 7-24）。

以实为主、实多虚少能产生稳定、庄严、雄伟的效果（图 7-25）。

图 7 - 24　香港中银大厦

图 7 - 25　旧金山近代美术馆

虚实相当的处理容易给人以单调、呆板的感觉。在功能允许的条件下，可以适当将虚的部分和实的部分集中，使建筑物产生一定的变化。

由于功能和构造上的需要，建筑外立面常出现一些凹凸部分。凸的部分一般有阳台、雨篷、遮阳板、挑檐、凸柱、突出的楼梯间等。凹的部分有凹廊、门洞等。通过凹凸关系的处理可以加强光影变化，增强建筑物的体积感，丰富立面效果。

4. 立面的线条处理

任何线条本身都具有一种特殊的表现力和多种造型的功能。从方向变化来看，垂直线具有挺拔、高耸、向上的气氛；水平线使人感到舒展与连续、宁静与亲切；斜线具有动态的感觉；网格线有丰富的图案效果，给人以生动、活泼而有秩序的感觉。从粗细、曲折变化来看，粗线条表现厚重、有力；细线条具有精致、柔和的效果；直线表现刚强、坚定；曲线则显得优雅、轻盈。

建筑立面上客观存在着各种线条，如立柱、墙垛、窗台、遮阳板、檐口、通长的栏板、窗间墙、分格线等（图 7 - 26）。

5. 立面的色彩与质感

不同的色彩具有不同的表现力，给人以不同的感受。以浅色为基调的建筑给人以明快、清新的感觉，深色显得稳重，橙黄等暖色调使人感到热烈、兴奋；青、蓝、紫、绿等色使人感到宁静。运用不同色彩的处理，可以表现出不同建筑的性格、地方特点及民族风格（图 7 - 27）。

外立面分格线

水平线条

垂直线条

倾斜线条

图 7 - 26　立面线条处理

中国某码头

图 7 - 27　建筑立面色彩

建筑外形色彩设计包括大面积墙面的基调色的选用和墙面上不同色彩的构图等两方面，设计中应注意以下问题。

（1）色彩处理必须和谐统一且富有变化，在用色上可采取大面积基调色为主，局部运用其他色彩形成对比而突出重点。

（2）色彩的运用必须与建筑物性质相一致。

（3）色彩的运用必须注意与环境的密切协调。

（4）基调色的选择应结合各地的气候特征。寒冷地区宜采用暖色调，炎热地区多偏于采用冷色调。

建筑立面由于材料的质感不同，也会给人以不同的感觉。如天然石材和砖的质地粗糙，具有厚重及坚固感；金属及光滑的表面感觉轻巧、细腻。立面设计中常常利用质感的处理来增强建筑物的表现力。

6. 立面的重点与细部处理

根据功能和造型需要，在建筑物某些局部位置进行重点和细部处理，可以突出主体，打破单调感。立面的重点处理常常是通过对比手法取得的。建筑物重点处理的部位如下。

（1）建筑物的主要出入口及楼梯间是人流最多的部位。

（2）根据建筑造型上的特点，重点表现有特征的部分，如体量中转折、转角、立面的突出部分及上部结束部分，如车站钟楼、商店橱窗、房屋檐口等。

（3）为了使建筑统一中有变化，避免单调以达到一定的美观要求，也常在反映该建筑性格的重要部位，如住宅阳台、凹廊、公共建筑中的柱头、檐口等部位进行处理。

在立面设计中，对于体量较小或人们接近时才能看得清的部分，如墙面勒脚、花格、漏窗、檐口细部、窗套、栏杆、遮阳板、雨篷、花台及其他细部装饰等的处理称为细部处理。细部处理必须从整体出发，接近人体的细部应充分发挥材料色泽、纹理、质感和光泽度的美感作用。对于位置较高的细部，一般应着重于总体轮廓和注意色彩、线条等大效果，而不宜刻画得过于细腻。

思 考 题

1. 建筑形式美的一般规律包括哪些？
2. 建筑立面色彩处理应注意哪些问题？
3. 尺度处理手法有哪三种？
4. 建筑体型中各体量之间的连接方式主要有哪几种？

第8章

建筑构造综述

【本章内容概要】

本章主要介绍了建筑构造的研究对象、建筑构造设计的依据和原则及图示表达标准等基本知识。

【本章学习重点与难点】

学习重点：建筑构造的研究对象和建筑物实体构件系统的组成。

学习难点：建筑详图的表达。

8.1 建筑构造的研究对象

8.1.1 建筑构造研究的对象

建筑构造是专门研究建筑物各组成部分及各部分之间的组合原理和构造方法的学科。

房屋建筑由满足不同使用功能要求的室内空间组合而成。我们把形成室内空间的不同实体，称为建筑构件，亦称为建筑配件。这些建筑构（配）件按照一定的规律组合而成建筑物的实体系统，这些实体系统又可分为承载分系统和围护分隔系统。

各个相关建筑构件之间相互连接的方式和方法也属建筑构造研究的内容。建筑物构造组合原理是研究如何使建筑物的构件或配件最大限度地满足使用功能的要求，并根据使用的要求进行构造方案设计的理论。

建筑构造设计是建筑设计的重要组成部分，在进行建筑设计的同时，必须提供切实可行的构造方案和细部节点设计以保证建筑工程实施。

建筑构造具有综合性和实践性强的特点，它涉及建筑材料、设备、施工等多方面知识，这些知识需要全面学习，灵活运用，并通过实践熟练掌握。

8.1.2 建筑物的实体构件系统

建筑物中具有独立使用功能的组成部分，统称为建筑构件或配件。建筑物实体构件系统一般包括水平建筑构件（地坪、楼板、屋顶等）、竖向建筑构件（基础、墙和柱、门窗等），以及解决上下层交通联系用的楼梯等基本构件，此外，还有阳台、雨篷、台阶、散水等附属构件（图 8-1）。

1. 地坪、楼板

地坪是建筑物底层房间与土壤层的隔离构件，除承受作用其上的荷载外，还具有防水、

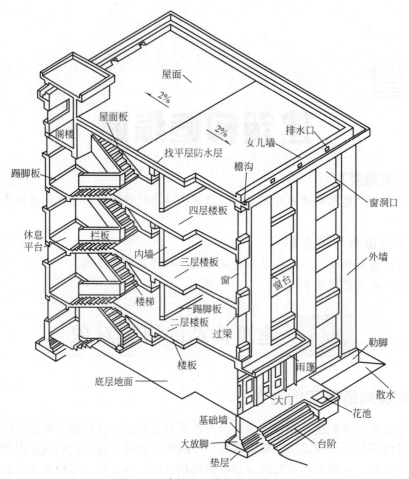

图 8-1　建筑物实体构件系统组成

防潮、保温等功能。实铺地坪必须防潮，空铺地坪则类似于楼板而无顶棚。

楼板是建筑物分隔上下层空间的水平承重构件。楼板把建筑空间在垂直方面划分为若干层，它既是上层空间的地，又是下层空间的顶，两个方面都要做好处理。尤其是浴厕、厨房等用水房间的楼面处理更要满足防水、防火等方面的要求。

2. 屋顶

屋顶是建筑物最上部的水平承重构件，它承受屋顶的全部荷载，并将荷载传给墙或柱。作为围护构件，它抵御着自然界中的雨、雪、太阳辐射等对建筑物顶层空间的影响。

3. 墙和柱

墙是建筑物的竖向围护和分隔构件，外墙起着抵御各种自然界因素对室内侵袭的作用；内墙起着分隔室内空间的作用。在墙体承重结构中，墙体又是竖向承重构件，它承受着屋顶、楼板等传来的荷载，连同墙体自重一起传给基础。

用柱子替代墙体作为建筑物竖向承重构件，可以提高空间的灵活性，同时满足结构的需要。

4. 基础

基础是建筑物最下部的承重构件，它承受建筑物的全部荷载，连同其自身重量传递给地基。因此基础必须具有足够的强度、刚度、稳定性和耐久性。

5. 楼梯

楼梯是非单层建筑中解决竖向交通的建筑构件。楼梯主要作为楼层间的通道，在处于火灾、地震等事故状态时供人们紧急疏散。楼梯应满足坚固、安全和足够通行能力的要求。高层建筑物中，除设置楼梯外，还应设置电梯。

6. 门窗

门和窗是围护构件上可以启闭的部分。门主要是供人们内外交通之用，有的兼起通风和采光作用。窗主要是采光、通风和观望之用。根据不同情况，门窗应具有保温、隔热、隔声等功能。

8.2 建筑构造设计的依据与原则

8.2.1 建筑构造设计的依据

1. 荷载作用

作用到建筑物上的外力称为荷载，荷载又分为永久荷载和可变荷载。永久荷载是指不随时间变化的荷载，如设备自重、构件本身自重等。可变荷载又称为活荷载，是可以随各种自然条件而改变的荷载，如人、家具设备及风、雪、地震等。

荷载的大小是建筑结构系统设计的主要依据，也是结构选型的重要基础。荷载作用决定着建筑构件的尺度和用料，而构件的选材、尺寸、形状等又与构造密切相关，所以在确定建筑构造方案时，必须考虑荷载作用的影响。

2. 自然因素

自然界的风霜雨雪、冷热寒暖、太阳辐射、大气腐蚀等都对建筑物的使用质量和寿命有着直接的影响。针对不同的地理环境，在建筑构造设计时，针对所受影响的性质与程度，对各有关部位采取必要的防范措施，如防潮、防水、保温、隔热、设变形缝、设隔气层等。此外，鼠、虫等也能对建筑物的某些构配件造成危害，需要采取一定的防护措施。

3. 人为因素

人类的生产和生活也经常会对建筑物产生一些不利影响，如火灾、噪声、机械振动、爆炸等。因此，在进行建筑构造设计时，从构造上采取隔振、防腐、防爆、防火、隔声等相应的防范措施，以避免建筑物遭受不应有的损失和影响。

4. 物质技术条件

建筑材料、结构、设备和施工技术等物质条件构成了建筑的基本要素，建筑构造措施的具体实施时，需要综合考虑材料、设备、施工方法、经济效益等各种物质技术条件的制约。

8.2.2　建筑构造设计的基本原则

在建筑构造设计过程中，应遵守以下基本原则。

1. 满足建筑物的使用功能及变化的要求

建筑构造设计必须最大限度地满足建筑物的使用功能，同时考虑对建筑使用过程中的灵活变化需求的适应，这也是整个设计的根本目的。

2. 确保结构安全可靠

房屋建筑设计不仅要对其进行必要的结构系统计算，在构造设计时，也要认真分析荷载的性质、大小，合理确定构件尺寸，确保其强度、刚度和稳定性，并确保构件间连接可靠。

3. 充分发挥所用材料的各种性能

按照不同的功能要求合理选择材料，根据材料的各项物理、力学和化学等性质进行材料的构造组合和构造连接设计。

4. 注意施工的可能性和现实性，适应建筑工业化的需要

建筑构造应尽量采用标准化设计，采用定型通用构配件，以提高构配件间的通用性和互换性，为构配件生产工业化、施工机械化提供条件。

5. 执行各项建筑法规和技术规范，考虑建筑经济、社会和环境的综合效益

执行建设指导方针，严格遵守各项政策、法规和强制性标准。从材料选择到施工方法都必须注意保护环境，降低资源消耗，节约投资，贯彻可持续发展原则。

6. 注重感官效果及对建筑空间构成的影响

建筑细部构造，直接影响着建筑物的整体艺术效果，因此建筑构造方案应满足人们的审美要求，并与建筑空间艺术协调统一。

综上所述，建筑构造设计的总原则应是坚固适用、先进合理、经济美观。

8.3　建筑构造设计的表达

8.3.1　建筑详图的概念

建筑构造设计用建筑详图表达，建筑详图又称大样图或节点大样图。

在较小比例的平、立、剖面图中难以表达清楚一些部位和构造节点，为满足施工的需要，另将这些部位的构配件（如门、窗、楼梯、墙身等）和构造节点（如檐口、窗台、窗顶、勒脚、散水等）用较大比例画出，并详细标注其尺寸、材料及做法。这样的图样称为建筑详图，简称详图（图 8-2）。建筑详图根据具体情况可选用 1∶20、1∶10、1∶5，甚至 1∶1 的比例绘制。

8.3.2　建筑详图的索引

详图是对建筑剖面图、平面图或立面图中的一部分的放大图示，所以建筑详图需要

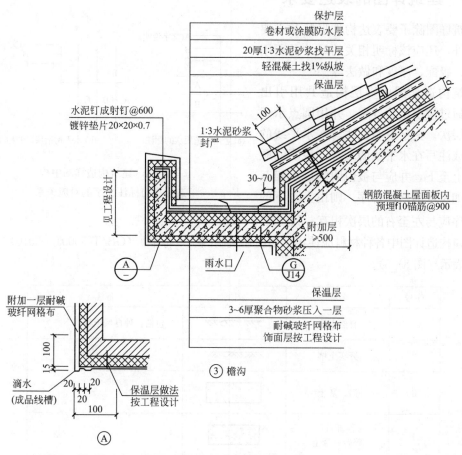

图 8-2　建筑详图示例

根据《房屋建筑制图统一标准》（GB/T 50001—2010）中规定的索引方法，在建筑的平、立、剖面图上用索引符号标注（图 8-3），表示被引出放大或进一步剖切放大节点的部位。

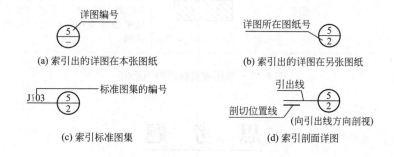

图 8-3　建筑详图引出部位的索引符号

8.3.3　建筑详图的表达要求

建筑详图除了要表达构件形状和必要的图例外，还应该标明相关的尺寸及所用的材料、级配、厚度和做法等。

建筑构造详图中多层构造共用引出线，应通过被引出的各层，并用圆点示意对应各层次。文字说明宜注写在水平线的上方，或注写在水平线的端部，说明的顺序应由上至下，并应与被说明的层次相互一致；如层次为横向排序，则由上至下的说明顺序应与左至右的层次相互一致（图8-4）。

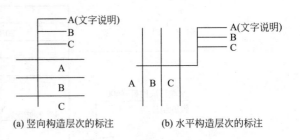

(a) 竖向构造层次的标注　　(b) 水平构造层次的标注

图8-4　建筑构造详图中构造层次与标注文字的对应关系

建筑构造详图中各种材料应使用《房屋建筑制图统一标准》（GB/T 50001—2010）中规定的符号表示（图8-5）。

序号	名称	图例	备注
1	自然土壤	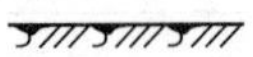	包括各种自然土壤
2	夯实土壤	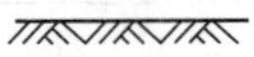	—
3	砂、灰土	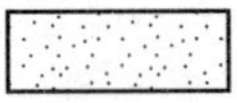	—
4	沙砾石、碎砖三合土	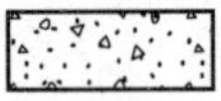	—
5	石材	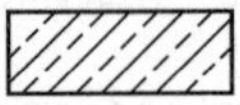	—
6	毛石	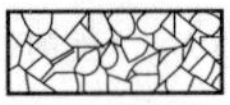	—
7	普通砖		包括实心砖、多孔砖、砌块等砌体。断面较窄不易绘出图例线时，可涂红，并在图纸备注中加注说明，画出该材料图例

图8-5　常用建筑材料图例示例

思　考　题

1. 建筑构造是专门研究建筑物（　　）及其相互之间的（　　）和（　　）的学科。

2. 建筑物实体构件系统一般由哪几部分组成？

3. 作用到建筑物上的（　　）称为荷载，在确定建筑构造方案时，必须考虑荷载作用的影响。

4. 建筑构造设计用（　　）表达，这种图是对建筑剖面图、平面图或立面图中的一部分的（　　）图示。

5. 绘图说明建筑构造详图表达中构造层次与标注文字次序之间的对应关系。

第9章 地坪与楼板

【本章内容概要】

本章主要介绍建筑物系统中的底层承托面——地坪，中间承托面——楼板，以及其他（附属）水平构件——阳台和雨篷等的构造。

【本章学习重点与难点】

学习重点：地坪、楼板的基本概念和构造层次，钢筋混凝土楼板的类型和构造。

学习难点：地坪和楼板的面层装修类型和典型做法。

9.1 地 坪

地坪是指建筑物底层空间的底板，即最底层房间与土壤相交处的室内水平构件，它为使用者在底层空间的活动提供承托面，承受着其上的荷载，并均匀地传给地坪以下的地基土。

9.1.1 地坪的设计要求

地坪是人们日常生活、工作和生产时所必须接触的部分，也是建筑中直接承受荷载，经常受到摩擦、清扫和冲洗的部分，因此，地坪应满足以下要求。

(1) 坚固性：地坪必须具备足够的坚固性，要求在各种外力作用下不易磨损破坏，且要求表面光洁、平整、易清洁和不起灰。

(2) 绝热性：地坪需要较好的保温绝热性能，要求地面材料的热导率小，冬季时走在上面不致感到寒冷。

(3) 弹性：地坪需要有一定的弹性，使人行走舒适。

(4) 其他要求：地坪还需要满足某些特殊使用要求，例如，对有水作用的房间，地面应防水；对有火灾隐患的房间，应防火耐燃烧；对有化学物质作用的房间，应耐腐蚀；对有食品和药品的房间，地面应无毒、易清洁；对经常有油污染的房间，应防油渗且易清扫等。

综上所述，在进行地坪的设计时，应根据房间的使用功能和装修标准，选择适宜的材料，提出恰当的构造措施。

9.1.2 地坪的基本组成

地坪有实铺和架空两种形式（图9-1），架空地坪实质上是楼板。

实铺地坪即建筑物底层地面，它的基本构造层次宜为面层、垫层和地基，当基本构造层不

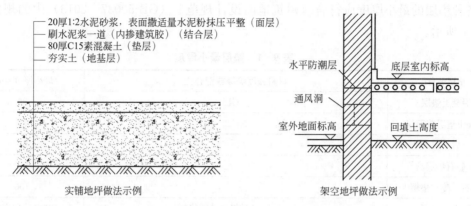

图 9-1 实铺地坪与架空地坪示例

能满足使用或构造要求时，可在面层和垫层之间增设结合层、隔离层、防潮层、填充层、找平层等其他附加构造层（图 9-2）。

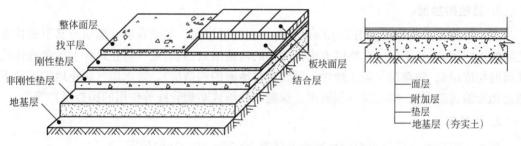

图 9-2 实铺地坪典型做法和构造层次

1. 面层

面层是指地坪上直接承受各种物理和化学作用的表面层，起着分布荷载、保护垫层及美化室内环境的作用。根据使用功能和审美要求的不同，有各种不同的材料和做法可供选择，常见的类型有整体面层，板块面层，木、竹面层，矿渣、碎石面层及织物面层等。

2. 垫层

垫层是地坪的承重结构部分，即在地基土层上设置的承受并传递上部荷载的构造层。垫层有刚性垫层和非刚性垫层两种，前者包括混凝土垫层、钢筋混凝土垫层和钢纤维混凝土垫层等，后者包括灰土垫层、三合土垫层、砂垫层、炉（矿）渣垫层和碎（卵）石垫层等。

地面垫层类型的选择取决于其上的面层材料和底层地面的使用要求：

（1）现浇整体面层、以黏结剂结合的整体面层和以黏结剂或砂浆结合的块材面层，宜采用混凝土垫层。

（2）以砂或炉渣结合的块材面层，宜采用碎（卵）石、灰土、炉（矿）渣、三合土等垫层。通行车辆以及从车辆上倾卸物件或在地面上翻转物件等地面，应采用混凝土垫层。

（3）生产过程中有防油渗要求及有汞滴漏的地面，应采用密实性好的钢纤维混凝土或配筋混凝土垫层。

（4）有水及浸蚀介质作用的地面，应采用刚性垫层。

各种垫层的最小厚度应符合《建筑地面设计规范》（GB 50037—2013）中的规定，如表 9-1 所示。

表 9-1 垫层最小厚度

垫层名称	材料强度等级或配合比	最小厚度/mm
混凝土垫层	≥C15	80
混凝土垫层兼面层	≥C20	80
砂垫层	—	60
砂石垫层	—	100
碎石（砖）垫层	—	100
三合土垫层	1:2:4（石灰:砂:碎料）	100（分层夯实）
灰土垫层	3:7 或 2:8（熟化石灰:黏性土、粉质黏土、粉土）	100
炉渣垫层	1:6（水泥:炉渣）或 1:1:6（水泥:石灰:炉渣）	80

3. 其他附加层

主要是满足某些特殊使用要求而设置的一些构造层次，如结合层（面层与其下面构造层之间的连接层）、找平层（在垫层上进行抹平的构造层）、隔离层（防止地坪上各种液体透过地面的构造层）、防潮层（防止地坪下潮气透过地面的构造层）、防水层（防止地坪下地下水透过地面的构造层）、填充层（起隔声、保温、找坡或暗敷管线等作用的构造层）等。

4. 地基层

现行国家标准《建筑地面设计规范》（GB 50037—2013）中规定：

（1）地面垫层应铺设在均匀密实的地基上。对于铺设在淤泥、淤泥质土、冲填土及杂填土等软弱地基上时，应根据地面使用要求、土质情况并按现行国家标准《建筑地基基础设计规范》（GB 50007）的有关规定进行设计与处理。

（2）利用经分层压实的压实填土作地基的地面工程，应根据地面构造、荷载状况、填料性能、现场条件提出压实填土的设计质量要求。

（3）地面垫层下的填土应选用砂土、粉土、黏性土及其他有效填料，不得使用过湿土、淤泥、腐殖土、冻土、膨胀土及有机物含量大于 8% 的土。填料的质量和施工要求，应符合现行国家标准《建筑地基基础工程施工质量验收规范》（GB 50202—2002）的有关规定。

9.1.3 防止地坪面层返潮构造

地面返潮现象主要出现在我国南方，每当梅雨季节，气温升高，雨水较多，空气中相对湿度较大。当地坪表面温度降到露点温度时，空气中的水蒸气遇冷便凝聚成小水珠附在地表面上，当地面的吸水性较差时，往往会在地面形成一层水珠，使室内物品受潮。当空气湿度很大时，墙体和楼板层都会出现返潮现象。

避免返潮现象主要要解决两个问题：一是围护结构内表面与室内空气温差过大的问题，可通过加强围护结构保温并使其内表面温度在露点温度以上来解决；二是空气湿度过大的问题，可通过加强通风降低空气相对湿度来解决。

具体可采取以下构造措施来改善地坪返潮现象。

1. 保温地面

对地下水位低，地基土壤干燥的地区，可在面层下面铺设一层保温层，以改善地面与室内空气温度差过大的矛盾［图9-3（a）］。在地下水位较高的地区，可将保温层设在面层与垫层（结构层）之间，并在保温层下铺防水层［图9-3（b）］。

2. 吸湿地面

用黏土砖、大阶砖、陶土防潮砖做地面。由于这些材料中存在大量孔隙，当返潮时，面层会暂时吸收少量冷凝水，待空气湿度较小时，水分又能自动蒸发掉，因此地面不会感到有明显的潮湿现象［图9-3（c）］。

3. 架空地坪

在底层地坪下设通风间层，使底层地面不接触土壤，以改变地面的温度状况，从而减少冷凝水的产生，使返潮现象得到明显的改善。但由于增加了一层楼板，使得造价增加［图9-3（d）］。

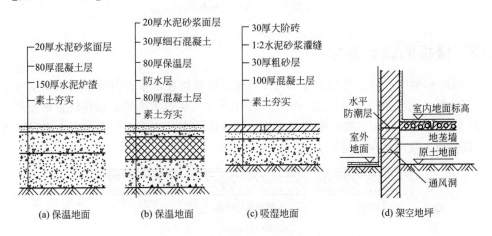

图9-3 改善地面返潮的构造措施

9.2 楼板概述

9.2.1 楼板的出现与作用

多层房屋与单层房屋的区别在于前者有楼板层，楼板层是多层房屋的重要组成部分，是沿水平方向分隔上下层空间的承重构件（图9-4）。

楼板是底层以上各层空间的底板，它为使用者在中间各层空间的活动提供承托面，承受其上的全部荷载并将其合理有序地传给墙、柱等竖向承重构件。楼板还对墙、柱等起水平支撑作用，以减少风和地震作用等水平荷载的影响，加强建筑物的整体刚度。楼板除了满足承载结构要求外，还应具备一定的隔声、防火功能，必要时还需要满足保温、防水等要求。

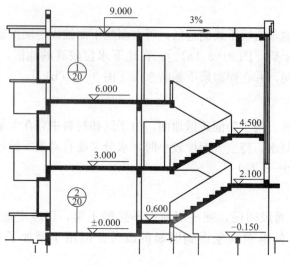

图 9 - 4　楼板层的作用

9.2.2　楼板的设计要求

（1）强度和刚度。强度是指通过结构设计保证楼板层在自重和荷载作用下安全可靠，不发生任何破坏。刚度是指楼板层在一定荷载作用下不发生过大变形，以保证正常使用。

（2）隔声能力。楼板主要是隔绝撞击传声即固体传声，改善楼板隔声能力可采用弹性面层、浮筑楼板、吸声吊顶等构造方法（图 9 - 5）。

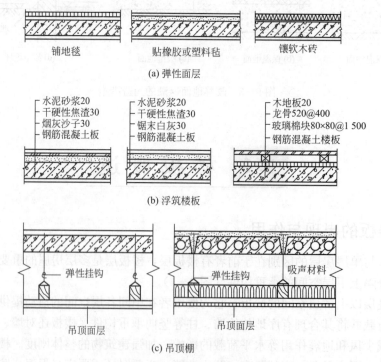

图 9 - 5　楼板隔绝固体传声构造

（3）防火能力。对不同耐火等级的建筑物的楼板有不同的耐火极限的要求。

（4）防水能力。对经常用水并且楼面可能积水房间的楼板都应进行防水处理。

（5）管线敷设要求。满足各种管线在楼板中的设置。

（6）其他要求。是指经济、美观和建筑工业化等方面的要求。

9.2.3　楼板的基本组成

为了满足楼板层使用功能的要求，楼板主要由面层、结构层、附加层和顶棚层4个基本部分组成（图9-6）。

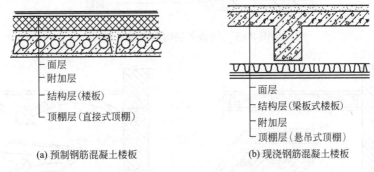

(a) 预制钢筋混凝土楼板　　　　(b) 现浇钢筋混凝土楼板

图9-6　楼板的基本组成

（1）面层。位于楼板层的最上层，是直接承受各种物理和化学作用的表面层。层面起着保护楼板层、分布荷载和各种绝缘的作用，同时对室内起美化装饰作用。

（2）结构层。是楼板层的承重构件，包括板式楼板和梁板式楼板等。主要功能在于承受楼板层上的全部荷载并将这些荷载传给墙或柱；同时还对墙身起水平支撑的作用，以加强建筑物的整体刚度。

（3）附加层。又称功能层，根据楼板层的具体要求而设置，主要作用是隔声、隔热、保温、防水、防腐蚀、防静电等，包括结合层、隔离层、填充层、找平层等：

① 结合层：面层与下面构造层之间的连接层。

② 隔离层：防止楼面上各种液体或水、潮气透过楼面的构造层。

③ 填充层：楼板层中设置起隔声、保温、找坡或暗敷管线等作用的构造层。

④ 找平层：在结构层或填充层上起抹平作用的构造层。

（4）顶棚层。位于楼板层最下层，主要作用是保护楼板，安装灯具，遮挡各种水平管线，改善室内光照条件，美化装饰室内空间。顶棚层可分为直接式顶棚和悬吊式顶棚两种基本形式。

根据实际使用功能的要求，楼板的构造层次可能数量众多，注意要根据不同构造层的内在联系合理设计其上下次序（图9-7）。

9.2.4　楼板结构层的类型

楼板按结构层使用材料的不同，可分为木楼板、砖拱楼板、钢筋混凝土楼板、压型钢板组合楼板4种基本类型（图9-8）。

（1）木楼板。自重轻、构造简单、保温性能好，但防火、耐久性差、大量消耗木材，因

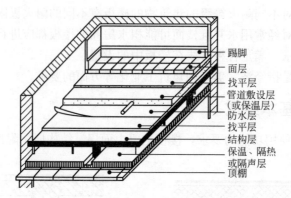

图9-7 楼板各层构造次序示例

踢脚
面层
找平层
管道敷设层
(或保温层)
防水层
找平层
结构层
保温、隔热
或隔声层
顶棚

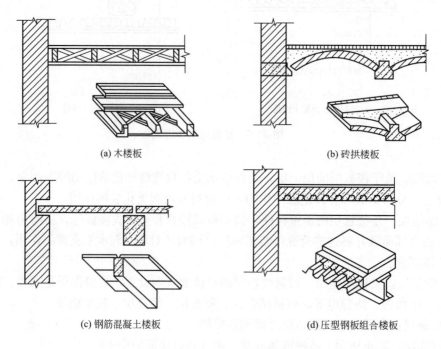

(a) 木楼板

(b) 砖拱楼板

(c) 钢筋混凝土楼板

(d) 压型钢板组合楼板

图9-8 楼板的类型

而较少采用。

（2）砖拱楼板。节省钢材、水泥，但自重大，施工较繁，承载力和整体性差，对地基不均匀沉降敏感，且不宜用于有振动荷载或有抗震设防要求的建筑，目前较少采用。

（3）钢筋混凝土楼板。具有强度高，刚度大，良好的可塑性、耐久性和防火性，便于工业化生产和机械化施工的优点；其缺点是自重大，循环利用性差，普通钢筋混凝土楼板易产生裂缝，但可通过采用预应力钢筋混凝土结构来改善。

（4）压型钢板组合楼板。用截面为凹凸型的压型钢板与现浇混凝土叠合形成整体性很强的楼板结构，具有自重轻、强度高、节省模板、施工效率高等优点，是目前大力推广应用的一种新型楼板。

9.3 钢筋混凝土楼板构造

钢筋混凝土楼板强度高、刚度大、耐久性和耐火性好，还具有良好的可塑性，便于工业化生产和施工，是目前我国各类建筑采用的楼板基本形式。

9.3.1 钢筋混凝土楼板的施工类型和特点

根据施工方法的不同，钢筋混凝土楼板可分为现浇整体式、预制装配式和装配整体式 3 种。

1. 现浇整体式

现浇整体式是指在施工现场按支模、绑扎钢筋、浇注混凝土等施工程序而成型的楼板结构。这种形式的楼板结构整体性好，特别适合有较高整体性要求如抗震设防的建筑物、形状不规则、房间尺寸不符合模数要求，以及管道穿越较多和防水要求较高的房间。缺点是需要现场作业，工序繁多，混凝土需要养护，施工工期较长。

2. 预制装配式

预制装配式是指楼板在构件预制加工厂或施工现场外预先制作成型，然后运到工地现场进行安装。这种方法减少了现场作业，提高了施工效率，有利于进行建筑产品的质量控制，但预制装配式楼板的整体性、防水性、灵活性较差。常见的预制楼板主要有预制实心平板、预制槽形板和预制空心板等几种形式（图 9-10）。

图 9-9　现浇钢筋混凝土楼板施工工序

预制钢筋混凝土楼板有预应力和非预应力两种。预应力楼板是指在预制加工中，预先给其施加一个压应力，在楼板安装好受荷载作用以后，它所受到的拉应力和预先给的压应力平衡。预应力楼板的抗裂性和刚度均好于非预应力楼板，且板型规整、节约材料、自重减轻、造价降低。预应力和非预应力楼板相比可节约钢材 30%～50%，节约混凝土 10%～30%。

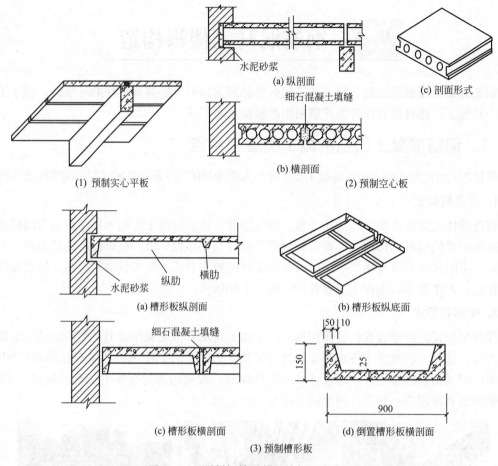

水泥砂浆　(a) 纵剖面

(c) 剖面形式

细石混凝土填缝

(b) 横剖面

(1) 预制实心平板　　(2) 预制空心板

纵肋　横肋

水泥砂浆　(a) 槽形板纵剖面　　(b) 槽形板纵底面

细石混凝土填缝

(c) 槽形板横剖面　　(d) 倒置槽形板横剖面

(3) 预制槽形板

图 9-10　预制钢筋混凝土楼板基本类型

3. 装配整体式

装配整体式是指将部分构件进行预制，再经过整体浇筑其余部分后使得整个楼层连接成整体。这种形式的结构整体性优于预制装配式，而且预制部分可提高施工速度。兼具前面两种形式的优点。装配整体式可分为预制薄板叠合楼板（图 9-11）和压型钢板叠合楼板（图 9-12、图 9-13）两种形式。

9.3.2　支承方式分类

根据支承楼板的构件形式不同，钢筋混凝土楼板可以分为墙承重和柱承重两种形式，根据板下是否设置梁又可分为板式楼板和梁板式楼板，因此钢筋混凝土楼板可分为墙承重板式楼板、墙承重梁板式楼板、柱承重梁板式楼板和柱承重无梁板式楼板 4 种形式。

1. 墙承重板式

当房间的尺度较小，可以将楼板做成平板形式，由墙来承重。这种方式适合具有大量小开间房间的建筑物，例如，住宅、旅馆等，或者建筑中的走廊、厨房及卫生间等。墙承重板式楼板底部平整，可以得到最大的使用净高。

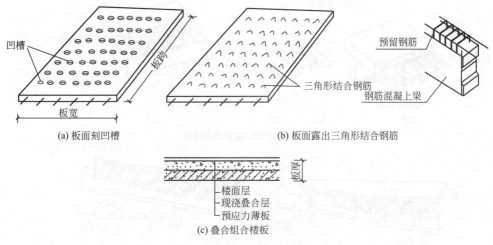

(a) 板面刻凹槽

(b) 板面露出三角形结合钢筋

(c) 叠合组合楼板

图 9-11　预制薄板叠合楼板

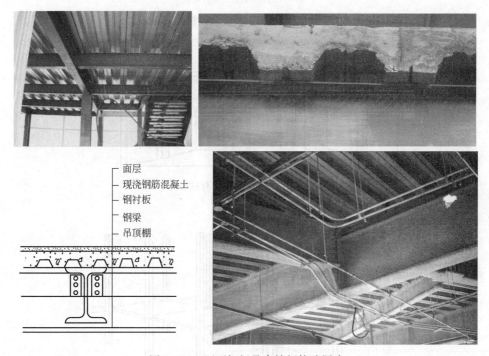

图 9-12　压型钢板叠合楼板构造层次

2. 柱承重无梁板式

柱承重无梁板式简称无梁楼板,是指等厚的平板直接支承在柱子上,可分为有柱帽和无柱帽两种。当荷载较大时,为避免楼板太厚,应采用有柱帽无梁楼板。

无梁楼板具有顶棚平整、净空高度大、采光通风条件较好、施工简便等优点,但楼板厚度较大,适用于商店、书库、仓库等荷载较大的建筑(图 9-14、图 9-15)。

对平面尺寸较大的房间,为使楼板的受力与传力较为合理,在楼板下设梁以增加楼板的

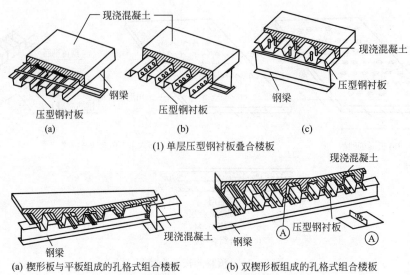

(1) 单层压型钢衬板叠合楼板

(a) 楔形板与平板组成的孔格式组合楼板　　(b) 双楔形板组成的孔格式组合楼板

(2) 双层压型钢衬板叠合楼板

图 9-13　压型钢板叠合楼板构造

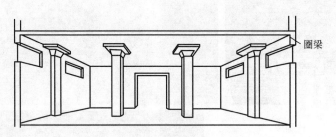

图 9-14　无梁楼板（有柱帽）

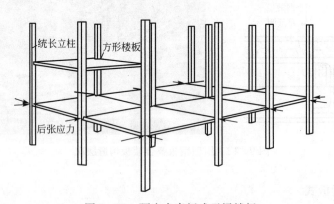

图 9-15　预应力索板式无梁楼板

支点，从而减小楼板的跨度。这样，楼板上的荷载先由楼板传给梁，再由梁传给墙或柱。这种由板和梁组成的楼板称为梁板式楼板。梁板式楼板可由墙体支承形成墙承重梁板式，也可由柱子支承形成柱承重梁板式，或者由外墙和内柱混合承重（图 9-16）。

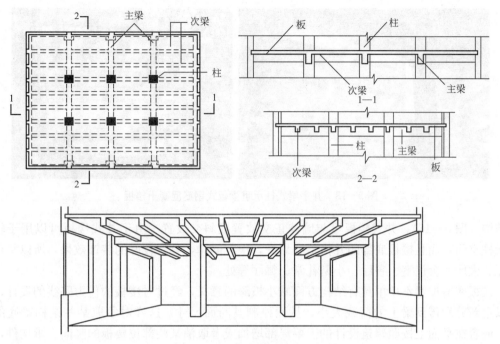

图 9 - 16 外墙内柱混合承重梁板式钢筋混凝土楼板

3. 墙承重梁板式

墙承重梁板式主要用于墙承重结构建筑物的较大房间。

4. 柱承重梁板式

对于跨度较大的柱承重空间，同样也需要增加梁来分解这些较大的跨度。通过增加主梁和次梁，将较大的跨度空间，划分为较小跨度。梁的布置方式不同又形成了主次梁式（图 9 - 17）和井字梁式（图 9 - 18）两种类型。

图 9 - 17 主次梁式柱承重梁板式钢筋混凝土楼板

主次梁式梁板式楼板在纵横两个方向都设置梁，有主梁和次梁之分。主梁和次梁的布置应考虑建筑物的使用要求，房间的大小形状，荷载作用情况及构件的经济跨度。

井字梁式或井式楼板是将两个方向的梁等间距布置，并采用相同的梁高，形成井格形梁

图9-18　井字梁式柱承重梁板式钢筋混凝土楼板

板结构（图9-18）。井式楼板可与墙体正交放置或斜交放置。由于井式楼板可以用于较大的无柱空间，而且楼板底部的井格整齐划一，很有韵律，具有较好的装饰效果，所以常用在门厅、大厅、会议室、餐厅、小型礼堂、舞厅等处。

在板底增加梁不单单具有结构方面减小板跨的意义，经过对楼板的传力路线的设计，还可以重新分配传到梁上的荷载大小，从而控制其断面尺寸，这样对争取某些结构梁底的净高，或者在平面上按照建筑设计的需要局部增加或者取消某些部位楼板的竖向支承构件，都很有用处。

9.3.3　混凝土楼板的受力与传力

混凝土楼板根据其受力和传力特点，分为两对边支承的单向板，四边支承的单向板、双向板，以及单边支承的悬挑板等。

当混凝土楼板四边支承在墙或梁上时，在板的受力和传力过程中，板的长边尺寸 l_2 与短边尺寸 l_1 的比值大小，决定了板的受力情况。

《混凝土结构设计规范》（GB 50010—2010）（2015年版）中规定：

（1）两对边支承的板应按单向板计算；

（2）四边支承的板应按下列规定计算：

① 当长边与短边长度之比不大于2.0（$l_2/l_1 \leqslant 2.0$）时，应按双向板计算；

② 当长边与短边长度之比大于2.0，但小于3.0时（$2.0 < l_2/l_1 < 3.0$ 时），宜按双向板计算；

③ 当长边与短边长度之比不小于3.0（$l_2/l_1 \geqslant 3.0$ 时）时，宜按沿短边方向受力的单向板计算，并应沿长边方向布置构造钢筋。

如图9-19所示，在荷载作用下，四边支承的单向板基本上只在短边方向即 l_1 方向有变形，而在 l_2 方向变形很小。这表明荷载主要沿着 l_1 方向即短边方向传递，即单向受力，故称为单向板。而四边支承的双向板在两个方向都发生变形，说明板在两个方向都受力，故称为双向板。双向板比单向板受力合理，楼板构件的材料更能充分发挥作用。

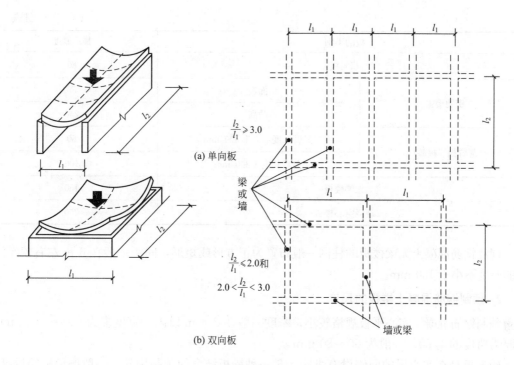

(a) 单向板

(b) 双向板

图 9-19 四边支承的楼板的荷载传递方式

9.3.4 钢筋混凝土楼板的尺度

为了更充分地发挥楼板结构的效力，应合理选择构件的使用尺度。

1. 现浇钢筋混凝土楼板的尺度

现浇钢筋混凝土主梁的经济跨度一般为 5～8 m；主梁的梁高为跨度的 1/12～1/8。现浇钢筋混凝土次梁的经济跨度为 4～6 m，梁高为跨度的 1/15～1/10。梁的宽与高之比为 1/3～1/2，其宽度常采用 250 mm。现浇钢筋混凝土板的跨度即次梁的间距一般为 1.7～2.7 m，双向板不宜超过 5 m×5 m，《混凝土结构设计规范》（GB 50010—2010）（2015 年版）中规定：现浇混凝土板的尺寸宜符合下列规定：

（1）板的跨厚比：钢筋混凝土单向板不大于 30，双向板不大于 40；无梁支承的有柱帽板不大于 35，无梁支承的无柱帽板不大于 30。预应力板可适当增加；当板的荷载、跨度较大时宜适当减小。

（2）现浇钢筋混凝土板的厚度不应小于表 9-2 中规定的数值。

表 9-2 现浇钢筋混凝土板的最小厚度　　　　　　　　　　　　单位：mm

板的类别		最小厚度
单向板	屋面板	60
	民用建筑楼板	60
	工业建筑楼板	70
	行车道下的楼板	80

续表

板的类别		最小厚度
双向板		80
密肋楼盖	面板	50
	肋高	250
悬臂板（根部）	悬臂长度不大于 500 mm	60
	悬臂长度 1 200 mm	100
无梁楼板		150
现浇空心楼盖		200

现浇钢筋混凝土无梁楼板的柱网一般布置为正方形或矩形，间距一般在 6 m 左右较经济，板的厚度不小于 150 mm。

2. 预制钢筋混凝土楼板的尺度

预制钢筋混凝土实心平板规格较小，跨度一般在 2.4 m 以内，宽度多为 500~1 000 mm，板厚为跨度的 1/30，一般为 60~80 mm。

槽形板是在实心板的两侧设有纵肋，是一种梁板结合的预制构件。一般槽形板的板厚为 25~30 mm，肋高为 120~300 mm，板宽为 600~1 200 mm，板跨通常为 3.0~7.2 m。

空心板有中型板和大型板之分，中型板板跨多为 4.5 m 以下，板宽为 500~1 500 mm，板厚 90~120 mm，圆孔直径 50~75 mm。大型板板跨为 4.0~7.2 m，板宽为 1 200~1 500 mm，板厚 180~240 mm。

9.3.5 楼板的细部构造

1. 楼板与隔墙

当房间设有隔墙而且重量由楼板承受时，在结构上首先应考虑采用轻质隔墙，其次应尽量选择对楼板受力有利的位置（图 9-20）。不宜将隔墙搁置在一块楼板上，而应采取一些构造措施。当隔墙与板跨平行时，通常将隔墙设置在两块板间的侧缝处。若为槽形板，隔墙可搁置在板的纵肋上；若采用空心板，可在板缝处设现浇钢筋混凝土板带或梁来支承隔墙。当隔墙与板跨垂直时，应通过结构计算选择合适型号的板。

2. 楼板防水

卫生间、厨房、浴室等有用水点的房间均应进行防水设计，包括排水系统设计、防水构造设计等内容。

须进行防水设计的房间的楼板以现浇为好，为便于排水，这些房间的楼、地面须设置地漏并向地漏找排水坡，引导水流入地漏（图 9-21）。

为防止积水外溢，有用水点房间的楼、地面标高应低于其他房间或走廊一定高度（图 9-22 (a)）；也可在门口做高出地面的门槛（图 9-22 (b)）。有用水点房间的楼、地面应在楼板结构层与面层之间设置防水层，其材料可选用防水卷材、防水涂料或防水砂浆等。为防止水侵入四周墙身，防水层应沿四周墙面上翻（图 9-22 (c)，图 9-24），防水层在门口处还应向

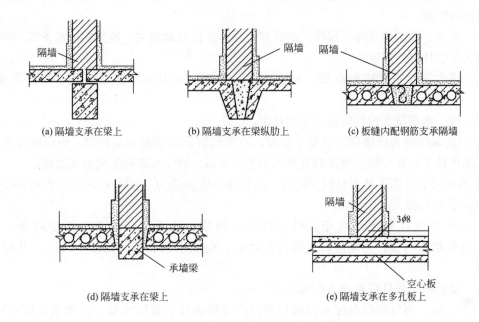

(a) 隔墙支承在梁上　　(b) 隔墙支承在梁纵肋上　　(c) 板缝内配钢筋支承隔墙

(d) 隔墙支承在梁上　　(e) 隔墙支承在多孔板上

图 9-20　隔墙在楼板上的搁置

门外及门两侧水平延展（图 9-22 （a）、（b），图 9-23）。

　　有用水点房间的墙身还须进行防潮或防水设计，在墙体基层和面层之间设置防潮层或防水层。

　　有用水点房间的楼地面和墙面防水设计中排水坡度值、地面降低值、门槛高度值及防潮层或防水层高度值的具体尺寸与建筑物类型有关，如《住宅室内防水工程技术规范》（JGJ 298—2013）中有下列规定。

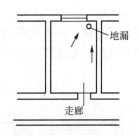

图 9-21　楼、地面排水

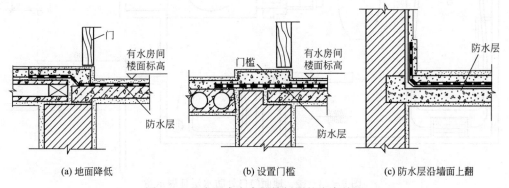

(a) 地面降低　　(b) 设置门槛　　(c) 防水层沿墙面上翻

图 9-22　有用水点房间楼板层的防水处理

　　（1）住宅卫生间、厨房、浴室、设有配水点的封闭阳台、独立水容器等均应进行防水设计。

（2）卫生间、浴室的楼、地面应设置防水层，墙面、顶棚应设置防潮层，门口应有阻止积水外溢的措施。

（3）排水立管不应穿越下层住户的居室；当厨房设有地漏时，地漏的排水支管不应穿过楼板进入下层住户的居室。

（4）住宅室内防水应包括楼、地面防水、排水，室内墙体防水和独立水容器防水、防渗。

（5）楼、地面防水设计应符合下列规定：

① 楼面基层宜为现浇钢筋混凝土楼板，当为预制钢筋混凝土条板时，板缝间应采用防水砂浆堵严抹平，并应沿通缝涂刷宽度不小于 300 mm 的防水涂料形成防水涂膜带。

② 装饰层宜采用不透水材料和构造，主要排水坡度应为 0.5%～1.0%，粗糙面层排水坡度不应小于 1.0%。

③ 防水层应符合下列规定：对于有排水的楼、地面，应低于相邻房间楼、地面 20 mm 或做挡水门槛；当需进行无障碍设计时，应低于相邻房间面层 15 mm，并应以斜坡过渡。

（6）墙面防水设计应符合下列规定。

① 卫生间、浴室和设有配水点的封闭阳台等墙面应设置防水层；防水层高度宜距楼、地面面层 1.2 m。

② 当卫生间有非封闭式洗浴设施时，花洒所在及其邻近墙面防水层高度不应小于 1.8 m。

（7）楼、地面的防水层在门口处应水平延展，且向外延展的长度不应小于 500 mm，向两侧延展的宽度不应小于 200 mm（图 9-23）。

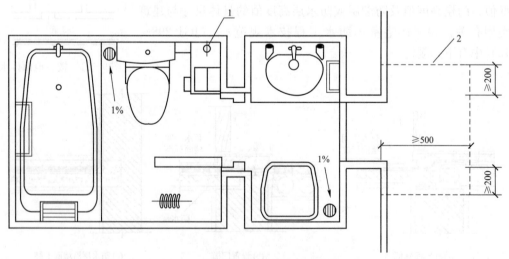

图 9-23　楼、地面门口处防水层延展示意

1—穿越楼板的管道及其防水套管；2—门口处防水层延展范围

（8）当墙面设置防潮层时，楼、地面防水层应沿墙面上翻，且至少应高出饰面层 200 mm。当卫生间、厨房采用轻质隔墙时，应做全防水墙面，其四周根部除门洞外，应做

C20 细石混凝土坎台，并应至少高出相连房间的楼、地面饰面层 200 mm（图 9 - 24）。

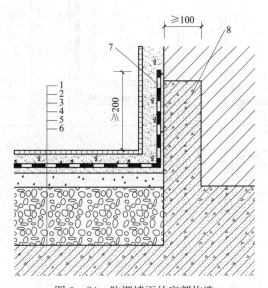

图 9 - 24　防潮墙面的底部构造

1—楼、地面面层；2—黏结层；3—防水层；4—找平层；5—垫层或找坡层；

6—钢筋混凝土楼板；7—防水层翻起高度；8—C20 细石混凝土翻边

（9）穿越楼板的管道应设置防水套管，高度应高出装饰层完成面 20 mm 以上；套管与管道间应采用防水密封材料嵌填压实（图 9 - 25）。

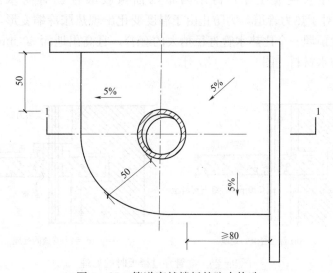

图 9 - 25　管道穿越楼板的防水构造

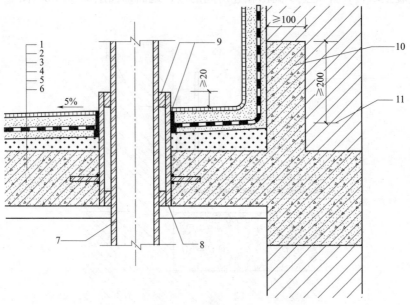

图 9 - 25　管道穿越楼板的防水构造（续）

1—楼、地面面层；2—黏结层；3—防水层；4—找平层；5—垫层或找坡层；6—钢筋混凝土楼板；

7—排水立管；8—防水套管；9—密封膏；10—C20 细石混凝土翻边；11—装饰层完成面高度

3. 立管穿越楼板

普通立管穿越楼板时，可在管道穿楼板处用 C20 干硬性细石混凝土振捣密实，管道上焊接方形止水片埋入混凝土中，再用两布两油橡胶酸性沥青防水涂料做密封处理 [图 9 - 26 （a）]；对于热力管道，为防止由于温度变化出现热胀冷缩变形，致使管壁周围漏水，可在穿管位置预埋一个比热水管直径稍大的套管，且高出地面 30 mm 以上，同时，在缝隙内填塞弹性防水材料 [图 9 - 26 （b）]。

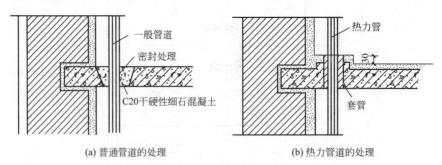

(a) 普通管道的处理　　　　　　　　　　(b) 热力管道的处理

图 9 - 26　立管穿过楼板时的处理

9.4 阳台与雨篷

9.4.1 阳台构造

阳台是悬挑于建筑物外墙上并连接室内的室外平台，可以起到观景、纳凉、晒衣、养花等多种作用，是住宅和旅馆等建筑中不可缺少的一部分。

1. 阳台的类型

阳台按其与外墙面的关系分为挑阳台、凹阳台、半挑半凹阳台 [图 9 - 27 (a) ～图 9 - 27 (c)]。按其在建筑平面中所处的位置可分为中间阳台和转角阳台 [图 9 - 27 (d)]。

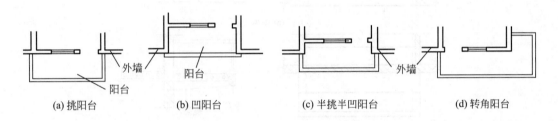

(a) 挑阳台   (b) 凹阳台   (c) 半挑半凹阳台   (d) 转角阳台

图 9 - 27　阳台的类型

2. 阳台的设计要求

(1) 安全适用：悬挑阳台的挑出长度不宜过大，应保证在荷载作用下不发生倾覆现象。阳台栏杆形式应防坠落、防攀爬，放置花盆处也应采取防坠落措施。

(2) 坚固耐久：阳台暴露在大气中，所用材料和构造措施应经久耐用。承重结构应采用钢筋混凝土，金属构件应做防锈处理，表面装修应注意色彩的耐久性和抗污染性。

(3) 排水通畅：为防止阳台上的雨水流入室内，要求阳台地面标高低于室内地面标高，并将地面粉刷出排水坡，将水导入排水孔，使雨水顺利排出。

(4) 实用舒适：阳台栏杆形式除考虑安全要求外，还应考虑地区气候特点。南方地区宜采用空透式栏杆，北方寒冷地区和中高层住宅应采用实体栏板。

(5) 施工方便：尽可能采用现场作业，在许可的情况下，宜采用装配式构件。

(6) 形象美观：利用阳台的形状、排列方式、色彩图案，增加建筑物美感。

3. 阳台的结构布置方式

阳台结构的支承方式分为墙承式和悬挑式，其中悬挑式又分为挑梁式、压梁式和挑板式。

1) 墙承式

墙承式是将板型和跨度与楼板一致的阳台板直接搁置在墙上，这种支承方式结构简单，施工方便，多用于凹阳台 [图 9 - 28 (a)]。

2）悬挑式

（1）挑梁式：从横墙内向外伸出挑梁，其上支承阳台板［图9-28（b），图9-29（a）］。这种结构布置简单，传力直接明确，阳台长度与房间开间一致。

（2）压梁式：阳台板与墙梁现浇在一起，墙梁可用加大的圈梁代替［图9-28（c）］。阳台板靠墙梁和梁上的墙体荷载来抗倾覆，由于墙梁受扭，故阳台悬挑跨度不宜过大，并在墙梁两端设拖梁压入墙内，来增加抗倾覆力矩。

（3）挑板式：预制或现浇楼板直接向外悬挑形成阳台板，阳台荷载直接通过楼板传给纵墙，利用楼板在房间内侧部分上面承受的荷载来平衡阳台的倾覆力矩［图9-28（d），图9-29（b）］。

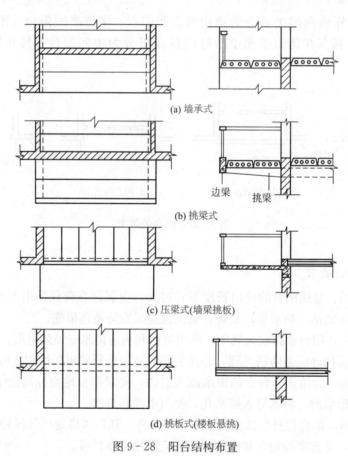

(a) 墙承式

边梁　挑梁

(b) 挑梁式

(c) 压梁式(墙梁挑板)

(d) 挑板式(楼板悬挑)

图9-28　阳台结构布置

4. 阳台的细部构造

1）阳台栏杆

栏杆是在阳台外围设置的垂直构件。主要是承担人们扶倚的侧向推力，以保障人身安全，还可以对整个建筑物起装饰美化作用。栏杆的形式有实体、空花和混合式，按材料可分为砌体、钢筋混凝土、金属和玻璃等（图9-30）。

（1）砖砌栏板。为加强其整体性，应在栏板顶部现浇钢筋混凝土扶手，或在栏板中配置通长钢筋加固。

（a）挑梁式阳台　　　　　　　　　（b）挑板式阳台

图9-29　挑梁式与挑板式阳台实例

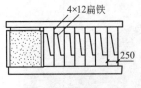 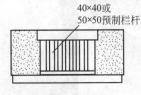

（a）钢筋混凝土栏板、铁栏杆　　　（b）预制钢筋混凝土栏杆　　　　（c）钢铁栏杆

图9-30　各种栏杆、栏板形式

（2）钢筋混凝土栏板。为现浇和预制两种。现浇栏板通常与阳台板或边梁、挑梁整浇在一起。预制栏杆有实体和空心两种，下端预埋铁件，上端伸出钢筋，可与边梁和扶手连接。

（3）玻璃栏板。玻璃栏板一般用厚钢化玻璃，上下与不锈钢管扶手和边梁用密封胶固定。

（4）金属栏杆。一般采用方钢、圆钢、扁钢和钢管等焊接成各种形式的漏花栏杆，须做防锈处理。金属栏杆与边梁上的预埋铁件焊接。栏杆扶手有金属和钢筋混凝土两种。

2）节点构造

阳台节点构造主要包括栏杆与扶手、栏杆与边梁、栏杆与墙体的连接等。栏杆与扶手的连接方式通常有焊接、整体现浇等多种方式。栏杆与边梁或阳台板的连接方式有焊接、预留钢筋二次现浇、整体现浇等。

3）阳台隔板

阳台隔板是用于连接的阳台，有砖砌隔板和钢筋混凝土隔板两种。砖砌隔板荷载较大且整体性较差，所以现多采用钢筋混凝土隔板。

4）阳台排水

阳台排水分为水落管排水和水舌管排水两种。水落管排水适用于高层建筑和高标准建筑，即在阳台内侧设置排水管和雨水口，将雨水经水落管直接排入地下管网［图9-31（a）］。水舌管排水适用于低层和多层建筑，即在阳台外侧设置水舌管将水排出［图9-31（b）］。

9.4.2　雨篷构造

雨篷位于建筑物出入口的上方，用来遮挡雨雪，保护外门免受侵蚀，提供一个从室外到室内的过渡空间。雨篷有立柱式、悬挑式和悬挂式等类型。其中悬挑式雨篷又可分为悬板式

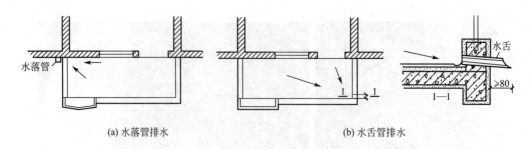

(a) 水落管排水　　　　　　　　　　　　(b) 水舌管排水

图 9 - 31　阳台排水处理

和悬挑梁板式（图 9 - 32）两种，为防止雨篷产生倾覆，常将雨篷与入口处门洞上方的过梁、圈梁或结构梁现浇在一起。

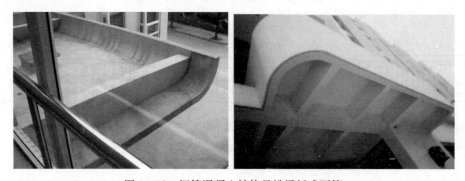

图 9 - 32　钢筋混凝土结构悬挑梁板式雨篷

（1）悬板式雨篷可采用无组织排水 ［图 9 - 33（a）］ 和有组织排水两种。

（2）悬挑梁板式雨篷多用在尺度较大的入口处，如影剧院、商场等。为使板底平整，多做成反梁式 ［图 9 - 33（b）］。

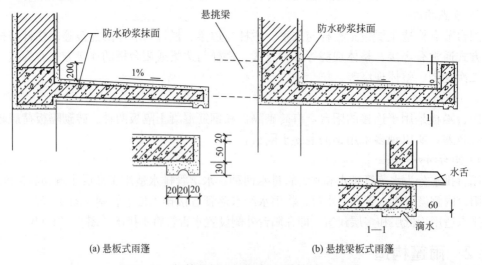

(a) 悬板式雨篷　　　　　　　　　　　　(b) 悬挑梁板式雨篷

图 9 - 33　钢筋混凝土悬板式和悬挑梁板式雨篷

除了传统的钢筋混凝土雨篷外，近年来在工程中也出现了造型轻巧、富有时代感的钢结构雨篷。钢结构雨篷可支承在钢柱或钢筋混凝土柱上，或从柱子悬挑，也可采用悬拉索结构（图9-34）。

图9-34　钢结构悬挑式和悬挂式雨篷

9.5 地面装修

9.5.1　地面装修设计的要求

建筑中的地坪、楼板及散水、明沟、踏步、台阶和坡道等地面的面层，直接承受人们日常生活、工作和生产过程中的各种物理和化学作用，其装修材料的选择和构造设计必须满足以下要求。

（1）坚固、耐久性要求。地面要有足够的强度，应当坚固耐用，不易被磨损、破坏，且表面平整光洁、不起灰、便于清扫。

（2）安全性要求。应防火、耐腐蚀、电绝缘性好。

（3）热工、隔声、防水防潮、舒适性等功能性要求：具有良好的热工性能，表面温度适宜；具有良好的吸声和隔声能力，能有效地控制室内噪声；对有地潮或水作用的房间，地面应做好防潮或防水；具备一定的弹性，行走舒适。

（4）经济性要求。在装修材料的选择和构造及施工设计上考虑因地制宜、经济节约。

（5）艺术性要求。地面是建筑空间的重要界面，应结合空间的使用性质、形态和氛围等方面的要求来设计其色彩、图案和质感效果等，营造赏心悦目的视觉效果和使用环境。

9.5.2　地面面层类别及其材料选择

《建筑地面设计规范》（GB 50037—2013）中规定：建筑地面面层类别及其材料选择，应符合有关规定（表9-3）。

表9-3　建筑地面面层类别及其材料选择

面层类别	材料选择
水泥类整体面层	水泥砂浆、水泥钢（铁）屑、现制水磨石、混凝土、细石混凝土、耐磨混凝土、钢纤维混凝土或混凝土密封固化剂

续表

面层类别	材料选择
树脂类整体面层	丙烯酸涂料、聚氨酯涂层、聚氨酯自流平涂料、聚酯砂浆、环氧树脂自流平涂料、环氧树脂自流平砂浆或干式环氧树脂砂浆
板块面层	陶瓷锦砖、耐酸瓷板（砖）、陶瓷地砖、水泥花砖、大理石、花岗石、水磨石板块、条石、块石、玻璃板、聚氯乙烯板、石英塑料板、塑胶板、橡胶板、铸铁板、网纹板、网络地板
木、竹面层	实木地板、实木集成地板、浸渍纸层压木质地板（强化复合木地板）、竹地板
不发火花面层	不发火花水泥砂浆、不发火花细石混凝土、不发火花沥青砂浆、不发火花沥青混凝土
防静电面层	导静电水磨石、导静电水泥砂浆、导静电活动地板、导静电聚氯乙烯地板
防油渗面层	防油渗混凝土或防油渗涂料的水泥类整体面层
防腐蚀面层	耐酸板块（砖、石材）或耐酸整体面层
矿渣、碎石面层	矿渣、碎石
织物面层	地毯

9.5.3 常用地面装修构造

1. 水泥类整体面层

常用水泥类整体面层有水泥砂浆、混凝土及现制水磨石等，其特点是施工较易、造价较低、档次亦低。

1）水泥砂浆地面

（1）特点。

水泥砂浆地面简称水泥地面，优点是构造简单、坚固，造价较低；缺点是导热系数大导致冬天感觉冷，空气湿度大时易返潮（产生凝结水），而且表面易开裂、易起灰，不易清洁。

（2）应用。

主要用于装修标准较低的房间或需进行二次装修的房间地面。

（3）做法。

依据《建筑地面设计规范》（GB 50037—2013），其基本做法如下所示：

——20 mm 厚 1：2 水泥砂浆（强度等级不应小于 M15），表面撒适量水泥粉抹压平整；

——水泥浆一道（内掺建筑胶）；

——地坪或楼板结构层。

水泥砂浆面层构造示例见图 9-35。

厚度	简　图	构　　　造	
		地　　　面	楼　　　面
a100	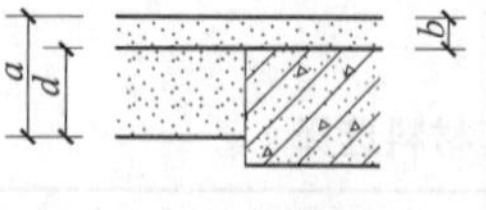 地面　楼面	1. 20厚1:2.5水泥砂浆，表面撒适量水泥粉抹压平整 2. 水泥浆一道（内掺建筑胶）	
b20		3. 80厚C15混凝土垫层 4. 夯实土	3. 现浇钢筋混凝土楼板或预制楼板上现浇叠合层

图 9-35 水泥砂浆面层构造示例（摘自国家建筑标准设计图集 12J304）

2）细石混凝土地面

（1）特点。

刚性好，强度高，整体性好，不易起灰。

（2）做法。

依据《建筑地面设计规范》（GB 50037—2013），其基本做法如下所示：

——40～60 mm 厚强度等级不低于 C20 的细石混凝土，表面撒 1∶1 水泥砂子随打随抹光，表面涂密封固化剂；

——水泥浆一道（内掺建筑胶）；

——地坪或楼板结构层。

细石混凝土面层构造示例见图 9-36。

厚度	简　　图	构 造	
		地　　面	楼　　面
a120 b40	地面　楼面	1. 40厚C25细石混凝土，表面撒1∶1水泥砂子随打随抹光，表面涂密封固化剂 2. 水泥浆一道（内掺建筑胶） 3. 80厚C15混凝土垫层 4. 夯实土	3. 现浇钢筋混凝土楼板或预制楼板上现浇叠合层

图 9-36　细石混凝土面层构造示例（摘自国家建筑标准设计图集 12J304）

3）现制水磨石地面

（1）特点。

有良好的耐磨性、耐久性、防水和防火性，而且表面光洁、质地美观、不起尘、易清洁（图 9-37），但导热系数大导致冬天感觉冷。造价比水泥地面高，梅雨季节也易返潮。

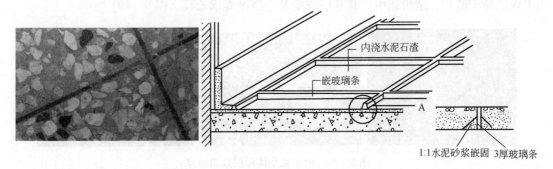

内浇水泥石渣

嵌玻璃条

A

1∶1水泥砂浆嵌固　3厚玻璃条

图 9-37　现制水磨石地面效果及做法示意

（2）应用。

通常用于公共建筑的交通联系部分（门厅、走廊、楼梯间等）和居住建筑的辅助房间（厨房、卫生间等）的地面。

（3）做法。

依据《建筑地面设计规范》（GB 50037—2013），其基本做法如下所示：

——浇水养护一周左右，面层达到一定强度后加水用磨石机磨光，草酸处理后打蜡保护；

——12～18 mm 厚 1∶2～1∶3 水泥砂浆面层（强度等级不应小于 C20）浇入分隔条内，水泥砂浆应比分格条高 2 mm 左右；

——1∶1 水泥砂浆嵌固高度 10 mm 左右的分格条，间距不宜大于 1 m×1 m，分格条宜采用铜条、铝合金条等平直、坚挺材料；当金属嵌条对某些生产工艺有害时，可采用玻璃条分格；

——20 mm 厚 1∶3 水泥砂浆结合层，强度等级不应小于 M10；

——水泥浆一道（内掺建筑胶）；

——地坪或楼板结构层。

现制水磨石面层构造示例见图 9-38。

厚度	简　图	构　　造	
		地　　面	楼　　面
a110 b30	 地面　　楼面	1. 10 厚 1∶2.5 水泥彩色石子地面，表面磨光打蜡 2. 20 厚 1∶3 水泥砂浆结合层 3. 水泥浆一道（内掺建筑胶） 4. 80 厚 C15 混凝土垫层 5. 夯实土	 4. 现浇钢筋混凝土楼板或预制 　　楼板上现浇叠合层

图 9-38　现制水磨石面层构造示例（摘自国家建筑标准设计图集 12J304）

2. 树脂类整体面层

树脂类整体面层可选用丙烯酸涂料、聚氨酯涂层、聚氨酯自流平涂料、聚酯砂浆、环氧树脂自流平涂料、环氧树脂自流平砂浆或干式环氧树脂砂浆等材料，这类面层施工方便、实用美观、易于清扫、造价适中，其基层强度及平整度要求较高（图 9-39）。

图 9-39　树脂类整体面层效果示意

1）聚氨酯涂层地面

（1）应用。

聚氨酯涂层面层适用于公共场所，如商场、医疗建筑等的楼地面。

（2）做法。

依据《建筑地面设计规范》（GB 50037—2013），其基本做法如下所示：

——1.2 mm 厚聚氨酯涂层（底漆一道，面涂 3～4 道）；

——20 mm 厚 1∶2 水泥砂浆；

——40 mm 厚 C20～C30 细石混凝土；

——水泥浆一道（内掺建筑胶）；

——地坪或楼板结构层。

聚氨酯涂层面层构造示例见图 9-40。

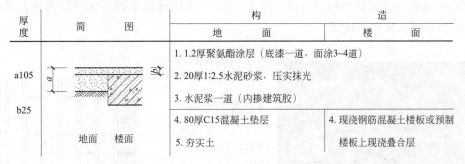

厚度	简　　图	构　　　　　造	
		地　面	楼　面
a105 b25		1. 1.2厚聚氨酯涂层（底漆一道，面涂3~4道） 2. 20厚1:2.5水泥砂浆，压实抹光 3. 水泥浆一道（内掺建筑胶） 4. 80厚C15混凝土垫层 5. 夯实土	4. 现浇钢筋混凝土楼板或预制 楼板上现浇叠合层

图 9-40　聚氨酯涂层面层构造示例（摘自国家建筑标准设计图集 12J304）

2）环氧树脂自流平砂浆地面

（1）应用。

环氧树脂自流平砂浆地面适用于食品加工厂、实验室、医院、制药厂或要求耐磨抗冲击的货舱通道、叉车通道等。

（2）做法。

依据《建筑地面设计规范》（GB 50037—2013），其基本做法如下所示：

——4～7 mm 厚环氧自流平树脂自流平砂浆；

——环氧稀胶泥一道；

——40～50 mm 厚 C20～C30 细石混凝土；

——水泥浆一道（内掺建筑胶）；

——地坪或楼板结构层。

环氧树脂自流平砂浆面层构造示例见图 9-41。

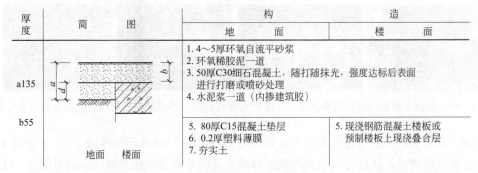

厚度	简　　图	构　　　　　造	
		地　面	楼　　面
a135 b55		1. 4～5厚环氧自流平砂浆 2. 环氧稀胶泥一道 3. 50厚C30细石混凝土，随打随抹光，强度达标后表面 进行打磨或喷砂处理 4. 水泥浆一道（内掺建筑胶） 5. 80厚C15混凝土垫层 6. 0.2厚塑料薄膜 7. 夯实土	5. 现浇钢筋混凝土楼板或 预制楼板上现浇叠合层

图 9-41　环氧树脂自流平砂浆面层构造示例（摘自国家建筑标准设计图集 12J304）

3. 板块面层

利用各种预制块材或板材镶铺在基层上的地面称为板块类或镶铺类地面，常见的有以下几种：

1）黏土砖、大阶砖地面

普通黏土砖或大阶砖铺砌的地面，施工简单，造价低廉，适用于标准较低建筑或临时建筑的地面以及室外广场和庭园小道等。

普通黏土砖或大阶砖可直接铺在素土夯实的地基上，但为了铺砌方便和易于找平，常用20~40 mm厚细砂或细炉渣做结合层（图9-42）。砖块可以平铺，也可以侧铺，砖块之间则以水泥砂浆或石灰砂浆嵌缝。

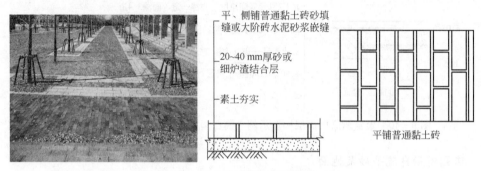

平、侧铺普通黏土砖砂浆填缝或大阶砖水泥砂浆嵌缝

20~40 mm厚砂或细炉渣结合层

素土夯实

平铺普通黏土砖

图9-42　黏土砖地面效果及构造示例

2）陶瓷地砖、马赛克、人造石板和天然石板地面

陶瓷地砖有缸砖、釉面砖、无光釉面砖、无釉防滑砖和抛光防滑砖等，色彩、图案丰富，平整光洁，抗腐耐磨，施工方便，块大缝少，装饰效果好，广泛用于办公、商店、旅馆建筑等地面。马赛克15~39 mm见方，材质、形状、颜色多样，可组合成各种图案，但块小缝多。马赛克具有坚硬、耐久、耐磨、防水、易清洁等特点，适用于做卫生间、厨房、化验室及精密工作间地面。

人造石板有水泥花砖、预制水磨石板和人造大理石板等；天然石板包括青石、大理石、花岗岩板等，色泽艳丽、纹理美观、装饰效果华丽、平整光洁、坚硬耐磨，属于高档地面装修材料，多用于较高标准的地面装修，有整拼和碎拼等铺贴形式（图9-43）。

图9-43　预制水磨石地面、马赛克地面、碎拼大理石地面、磨光花岗岩与陶瓷地砖地面效果示例

地砖、马赛克、人造石板、天然石板等块材一般可用1：2水泥砂浆或1：3干硬性水泥砂浆做结合层胶结材料，块材之间用水泥浆擦缝或水泥砂浆勾缝，构造做法示例见图9-44。

3）聚氯乙烯板、石英塑料板、塑胶板、橡胶板地面

聚氯乙烯板、石英塑料板、塑胶板、橡胶板地面表面光滑，富有弹性，步感舒适，噪声小，耐湿、耐磨、耐腐蚀，色彩鲜艳，装饰效果好，且施工简单，清扫方便，适用于宾馆、医院、住宅等；但易老化，不耐高热、高压和硬物刻画。一般采用粘贴法使之固定在找平层上（图9-45），为防止受热变形，可留一定伸缩缝。

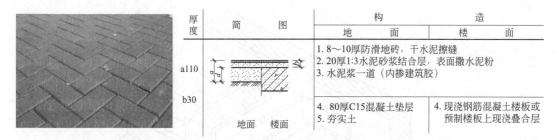

厚度	简 图	构　　造	
		地　　面	楼　　面
a110		1. 8～10厚防滑地砖，干水泥擦缝 2. 20厚1:3水泥砂浆结合层，表面撒水泥粉 3. 水泥浆一道（内掺建筑胶）	
b30		4. 80厚C15混凝土垫层 5. 夯实土	4. 现浇钢筋混凝土楼板或 预制楼板上现浇叠合层

图9-44　地砖地面效果及构造示例（右图摘自国家建筑标准设计图集12J304）

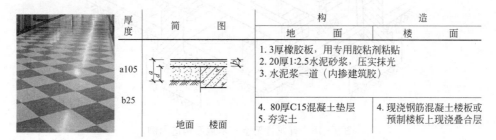

厚度	简 图	构　　造	
		地　　面	楼　　面
a105		1. 3厚橡胶板，用专用胶粘剂粘贴 2. 20厚1:2.5水泥砂浆，压实抹光 3. 水泥浆一道（内掺建筑胶）	
b25		4. 80厚C15混凝土垫层 5. 夯实土	4. 现浇钢筋混凝土楼板或 预制楼板上现浇叠合层

图9-45　橡胶板地面效果及构造示例（右图摘自国家建筑标准设计图集12J304）

4. 木面层

木地面弹性好、不起灰、易清洁、导热系数小、不泛潮、温暖舒适、安装方便，但易裂缝和翘曲，耐火性、耐久性差，常用于居住空间和对地面弹性要求较高的空间如体操房、排练厅、剧场舞台等，木材用于楼地面要注意防腐、防潮和防虫。

木地面按材料可分为实木地板、实木集成地板、浸渍纸层压木质地板（强化复合木地板）、软木类地板等类型；按形式可分为长条木地面和拼花木地面；按构造做法可分为有龙骨架空式、有龙骨实铺式、无龙骨粘贴式、无龙骨干铺式。此外还有弹性木地面，木地面面层有单层和双层两种做法。

1）有龙骨架空式

为防止建筑物底层房间受潮或满足某些特殊使用要求（如舞台、体育训练和比赛场地等需要有较好的弹性），可采用有龙骨架空式木地面，这种木地面耗木料较多，现已少用（图9-46）。

2）有龙骨实铺式

有龙骨实铺木地面有单层和双层两种做法，单层是将实木地板直接与木龙骨（木搁栅）固定，木搁栅为50 mm×60 mm方木，中距400 mm，40 mm×50 mm横撑，中距1 000 mm与木搁栅钉牢（图9-47）。为了防腐，可在基层上刷冷底子油和热沥青，搁栅及地板背面满涂防腐油或煤焦油。每块长条木板应钉牢在每根搁栅上，并从侧面斜向钉入板中。

双层实铺木地面是在地面垫层或楼板层上，通过预埋镀锌钢丝或U形铁件，将做过防腐处理的木搁栅绑扎。搁栅上沿45°斜向铺钉毛板，毛板背面刷防腐剂，上铺油毡一层，毛板上铺钉实木地板，表面刷清漆并打蜡，如图9-48所示。

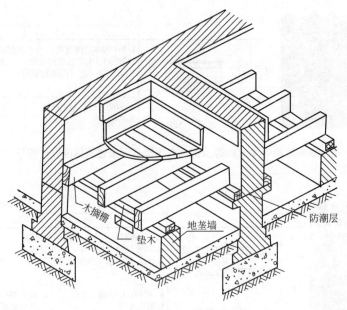

图 9-46　有龙骨架空式木地面构造示例

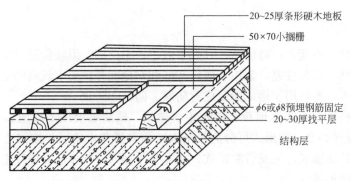

图 9-47　单层有龙骨实铺木地面构造示例

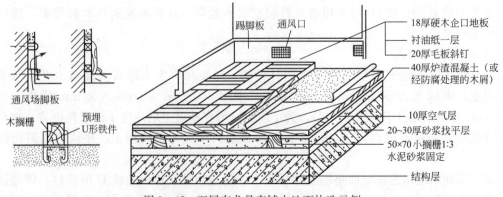

图 9-48　双层有龙骨实铺木地面构造示例

3）无龙骨粘贴式

粘贴木地面的做法是先在钢筋混凝土基层上采用沥青砂浆找平，然后刷冷底子油一道，热沥青一道，用2 mm厚沥青胶环氧树脂乳胶等随涂随铺贴20 mm厚硬木长条地板（图9-49）。

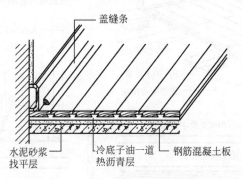

图9-49　粘贴木地面构造示例

4）无龙骨干铺式

无龙骨干铺式一般用于强化复合木地板地面，强化复合木地板为企口型条板，常用规格为1 290 mm×195 mm×（6~8）mm。具体做法是在楼地面先铺设一层防潮弹性衬垫材料，其上干铺强化复合木地板，木地板不与地面基层和泡沫底垫粘贴，只是地板块之间用胶黏剂结成整体。地板与墙面相接处应留出8~10 mm缝隙并用踢脚板盖缝。

5）弹性木地面

弹性木地面在搁栅龙骨下设置钢弓或塑料垫块来增加弹性，主要用于舞台、体操房、体育馆等对弹性要求较高的房间的地面（图9-50、图9-51）。

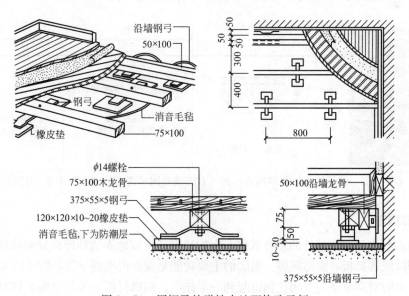

图9-50　用钢弓的弹性木地面构造示例

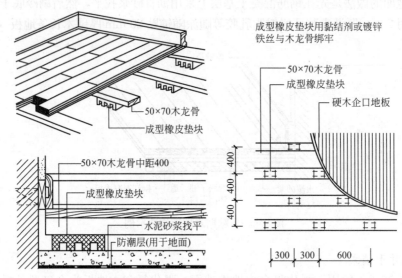

图 9-51　用橡皮垫块的弹性木地面构造示例

5. 织物面层

织物面层即使用各种棉、麻、丝、毛等天然织物地毯、合成纤维地毯、混纺地毯或塑料地毯等作为楼、地面的面层，地毯地面具有良好的保温、消声性能，有较强的装饰效果，但防尘效果较差，不易清洗。

地毯可满铺或局部铺设，铺贴方法有空铺法和实铺法两种。实铺地毯面层采用金属卡条（倒刺板）、金属压条、专用双面胶带、胶黏剂等材料固定（图 9-52）。

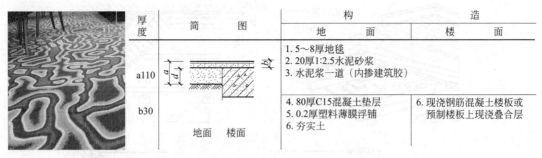

厚度	简　图	构　造	
		地　面	楼　面
a110 b30	地面　楼面	1. 5～8厚地毯 2. 20厚1:2.5水泥砂浆 3. 水泥浆一道（内掺建筑胶） 4. 80厚C15混凝土垫层 5. 0.2厚塑料薄膜浮铺 6. 夯实土	6. 现浇钢筋混凝土楼板或预制楼板上现浇叠合层

图 9-52　地毯地面效果和构造示例（右图摘自国家建筑标准设计图集 12J304）

6. 踢脚构造

室内地面与内墙面交接处的垂直部位，在构造上通常按地面的延伸部分来处理，这一部分被称为踢脚线或踢脚板，简称踢脚。踢脚的主要功能是保护内墙面下部，防止内墙面被碰撞损坏或沾污，同时对调节室内空间比例也起到一定作用。踢脚材料一般与地面装修材料相同，可以保证协调的装饰效果，踢脚线高度一般为 120～150 mm，常用踢脚做法如图 9-53 所示。

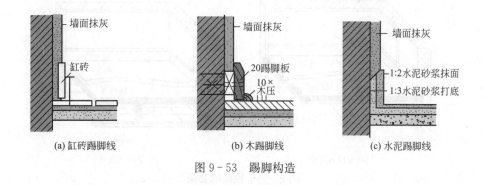

(a) 缸砖踢脚线　　　　　　(b) 木踢脚线　　　　　　(c) 水泥踢脚线

图 9-53　踢脚构造

9.6　顶棚装修

9.6.1　顶棚装修的作用和设计要求

顶棚又称天花，是指各层楼板或屋面承重结构的下表面装修，利用各种材料不同形式的组合，形成具有使用功能和美学效果的室内空间顶界面。

1. 顶棚装修的作用

（1）改善室内声、光、热等物理环境，满足使用功能要求。

（2）隐蔽结构构件、各种设备管线和装置，方便安装与维修。

（3）从空间、光影、造型、色彩、质感等方面渲染室内环境，烘托气氛。

2. 顶棚装修的设计要求

顶棚装修应根据建筑空间的使用要求选择恰当的形式、材料和做法，应保证安全，满足各种设备管线和设施的安装要求，对某些有特殊要求的房间，还要求顶棚具有隔声、防水、保温、隔热等功能。

9.6.2　顶棚装修的类型和特点

顶棚装修设计应根据建筑空间的功能、形式、安全性、经济性等要求综合考虑，按照饰面层与基层构造关系的不同，顶棚装修可分为直接式顶棚与悬吊式顶棚两种类型（图 9-54）。

1. 直接式顶棚

直接式顶棚是在楼板或屋面板等结构构件底面直接进行抹灰、涂刷、粘贴、裱糊等饰面装修的顶棚。它具有构造简单、施工方便、可取得较高的室内净空、造价较低等特点，但因没有隐藏管线、设备的内部空间，故用于普通建筑或空间高度有限的房间。

2. 悬吊式顶棚

悬吊式顶棚又称吊天花，简称吊顶，是指在较高大或装饰要求较高的空间中，因建筑声学、保温隔热、管道敷设、室内美观等方面的特殊要求，将屋架、梁板等结构构件及空调、自动灭火、广播等设备管线和装置等隐藏在吊顶之内的装修做法（图 9-55、图 9-56）。吊顶有平式、复式、浮式、格栅吊顶和发光顶棚等多种形式，由木质或金属龙骨组成基层，通过吊筋

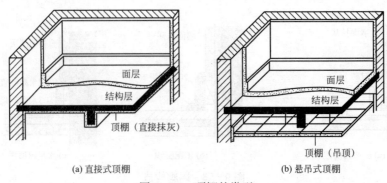

(a) 直接式顶棚　　　　　　　　　　(b) 悬吊式顶棚

图 9-54　顶棚的类型

悬挂于楼板或屋顶承重结构上，面层材料有抹灰、木质板材、矿物板材、金属板材或片材等。

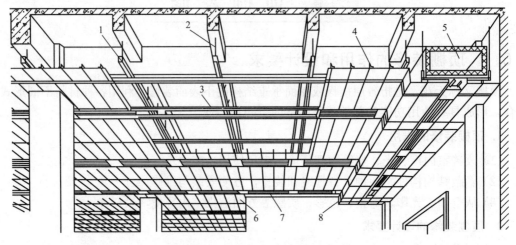

图 9-55　吊顶悬挂于楼板底构造

1—主龙骨；2—吊筋；3—次龙骨；4—间距龙骨；5—风道；6—吊顶面层；7—灯具；8—出风口

9.6.3　直接式顶棚装修构造

直接式顶棚按施工方法可分为直接抹灰顶棚、直接式喷刷顶棚、直接式裱糊顶棚、直接式装饰板顶棚及结构顶棚等，关键是保证饰面层与结构基层的结合牢固。

1. 直接式喷刷顶棚

直接式喷刷顶棚最为简易，用于楼板底面平整或装修要求不高时，如库房、锅炉房或其他低标准用房。一般应先将板底用腻子刮平和嵌缝，然后喷刷大白浆、可赛银浆、耐擦洗涂料或乳胶漆 2~3 道。

2. 直接抹灰顶棚

当楼板底面不够平整或装修要求稍高时，可以在板底进行抹灰装修。常用的方法有：纸筋石灰浆顶棚、麻刀石灰浆顶棚、石膏灰浆顶棚、混合砂浆顶棚和水泥砂浆顶棚，其做法与内墙抹灰装修相同（图 9-57）。抹灰顶棚面层上也可进一步喷、刷涂料或裱糊、粘贴其他饰面材料。

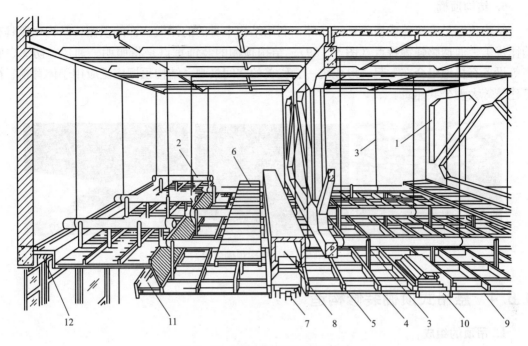

图 9-56　吊顶悬挂于屋面下构造

1—屋架；2—主龙骨；3—吊筋；4—次龙骨；5—间距龙骨；6—检修走道；7—出风口；8—风道；

9—面层；10—灯具；11—灯槽；12—窗帘盒

3.　直接式裱糊顶棚

直接式裱糊顶棚采用壁纸、壁布做顶棚面层，适用于装饰要求高、面积小的房间，如居室空间等。其基本构造做法如下。

（1）基层，处理同直接抹灰顶棚。

（2）中间层，5～8 mm 厚 1：0.5：2.5 混合砂浆找平。

（3）面层，裱糊壁纸、壁布或其他卷材饰面。

4.　直接式装饰板顶棚

直接式装饰板顶棚用于装修标准较高或有保温、隔热、吸声要求的房间，板底找平后用黏结剂直接粘贴各种装饰吸声板、石膏板或塑胶板等（图 9-58）。

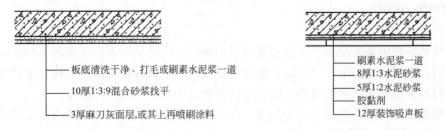

图 9-57　直接抹灰顶棚做法　　　　　图 9-58　直接式装饰板顶棚做法

5. 结构顶棚

结构顶棚是将屋盖或楼盖暴露在外，利用结构本身的韵律做装饰的顶棚，结构顶棚具有韵律优美、通透感强等特点（图 9-59）。结构顶棚的装饰重点是将照明、通风、防火、吸声等设备有机地组合在一起，形成统一、优美的空间景观。结构顶棚广泛应用于体育馆、博览建筑等大型公共建筑。

图 9-59　结构顶棚效果

9.6.4　悬吊式顶棚装修构造

1. 吊顶的组成

吊顶是由承力构件（吊杆、吊筋）、龙骨骨架、面板及配件等组成的系统，其构造组成包括基层和面层两大部分。吊顶按承受荷载能力的不同可分为上人吊顶和不上人吊顶两种：上人吊顶是指主龙骨能承受不小于 800 N 荷载，次龙骨能承受不小于 300 N 荷载的可上人检修的吊顶系统；一般采用双层龙骨构造。不上人吊顶是指主龙骨承受小于 800 N 荷载的吊顶系统。

1）吊顶基层

吊顶基层的作用是将其所承受的吊顶全部荷载通过吊杆传给屋顶或楼板承重构件，它由吊杆、吊筋等承力构件、龙骨系统和配件等组成，有木质基层和金属基层两大类。

2）吊顶面层

吊顶面层安装在龙骨系统下方或镶嵌在龙骨系统中，构造做法有抹灰类（如板条抹灰、苇箔抹灰、钢板网抹灰等）、板材类（方板式、条板式等）、开敞类（格栅式、格片式等）。面层材料有植物类、矿物类和金属及金属复合材料类。

木质基层和金属基层吊顶的构造组成如图 9-60 所示。

2. 吊顶基层的构造

1）吊杆

吊杆是吊顶系统中悬吊龙骨骨架及面板的承力构件，可以采用木材、钢筋等制作，但一般多采用钢筋、粗钢丝等。吊杆（吊筋）连接龙骨系统和屋顶或楼板承重结构，承受整个吊顶的荷载并将其传递给上部承重结构，同时还可调整、确定吊顶的空间高度。

吊杆与楼板或屋面板连接的节点为吊点，在荷载变化处和龙骨被截断处应增设吊点。

吊杆可选用木吊杆、钢筋吊杆、镀锌钢丝吊杆等。木吊杆用 40 mm×40 mm 或 50 mm×50 mm 的方木制作，一般用于木基层吊顶。不上人吊顶的吊杆应采用不小于直径 4 mm 镀锌钢丝、6 mm 钢筋、M6 全牙吊杆或直径不小于 2 mm 的镀锌低碳退火钢丝，吊顶系统应

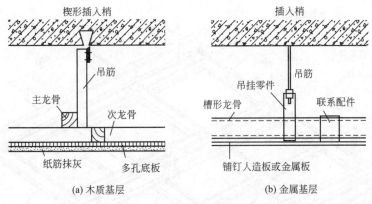

(a) 木质基层　　　　　　　　(b) 金属基层

图 9-60　木质基层和金属基层吊顶构造

直接连接到房间顶部结构受力部位上。上人吊顶的吊杆应采用直径不小于 8 mm 的钢筋或 M8 全牙吊杆。

吊杆可以在楼板施工的过程中预留或预埋，如果楼板状况允许，也可用膨胀螺栓或射钉直接打入楼板底部固定（图 9-61）。

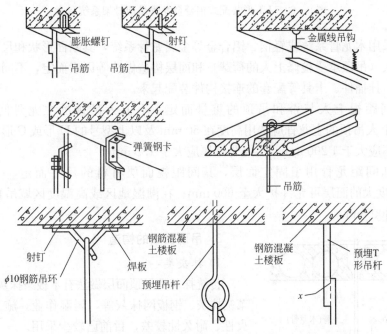

图 9-61　吊杆（吊筋）安装方式示例

2）龙骨系统

龙骨系统的作用是吊挂面层构件，由主龙骨（也称大龙骨、主搁栅，是龙骨骨架中的主要受力构件）、次龙骨（也称中龙骨、次搁栅，是龙骨骨架中连接主龙骨及固定面板的构件）、横撑龙骨（在次龙骨骨架中起横撑及固定面板作用的构件）、边龙骨（吊顶龙骨骨架中与墙相连的构件）和配件（吊件、挂件、挂插件、龙骨接长件等）（图 9-62）。

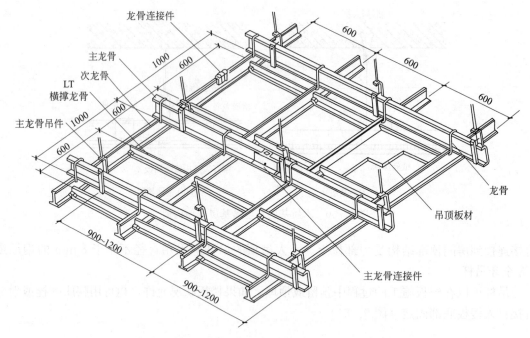

图9-62 LT形装配式铝合金龙骨吊顶骨架系统示意

龙骨可采用木龙骨系统或轻钢、铝合金等金属龙骨系统，其断面形状和尺寸视其材料品种、是否上人（吊顶承受检修上人的荷载）和面层构造做法等因素而定，不同的龙骨系统由吊件、挂件、挂插件、卡具等配套的连接构件装配起来。

主龙骨间距视上人与否和吊顶的重量而定，不上人吊顶的主龙骨间距不应大于1 200 mm。上人吊顶的主龙骨应选用高度在50 mm及以上型号的U形或C形上人龙骨，主龙骨的间距不应大于1 200 mm，主龙骨壁厚应大于1.2 mm。

次龙骨和间距龙骨用于固定面层，其间距视面层材料的尺寸而定，一般为300～500 mm，刚度大的面层可允许扩大至600 mm；在潮湿地区或高湿度区域吊顶的次龙骨间距不宜大于300 mm。

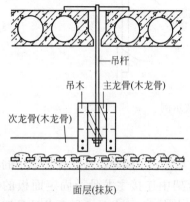

图9-63 木骨架板条抹灰吊顶构造

3. 吊顶面层的构造

1）抹灰类

传统抹灰类吊顶面层做法有木板条抹灰（图9-63）、苇箔抹灰、钢板网抹灰等，属湿作业，施工效率低，耐火性、耐久性较差，目前已较少采用。

2）板材类

板材面层按材料不同可分为植物类（胶合板、纤维板、刨花板、细木工板等）、矿物类（石膏板、矿棉装饰吸声板、玻璃棉装饰吸声板、轻质硅酸盐板等）及金属类（铝合金装饰板、铝塑复合装饰板、金属微孔吸声板、彩色涂层薄钢板、不锈钢薄板等），形式上有方板和条板等，通过钉、粘、卡或搁置等方式安装在龙骨系统上，形成明框、隐框或半隐框等不同的表面效果（图 9-64、图 9-65、图 9-66）。

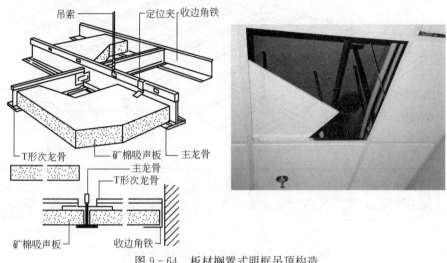

图 9-64 板材搁置式明框吊顶构造

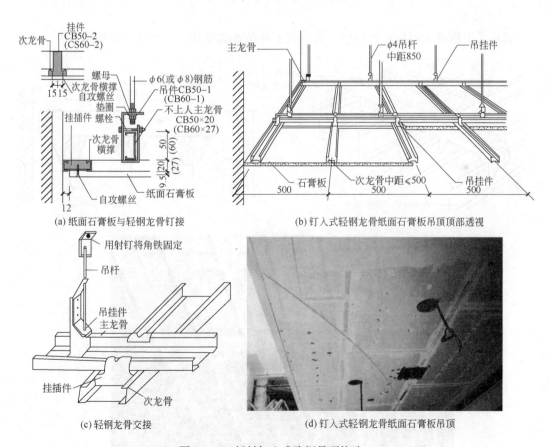

(a) 纸面石膏板与轻钢龙骨钉接

(b) 钉入式轻钢龙骨纸面石膏板吊顶顶部透视

(c) 轻钢龙骨交接

(d) 钉入式轻钢龙骨纸面石膏板吊顶

图 9-65 板材钉入式隐框吊顶构造

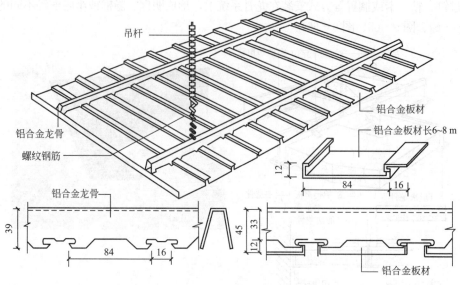

图 9-66　金属条板卡接式隐框吊顶构造

3）开敞类

如果采用格栅式或格片式面层，就形成了开敞式的吊顶，如图 9-67 所示。

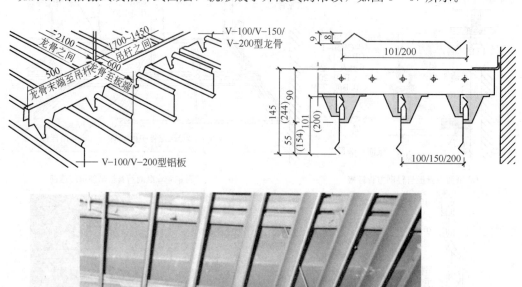

图 9-67　金属格片卡接式开敞吊顶构造

思 考 题

1. 绘剖面图表示地坪基本构造层次。

2. 单选题：一般民用建筑地面的混凝土垫层的最小厚度可采用（　　）。

A. 50 mm　　　　　B. 60 mm　　　　　C. 70 mm　　　　　D. 80 mm

3. 简述楼板层的设计要求。

4. 楼板层的基本构造层次有（　　）、（　　）、（　　）和（　　）。

5. 名词解释：无梁楼板，井式楼板，单向板，双向板，直接式顶棚，吊顶。

6. 现浇钢筋混凝土无梁楼板较为经济的柱网间距一般为（　　）m左右，板的厚度不小于（　　）mm。

7. 单选题：已知某住宅居室的楼面标高为 6.000 m，该套住宅卫生间的楼面标高应为（　　）m。

A. 5.800　　　　　B. 5.980　　　　　C. 6.000　　　　　D. 6.020

8. 雨篷一般可从入口外门上方挑出，其悬挑结构可分为（　　）和（　　）两种形式。

9. 观察身边建筑物楼地层的各种形式和构造做法，参照实物和教材进行图示表达。

10. 单选题：现浇水磨石地面设置分格条的作用是（　　）。

Ⅰ. 坚固耐久；　　Ⅱ. 便于维修；　　Ⅲ. 防止产生裂缝；　　Ⅳ. 防水；

A. Ⅰ、Ⅱ　　　　　B. Ⅰ、Ⅲ　　　　　C. Ⅱ、Ⅲ　　　　　D. Ⅲ、Ⅳ

11. 吊顶是由（　　）、（　　）、面板及（　　）等组成的系统，其构造组成包括（　　）和面层两大部分。

第 10 章

屋　顶

【本章内容概要】

主要介绍了屋顶的形式、组成、排水设计，平屋顶和坡屋顶的防水及保温、隔热构造。

【本章学习重点与难点】

学习重点：屋顶的功能与设计要求、平屋顶与坡屋顶的基本构造层次和次序。

学习难点：屋顶的排水设计、屋顶防水、保温及隔热综合构造。

10.1　概　述

10.1.1　屋顶的功能与设计要求

1. 遮风避雨的亭子

亭子是比较体现中国建筑特色的建筑形式之一，亭子除可作为风景的重要元素外，同时还担当着遮风避雨的重要作用（图 10-1）。

图 10-1　亭子

发挥这一作用的重要构件，就是亭子的顶，也就是建筑中所说的"屋顶"。亭子有些特殊，可以看成没有墙的建筑物。这一节我们开始学习屋顶的相关知识。

2. 屋顶的功能

屋顶处于建筑物系统最上部，是内外空间的分界面之一，因此其基本功能是围护、承载和造型。

（1）围护功能是指屋顶应保护建筑物不受风霜雨雪等自然因素影响，保证建筑空间内部物理环境的舒适和稳定。

（2）承载功能是指屋顶作为覆盖顶层空间的水平承重构件，承受和传递屋顶上各种荷载，并对房屋整体结构起着水平支撑的作用。

（3）此外屋顶也是建筑外部造型的重要组成部分，具有造型功能。

3. 屋顶的设计要求

屋顶设计应考虑其功能、结构、建筑艺术和经济性等方面的要求。

（1）结构要求。承受屋顶自重及风、雨、雪、灰、人、设备等荷载，应有足够的强度和刚度。

（2）防水要求。满足屋面防水等级和设防要求。

（3）热工要求。根据所处地域，增设保温层或隔热层，满足建筑节能要求。

（4）防火要求。屋顶构件的燃烧性能和耐火极限应满足建筑物耐火等级的要求。

（5）隔声要求。隔绝室外环境、屋顶设备等噪声影响。

（6）艺术要求。屋顶造型美观，体现建筑艺术特色。

（7）其他要求。增设屋顶花园、太阳能集热器、擦窗机轨道等。

屋顶设计内容包括：结构选型，确定防水等级和要求，排水设计，防水设计，选择保温或隔热做法，细部构造设计，顶棚设计等内容。

好的屋顶设计应满足以下要求。

（1）自重轻，结构安全，构造简单，坚固耐久。

（2）排水通畅，防水可靠。

（3）保温和隔热等热工性能良好，满足建筑节能要求。

（4）造型美观。

（5）造价经济，施工方便。

10.1.2　屋顶的形式与类型

屋顶按材料不同有钢筋混凝土屋顶、瓦屋顶、金属屋顶、玻璃屋顶等，按其外形一般可分为平屋顶、坡屋顶和其他形式的屋顶等（图 10-2）。

图 10-2　屋顶形式

（1）平屋顶是指屋面坡度较小，采用材料防水的屋顶。

（2）坡屋顶是指屋面坡度较大，采用构造防水的屋顶（图 10-3）。

（3）其他形式的屋顶如空间结构曲面屋顶，有拱结构、薄壳结构、悬索结构和网架结构的屋顶等，这类屋顶一般用于较大空间的公共建筑（图 10-4）。

平屋顶和坡屋顶比较常见，本章着重介绍平屋顶和坡屋顶两种形式。

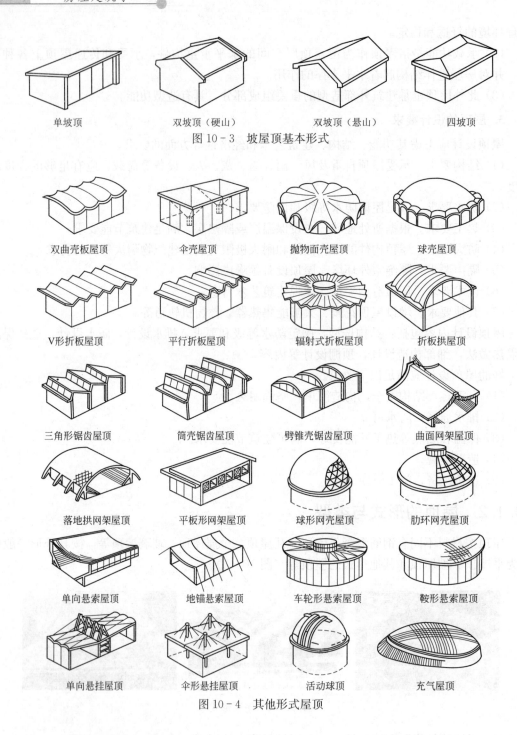

单坡顶　　　　双坡顶（硬山）　　　双坡顶（悬山）　　　　四坡顶

图 10-3　坡屋顶基本形式

双曲壳板屋顶　　　伞壳屋顶　　　　抛物面壳屋顶　　　　球壳屋顶

V形折板屋顶　　　平行折板屋顶　　　辐射式折板屋顶　　　折板拱屋顶

三角形锯齿屋顶　　筒壳锯齿屋顶　　　劈锥壳锯齿屋顶　　　曲面网架屋顶

落地拱网架屋顶　　平板形网架屋顶　　　球形网壳屋顶　　　肋环网壳屋顶

单向悬索屋顶　　　地锚悬索屋顶　　　车轮形悬索屋顶　　　鞍形悬索屋顶

单向悬挂屋顶　　　伞形悬挂屋顶　　　　活动球顶　　　　　充气屋顶

图 10-4　其他形式屋顶

10.1.3　屋顶的构造组成

　　屋顶由屋面（防水、保温、隔热等）、承重结构和顶棚组成（图 10-5）：屋面层起围护和抗渗、排水作用；承重结构层指梁板结构、屋架和空间结构体系等屋顶承载构件；顶棚层起装饰美观、安装灯具和埋藏管线等作用。

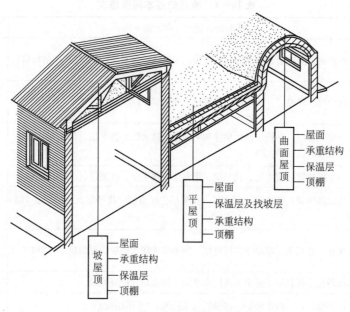

图 10-5 各种形式屋顶构造组成

（1）屋面是屋顶的面层，它暴露在外，直接受自然界侵蚀和使用者活动影响。屋面应满足防水、保温、隔热、防火等围护功能要求，一般由保护层、防水层、保温层、隔热层、找坡层、找平层、结合层等组成。

（2）承重结构是承受屋面上传来的荷载及屋面、保温（隔热层）、顶棚和承重结构本身自重的结构层，屋顶承重结构应有足够强度和刚度，保证建筑结构安全。

（3）顶棚是屋顶的底面，有直接式顶棚和吊顶棚两种形式。

10.1.4 屋面工程设计

屋面工程是指由防水、保温、隔热等构造层所组成房屋顶部的设计和施工。

1. 屋面工程设计要求

屋面工程应符合下列基本要求：

（1）具有良好的排水功能和阻止水侵入建筑物内的作用；

（2）冬季保温减少建筑物的热损失和防止结露；

（3）夏季隔热降低建筑物对太阳辐射热的吸收；

（4）适应主体结构的受力变形和温差变形；

（5）承受风、雪荷载的作用不产生破坏；

（6）具有阻止火势蔓延的性能；

（7）满足建筑外形美观和使用的要求。

2. 屋面的基本构造层次

屋面的基本构造层次宜符合表 10-1 的要求。设计人员可根据建筑物的性质、使用功能、气候条件等因素进行组合。

表 10 - 1　屋面的基本构造层次

屋面类型	基本构造层次（自上而下）	说明
卷材、涂膜屋面（平屋面）	保护层、隔离层、防水层、找平层、保温层、找平层、找坡层、（结构层）	正置式（内置式）保温上人屋面
	保护层、保温层、防水层、找平层、找坡层、（结构层）	倒置式保温非上人屋面
	种植隔热层、保护层、耐根穿刺防水层、防水层、找平层、保温层、找平层、找坡层、（结构层）	种植隔热屋面
	架空隔热层、防水层、找平层、保温层、找平层、找坡层、（结构层）	架空隔热屋面
	蓄水隔热层、隔离层、防水层、找平层、保温层、找平层、找坡层、（结构层）	蓄水隔热屋面
瓦屋面（坡屋面）	块瓦、挂瓦条、顺水条、持钉层、防水层或防水垫层、保温层、（结构层）	块瓦屋面
	沥青瓦、持钉层、防水层或防水垫层、保温层、（结构层）	沥青瓦屋面
金属板屋面（坡屋面）	压型金属板、防水垫层、保温层、承托网、（支承结构）	单层金属板屋面
	上层压型金属板、防水垫层、保温层、底层压型金属板、（支承结构）	双层金属板屋面
	金属面绝热夹芯板、支承结构	夹芯金属板屋面
玻璃采光顶	玻璃面板、金属框架、支承结构	框支承式
	玻璃面板、点支承装置、支承结构	点支承式

注：1. 表中结构层包括混凝土基层和木基层；防水层包括卷材和涂膜防水层；保护层包括块体材料、水泥砂浆、细石混凝土保护层；

　　2. 有隔汽要求的屋面，应在保温层与结构层之间设隔汽层。

3. 屋面工程设计的内容

屋面工程设计应遵照"保证功能、构造合理，防排结合、优选用材、美观耐用"的原则，并应根据建筑物的建筑造型、使用功能、环境条件，对下列内容进行设计：

（1）屋面防水等级和设防要求；

（2）屋面构造设计；

（3）屋面排水设计；

（4）找坡方式和选用的找坡材料；

（5）防水层选用的材料、厚度、规格及其主要性能；

（6）保温层选用的材料、厚度、燃烧性能及其主要性能；

（7）接缝密封防水选用的材料及其主要性能。

4. 屋面防水等级和设防要求

屋面防水工程应根据建筑物的类别、重要程度、使用功能要求确定防水等级，并应按相应等级进行防水设防；对防水有特殊要求的建筑屋面，应进行专项防水设计。屋面防水等级和设防要求应符合表 10 - 2 的规定。

表 10 - 2　屋面防水等级和设防要求

防水等级	建筑类别	设防要求
Ⅰ	重要建筑和高层建筑	两道防水设防
Ⅱ	一般建筑	一道防水设防

10.1.5　屋面的排水设计

屋面必须迅速排出雨水并有良好的防水功能，屋面排水设计的内容包括：选择屋面排水方式、确定屋面排水坡度及进行排水组织设计等。

1. 屋面排水坡度

1）影响屋面坡度的因素

（1）防水材料的性能和尺寸的影响：性能越好，尺寸越大，坡度越小；反之亦然（图 10 - 6）。

（2）当地气候条件的影响：降雨量越大，排水坡度越大。

（3）其他因素的影响：屋顶结构形式、使用功能、建筑造型要求、经济条件等。

屋面排水坡度应综合考虑上述因素来确定。各种形式屋顶坡度示例如图 10 - 7 所示。

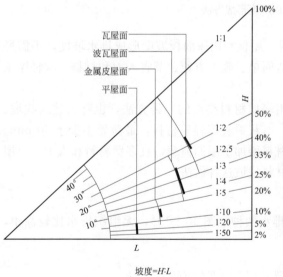

坡度=H:L

图 10 - 6　不同材料屋面坡度比较

图 10 - 7　各种形式屋顶坡度

2）屋面坡度的常用表示方法

常用的坡度表示法有斜率法、百分比法和角度法 3 种（图 10 - 8）。

了解清楚坡度的定义之后，就能比较准确地理解平屋顶和坡屋顶的含义了：平屋顶和坡屋顶是根据不同坡度范围来定义的。

3）屋面坡度的形成

屋面坡度一般通过两种方式形成：结构搁置和构造叠置。两种方式的目的都是在屋顶形成一定的坡度，或者说目的就是"找坡"。所以结构搁置和构造叠置还有两种很好理解的称呼：结构找坡和材料找坡（图 10 - 9）。

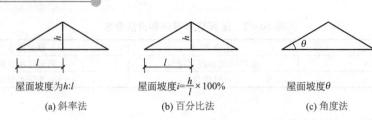

图 10-8 屋面坡度表示方法

(a) 斜率法　　　　(b) 百分比法　　　　(c) 角度法

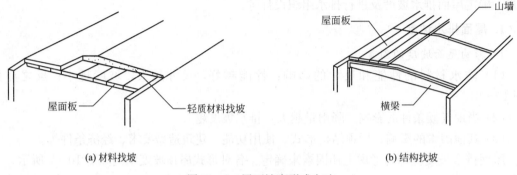

(a) 材料找坡　　　　　　　　　(b) 结构找坡

图 10-9 屋面坡度形成方法

（1）结构找坡是指屋面板按一定坡度搁置，屋顶利用屋面板坡度形成排水坡度，不需另加找坡层；也称为搁置坡度或撑坡。具有构造简单、施工方便、节省人力和材料、减轻屋顶自重的优点，一般用于屋面坡度较大时。

（2）材料找坡是指屋面板水平搁置，利用轻质材料垫坡的一种方法，也称为建筑找坡、垫置找坡或填坡。常用找坡材料有水泥炉渣、石灰炉渣等轻质材料，最薄处不少于 30 mm。材料找坡做法使室内顶棚水平完整，但找坡材料增加了屋面荷载，且多费材料和人工。当屋顶坡度不大或需设隔热或保温层时，常采用材料找坡这种做法。

2. 屋面排水方式

屋面排水方式分为无组织排水和有组织排水两种（图 10-10），无组织排水比较简单，有组织排水相对比较复杂。

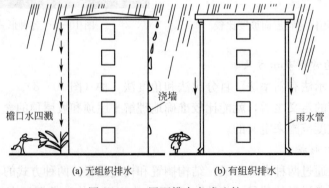

(a) 无组织排水　　　　　　　(b) 有组织排水

图 10-10 屋面排水方式比较

（1）无组织排水：雨水经过屋檐直接自由落下，称为无组织排水，也称自由落水（图 10-11）。这种排水方式的优点是造价低廉，结构简单，不易漏雨和堵塞；但是雨水会打湿墙面，外墙墙角常被飞溅的雨水侵蚀，影响到外墙的坚固耐久性和美观，并可能影响人行道的交通。一般中小型的低层建筑物或檐高不大于 10 m 的屋面可采用无组织排水，其他情况下都应采取有组织排水。

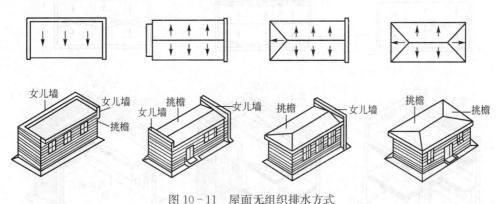

图 10-11　屋面无组织排水方式

（2）有组织排水：有组织排水就是屋面雨水有组织地流经天沟、檐沟、水落口、水落管等，系统地将屋面上的雨水排出。这种排水的优点是可以保护墙体和环境，缺点是构造复杂，造价较高，易堵塞和漏雨。在有组织排水中又可分为内排水、外排水以及内外排水相结合的方式。

① 外排水是指屋面雨水通过檐沟、水落口由设置于建筑物外部的水落管直接排到室外地面上，其优点是雨水管不妨碍室内空间使用和美观，构造简单，因而被广泛采用。明装的雨水管有损建筑立面，故在一些重要的公共建筑中，雨水管常采取假柱或外墙暗装的方式。根据檐口形式不同，外排水有挑檐外排水和女儿墙外排水等类型（图 10-12）。

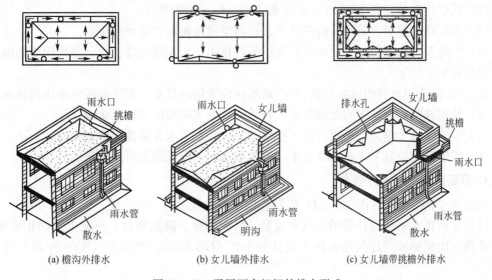

(a) 檐沟外排水　　　　　(b) 女儿墙外排水　　　　(c) 女儿墙带挑檐外排水

图 10-12　平屋面有组织外排水形式

② 内排水是指屋面雨水通过天沟由设置于建筑物内部的水落管排入地下雨水管网，适用于高层建筑、多跨及屋面汇水面积较大的建筑和严寒地区建筑等。对于高层建筑而言，维修室外雨水管既不方便，更不安全。严寒地区室外的雨水管有可能使雨水结冻，因此不适宜选用外排水（图 10 - 13）。

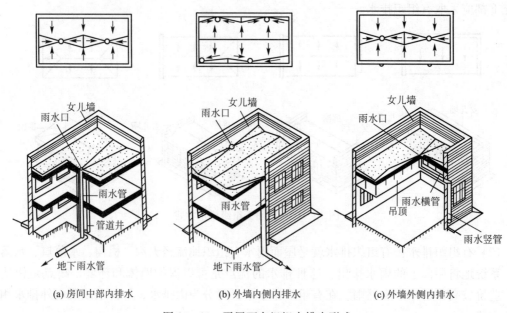

図 10 - 13　平屋面有组织内排水形式

《屋面工程技术规范》（GB 50345—2012）中有以下规定。

（1）建筑物屋面排水方式的选择，应根据建筑物屋顶形式、气候条件、使用功能等因素确定。

（2）低层建筑及檐高小于 10 m 的屋面，可采用无组织排水。

（3）多层建筑屋面宜采用有组织外排水；高层建筑屋面宜采用内排水。

（4）多跨及汇水面积较大的屋面宜采用天沟排水，天沟找坡较长时，宜采用中间内排水和两端外排水。

（5）（为防止雨水管因冰冻堵塞，）严寒地区应采用内排水，寒冷地区宜采用内排水。

（6）暴雨强度较大地区的大型屋面，宜采用虹吸式屋面雨水排水系统。

（7）湿陷性黄土地区宜采用有组织排水，并应将雨雪水直接排至排水管网。

（8）坡屋面檐口宜采用有组织排水，檐沟和水落斗可采用金属或塑料成品。

3. 屋面排水组织设计要点

屋面排水组织设计（图 10 - 14）要符合以下有关规定。

（1）屋面排水系统设计采用的雨水流量、暴雨强度、降雨历时、屋面汇水面积等参数，应符合现行国家标准《建筑给水排水设计规范》（GB 50015—2003）（2009 年版）的有关规定。

（2）屋面应适当划分排水区域，合理设置排水坡、天沟、檐沟、垫坡、雨水口（水落口）等，排水路线应简捷，排水应通畅。

（3）采用重力式排水时，屋面每个汇水面积内，雨水排水立管不宜少于 2 根；水落口和水落管的位置，应根据建筑物的造型要求和屋面汇水情况等因素确定。

（4）檐沟、天沟的过水断面，应根据屋面汇水面积的雨水流量经计算确定。钢筋混凝土檐沟、天沟净宽不应小于 300 mm，分水线处最小深度不应小于 100 mm；沟内纵向坡度不应小于 1%，沟底水落差不得超过 200 mm；檐沟、天沟排水不得流经变形缝和防火墙。

（5）金属檐沟、天沟的纵向坡度宜为 0.5%。

（6）建筑外墙雨落水管的最小管径为 75 mm。

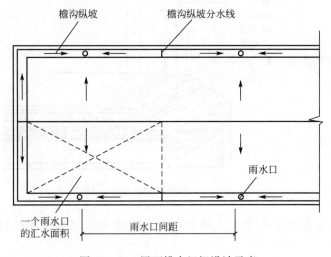

图 10-14　屋面排水组织设计示意

10.2　平　屋　顶

10.2.1　概述

1. 平屋顶的形式

平屋顶采用材料防水，屋面坡度较小，其中上人屋面坡度一般为 2%，非上人屋面为 3%～5%。平屋顶具有形态简洁、施工方便及造价较为经济的优点。因为防水材料技术的原因，过去大多应用于干旱少雨的地区。随着现代建筑防水技术的发展，平屋顶已经广泛应用于各地区的各种建筑中，成为常用屋顶形式之一，并且檐口形式多种多样（图 10-15）。

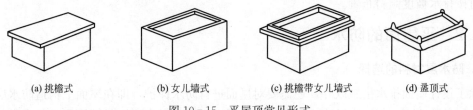

(a) 挑檐式　　　(b) 女儿墙式　　　(c) 挑檐带女儿墙式　　　(d) 盝顶式

图 10-15　平屋顶常见形式

2. 平屋顶的构造层次

平屋顶的基本构造层次包括屋面、承重结构和顶棚，其中屋面为了满足排水、防水及热工要求，需要设置多重构造层，如隔热层、保护层、防水层、找平层、保温层、隔汽层、找坡层等（图10-16）。平屋顶屋面的构造层次及常用材料的选取，与以下几个方面的因素有关。

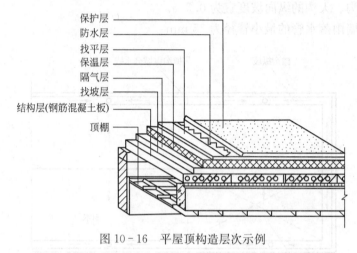

保护层
防水层
找平层
保温层
隔气层
找坡层
结构层(钢筋混凝土板)
顶棚

图10-16 平屋顶构造层次示例

（1）屋面是上人屋面还是非上人屋面，上人屋面和非上人屋面的保护层选用的材料不同。

（2）屋面的找坡方式是结构找坡还是材料找坡，材料找坡应设置找坡层，结构找坡可以不设找坡层。

（3）屋面所处房间是湿度大的房间还是正常湿度的房间，湿度大的房间应设置隔汽层，一般湿度的房间则不需设置隔汽层。

（4）屋面保温是正置式做法（防水层在保温层上部的做法）还是倒置式做法（保温层在防水层上部的做法）。

（5）屋面所处地区的热工气候分区是哪种类型，如严寒和寒冷地区的屋面必须满足冬季保温的要求，而炎热和夏热冬冷地区的屋面必须满足夏季隔热的要求。

屋面各功能层的具体内容和构造顺序有多种选择，应根据屋面设计的具体方案和构造层次间的功能逻辑合理确定（表10-1）。

3. 平屋顶的承重结构

平屋顶的承重结构与楼板的承重结构基本相同，屋面材料找坡时屋顶板水平布置，结构找坡时按排水坡度倾斜布置。

10.2.2 平屋面的防水

1. 防水层材料的选择

除了设计屋面排水措施以外，还需要对屋面进行防水保护，即在屋面上构造防水层。屋面防水层是防止雨（雪）水渗透、渗漏的构造层次，其材料应选用足够厚度的防水卷材、防水涂料和复合防水层。

1）防水材料的选择与防水等级的关系

防水材料的选择与防水等级的关系应符合表 10-3 的规定。

表 10-3　防水材料的选择与防水等级的关系

防水等级	防水做法
I	卷材防水层和卷材防水层、卷材防水层与涂膜防水层、复合防水层
II	卷材防水层、涂膜防水层、复合防水层

2）防水卷材的选择

（1）防水卷材可按合成高分子防水卷材和高聚物改性沥青防水卷材选用；

（2）种植隔热屋面的防水层应选择耐根穿刺防水卷材。

3）防水涂料的选择

（1）防水涂料可按合成高分子防水涂料、聚合物水泥防水涂料和高聚物改性沥青防水涂料选用；

（2）屋面坡度大于 25% 时，应选择成膜时间较短的涂料。

4）复合防水层的选择

复合防水层是指由彼此相容的卷材和涂料组合而成的防水层，它的选用应符合下列规定：

（1）选用的防水卷材与防水涂料应相容；

（2）防水涂膜宜设置在防水卷材的下面；

（3）挥发固化型防水涂料不得作为防水卷材黏结材料使用；

（4）水乳型或合成高分子类防水涂膜上面，不得采用热熔型防水卷材；

（5）水乳型或水泥基类防水涂料，应待涂膜实干后再采用冷粘铺贴卷材。

5）不能作为一道防水层选用的材料或做法

（1）混凝土结构层；

（2）I 型喷涂硬泡聚氨酯保温层；

（3）装饰瓦及不搭接瓦；

（4）隔汽层；

（5）细石混凝土层；

（6）卷材或涂膜厚度不符合《屋面工程技术规范》（GB 50345—2012）规定的防水层。

6）附加层设计要求

附加层是指在易渗漏及易破损部位设置的卷材或涂膜加强层，附加层设计应符合下列规定：

（1）檐沟、天沟与屋面交接处、屋面平面与立面交接处，以及水落口、伸出屋面管道根部等部位，应设置卷材或涂膜附加层；

（2）屋面找平层分格缝等部位，宜设置卷材空铺附加层，其空铺宽度不宜小于 100 mm；

（3）附加层最小厚度应符合《屋面工程技术规范》（GB 50345—2012）的规定。

2. 卷材、涂膜防水屋面构造

1）构造层次

卷材、涂膜防水屋面的构造层次与屋面是否上人、找坡方式、有无隔汽层、保温层的位置、热工气候分区的绝热要求等因素有关，其自上而下的基本构造层次有：隔热层、保护层、隔离层、防水层、找平层、找坡层、保温层、隔汽层和找平层，其下为平屋顶结构层和顶棚层；其中隔热层、隔离层、隔汽层、保温层、找坡层是否设置取决于不同的屋面类型。

（1）隔热层：隔热层是减少太阳辐射热向室内传递的构造层。屋面隔热层设计应根据地域、气候、屋面形式、建筑环境、使用功能等条件，采取种植、架空和蓄水等隔热措施。

（2）保护层：保护层是对防水层或保温层起防护作用的构造层，分为上人屋面和非上人屋面两类做法：上人屋面保护层可采用块体材料、细石混凝土等材料，非上人屋面保护层可采用浅色涂料、铝箔、矿物粒料、水泥砂浆等材料。需经常维护的设施周围和屋面出入口至设施之间的人行道，应铺设块体材料或细石混凝土保护层。

（3）隔离层：隔离层是消除相邻两种材料之间黏结力、机械咬合力、化学反应等不利影响的构造层。块体材料、水泥砂浆、细石混凝土保护层与卷材、涂膜防水层之间，应设置隔离层。适用于块体材料、水泥砂浆保护层的隔离层材料有塑料膜、土工布和卷材，而低强度等级砂浆隔离层适用于细石混凝土保护层。

（4）防水层：防水层是能够隔绝水而不使水向建筑物内部渗透的构造层。根据屋面防水等级的要求设置一道或两道足够厚度的卷材、涂膜或复合防水层。

（5）找平层：卷材和涂膜防水材料要求铺贴在坚固而平整的基层上，因此在卷材和涂膜防水层和隔汽层的下面宜设找平层，根据不同的基层材料可选用水泥砂浆或细石混凝土做找平层。

（6）找坡层：当采用材料找坡时须设置找坡层，宜采用质量轻、吸水率低和有一定强度的材料，坡度宜为 2%。

（7）保温层：保温层是减少屋面热交换作用的构造层，应根据屋面所需传热系数或热阻选择轻质、高效的保温材料。屋面保温有正置式（内置式）保温和倒置式保温两种做法，其保温层的位置不同；前者保温层设置在防水层之下，后者正好相反，保温层在防水层之上。

（8）隔汽层：阻止室内水蒸气渗透到保温层内的构造层。当严寒及寒冷地区屋面结构冷凝界面内侧实际具有的蒸汽渗透阻小于所需值，或其他地区室内湿气有可能透过屋面结构层进入保温层时，应设置隔汽层。隔汽层应选用气密性、水密性好的材料，并设置在结构层上、保温层下。隔汽层应沿周边墙面向上连续铺设，高出保温层上表面不得小于 150 mm。

（9）结构层：平屋顶的结构层通常为预制或现浇的钢筋混凝土屋面板，结构找坡时屋面板斜放形成不应小于 3% 的坡度。

（10）顶棚层：顶棚层是屋面板下表面的饰面装修层，有直接式和悬吊式两种基本形式，可根据室内功能、空间形式和审美的要求来选用。

2）典型做法

根据国家建筑标准设计图集《平屋面建筑构造》12J 201，卷材和涂膜防水屋面有以下典型做法，如图 10-16、图 10-17、图 10-18 所示。

3）细部构造

屋面细部构造应包括檐口、檐沟和天沟、女儿墙和山墙、水落口、变形缝、伸出屋面管道、屋面出入口、反梁过水孔、设施基座、屋脊、屋顶窗等部位。

细部构造设计应做到多道设防、复合用材、连续密封、局部增强，并应满足使用功能、温差变形、施工环境条件和可操作性等要求。

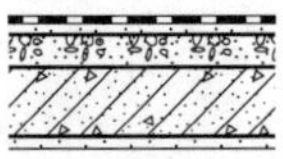

1. 浅色涂料保护层
2. 防水卷材或涂膜层
3. 20厚1:3水泥砂浆找平层
4. 最薄30厚LC5.0轻集料混凝土2%找坡层
5. 钢筋混凝土屋面板

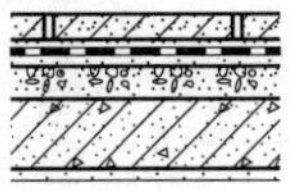

无保温不上人屋面

1. 490×490×40, C25细石混凝土预制板, 双向4φ6
2. 20厚聚合物砂浆铺卧
3. 10厚低强度等级砂浆隔离层
4. 防水卷材或涂膜层
5. 20厚1:3水泥砂浆找平层
6. 最薄30厚LC5.0轻集料混凝土2%找坡层
7. 钢筋混凝土屋面板

无保温上人屋面

图 10 - 17　卷材和涂膜防水无保温屋面构造做法示例

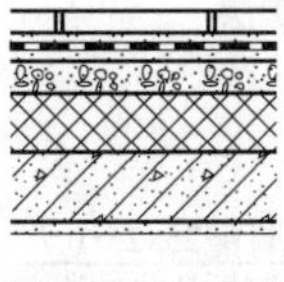

1. 防滑地砖, 防水砂浆勾缝
2. 20厚聚合物砂浆铺卧
3. 10厚低强度等级砂浆隔离层
4. 防水卷材或涂膜层
5. 20厚1:3水泥砂浆找平层
6. 最薄30厚LC5.0轻集料混凝土2%找坡层
7. 保温层
8. 钢筋混凝土屋面板

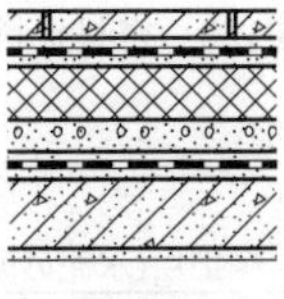

有保温上人屋面

1. 490×490×40, C25细石混凝土预制板, 双向4φ6
2. 20厚聚合物砂浆铺卧
3. 10厚低强度等级砂浆隔离层
4. 防水卷材或涂膜层
5. 20厚1:3水泥砂浆找平层
6. 保温层
7. 最薄30厚LC5.0轻集料混凝土2%找坡层
8. 隔汽层
9. 20厚1:3水泥砂浆找平层
10. 钢筋混凝土屋面板

有保温隔汽上人屋面

图 10 - 18　卷材和涂膜防水正置式保温屋面构造做法示例

1. 50厚直径10~30卵石保护层
2. 干铺无纺聚酯纤维布一层
3. 10厚低强度等级砂浆隔离层
4. 保温层
5. 防水卷材层
6. 20厚1:3水泥砂浆找平层
7. 最薄30厚LC5.0轻集料混凝土2%找坡层
8. 钢筋混凝土屋面板

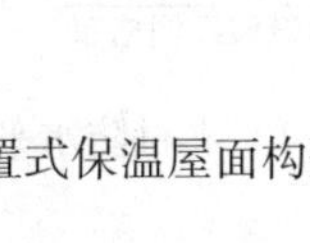

有保温不上人屋面

1. 40厚C20细石混凝土保护层, 配φ6或冷拔φ4的I级钢, 双向@150, 钢筋网片绑扎或点焊 (设分格缝)
2. 10厚低强度等级砂浆隔离层
3. 保温层
4. 防水卷材层
5. 20厚1:3水泥砂浆找平层
6. 最薄30厚LC5.0轻集料混凝土2%找坡层
7. 钢筋混凝土屋面板

有保温上人屋面

图 10 - 19　卷材和涂膜防水倒置式保温屋面构造做法示例

　　檐口、檐沟外侧下端及女儿墙压顶内侧下端等部位均应作滴水处理, 滴水槽宽度和深度不宜小于 10 mm。

　　(1) 檐沟。

　　卷材或涂膜防水屋面檐沟 (图 10 - 20、图 10 - 21) 和天沟的防水构造, 应符合下列规定:

　　① 檐沟和天沟的防水层下应增设附加层, 附加层伸入屋面的宽度不应小于 250 mm;

　　② 檐沟防水层和附加层应由沟底翻上至外侧顶部, 卷材收头应用金属压条钉压, 并应

用密封材料封严，涂膜收头应用防水涂料多遍涂刷；

③ 檐沟外侧下端应做鹰嘴或滴水槽；

④ 檐沟外侧高于屋面结构板时，应设置溢水口。

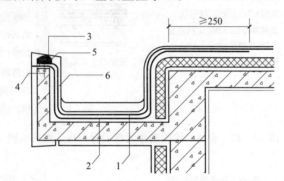

图 10-20 卷材、涂膜防水屋面檐沟

1—防水层；2—附加层；3—密封材料；4—水泥钉；5—金属压条；6—保护层

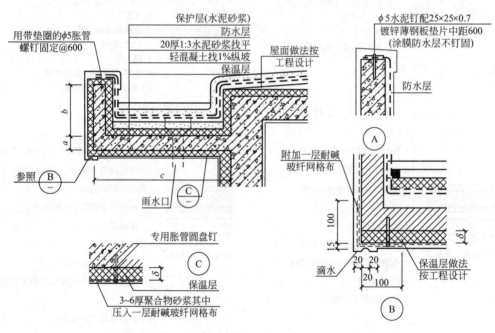

图 10-21 卷材防水平屋面保温挑檐檐口构造示例

（2）泛水。

泛水是指女儿墙、烟囱、管道等突出屋面的竖向构件与屋面相交处的防水构造（图 10-22）。泛水构造要点如下：

① 泛水处的屋面防水层下应增设附加层，附加层在平面和立面的宽度均不应小于 250 mm；

② 泛水转角处找平层应抹成圆弧形或斜面 45°（八字角），以防止其上的防水层因直角弯折而开裂；

③ 泛水处的防水层和附加层收头应做好固定和密封。

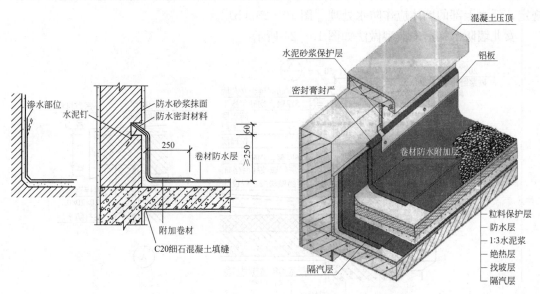

图 10 - 22　卷材防水屋面泛水构造要点示意

（3）女儿墙。

女儿墙的防水构造应符合下列规定：

① 女儿墙压顶可采用混凝土或金属制品。压顶向内排水坡度不应小于 5%，压顶内侧下端应作滴水处理；

② 女儿墙泛水处的防水层下应增设附加层，附加层在平面和立面的宽度均不应小于 250 mm；

③ 低女儿墙泛水处的防水层可直接铺贴或涂刷至压顶下，卷材收头应用金属压条钉压固定，并应用密封材料封严；涂膜收头应用防水涂料多遍涂刷［图 10 - 23（a）］。

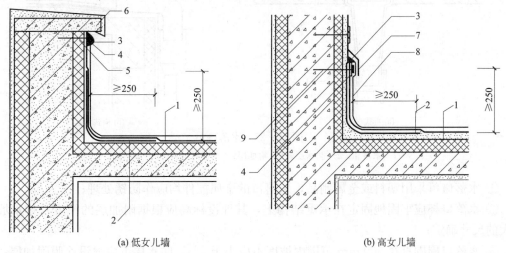

(a) 低女儿墙　　　　　　　　　　　　(b) 高女儿墙

图 10 - 23　女儿墙防水构造

1—防水层；2—附加层；3—密封材料；4—金属压条；5—水泥钉；6—压顶；7—金属盖板；8—保护层；9—水泥钉

④ 高女儿墙泛水处的防水层泛水高度不应小于 250 mm，防水层收头应符合上一条③的规定；泛水上部的墙体应作防水处理［图 10 - 23（b）］。

女儿墙防水构造的典型做法如图 10 - 24 所示。

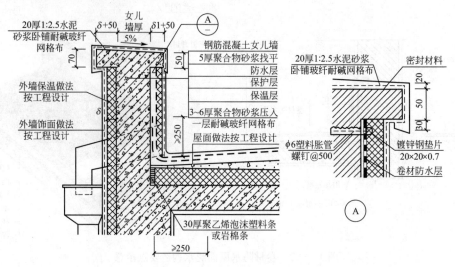

图 10 - 24　不上人卷材防水平屋面钢筋混凝土女儿墙防水构造示例

（4）水落口。

在女儿墙底部预留孔洞安装横式水落口或在檐沟底部安装直式水落口，水落口防水构造应符合下列规定（图 10 - 25）：

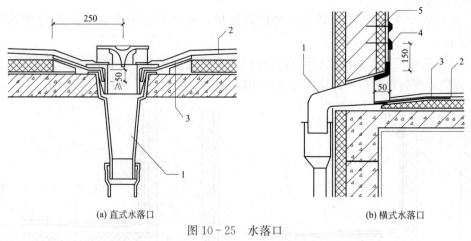

(a) 直式水落口　　　　　　　　(b) 横式水落口

图 10 - 25　水落口

1—水落斗；2—防水层；3—附加层；4—密封材料；5—水泥钉

① 水落口可采用塑料或金属制品，水落口的金属配件均应作防锈处理；

② 水落口杯应牢固地固定在承重结构上，其埋设标高应根据附加层的厚度及排水坡度加大的尺寸确定；

③ 水落口周围直径 500 mm 范围内坡度不应小于 5%，防水层下应增设涂膜附加层；

④ 防水层和附加层伸入水落口杯内不应小于 50 mm，并应黏结牢固。

水落口的典型做法如图 10 - 26、图 10 - 27 所示。

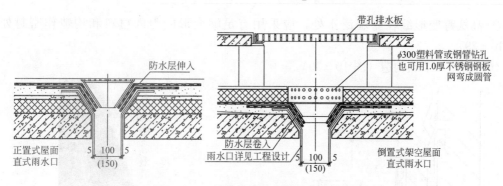

图 10-26　挑檐沟直式水落口构造示例

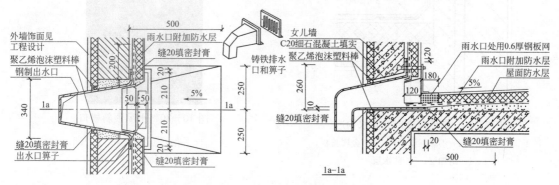

图 10-27　女儿墙横式水落口构造示例

（5）变形缝。

变形缝防水构造应符合下列规定：

① 变形缝泛水处的防水层下应增设附加层，附加层在平面和立面的宽度不应小于 250 mm；防水层应铺贴或涂刷至泛水墙的顶部；

② 变形缝内应预填不燃保温材料，上部应采用防水卷材封盖，并放置衬垫材料，再在其上干铺一层卷材；

③ 等高变形缝顶部宜加扣混凝土或金属盖板（图 10-28）；

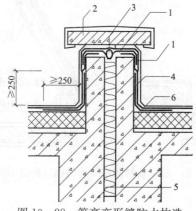

图 10-28　等高变形缝防水构造

1—卷材封盖；2—混凝土盖板；3—衬垫材料；4—附加层；5—不燃保温材料；6—防水层

④ 高低跨变形缝在立墙泛水处，应采用有足够变形能力的材料和构造作密封处理（图 10-29）。

（6）斜檐口节点构造（图 10-30）。

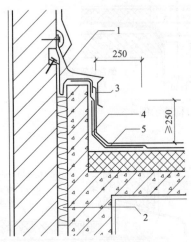

图 10-29 高低跨变形缝防水构造

1—卷材封盖；2—不燃保温材料；3—金属盖板；

4—附加层；5—防水层

图 10-30 平屋顶斜檐口

斜檐口用于盝顶式等平屋顶（图 10-31）。

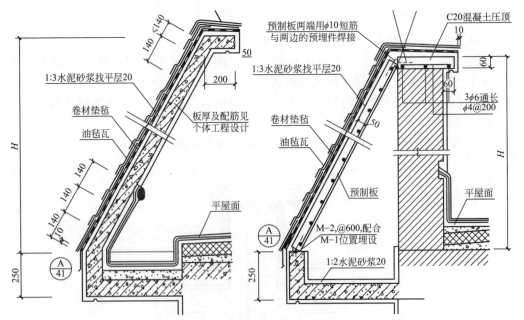

图 10-31 卷材防水屋面斜檐口构造示例

4）防水层施工

（1）卷材防水层施工。

卷材防水层应铺贴在坚实、干净、平整，无孔隙、起砂和裂缝的基层上，铺贴方法有冷粘法（图 10-32）、热粘法、热熔法、自粘法、焊接法、机械固定法等。

图 10-32 屋面卷材防水层施工示例

（2）涂膜防水层施工。

涂膜防水层应铺贴在坚实、干净、平整，无孔隙、起砂和裂缝的基层上，防水涂料应多遍均匀涂布，涂膜总厚度应符合设计要求（图 10-33）。

图 10-33 屋面涂膜防水层施工示例

10.3 坡 屋 顶

10.3.1 概述

1. 坡屋顶的形式

屋面坡度较大，一般大于 3%，利用构造防水的屋顶称为坡屋顶（图 10-34）。坡屋顶的基本形式有单坡、双坡和四坡等，中国传统建筑坡屋顶的形式比较丰富，如硬山、悬山、卷棚、庑殿、歇山、圆攒尖等（图 10-35）。

图 10-34 坡屋顶各种形式

2. 坡屋顶的构造组成

坡屋顶一般由面层，承重结构、绝热层（保温、隔热层）和顶棚组成（图 10-36）。

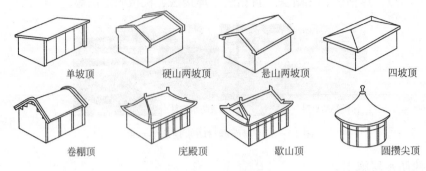

图 10-35　坡屋顶常见形式

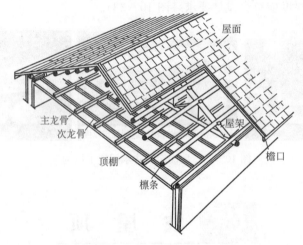

图 10-36　坡屋顶构造组成

3. 坡屋顶承重结构

先来看坡屋顶的承重结构，对于屋顶的设计来说，首要考虑的就是承重结构问题。坡屋顶的承重结构一般分为有檩体系和无檩体系两种形式，有檩体系又分为横墙承檩、屋架承檩和梁架承檩等几种形式（图 10-37）。

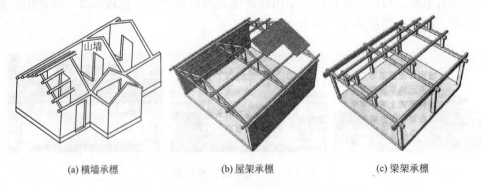

图 10-37　坡屋顶有檩体系承重结构类型示意

（1）横墙（山墙）承檩［图 10 - 37（a）］。横墙根据屋顶坡度大小构筑成山尖形，在其上搁置檩条，也称硬山搁檩，多用于房间开间较小的坡屋顶建筑。檩条上可架设椽子再铺屋面板，或在山形横墙上直接搁置钢筋混凝土板然后铺瓦。

（2）屋架承檩［图 10 - 37（b）］。屋架是由一组杆件在同一平面内互相结合成整体的结构构件，形式有三角形、梯形、多边形、弧形等。屋架可用木、钢木、钢或钢筋混凝土制作。

（3）梁架承檩［图 10 - 37（c）］。我国传统的木结构坡屋顶形式，由逐层减小跨度的柱和梁组成，檩条搁置在柱和梁交接的节点处，承受屋面荷载，并将各梁联系为一个完整的骨架。根据上层短柱是否落地可以将梁架承檩分为抬梁式（图 10 - 38）和穿斗式两种。

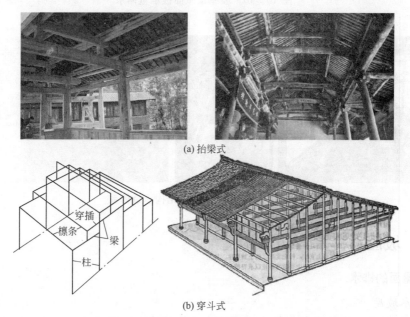

(a) 抬梁式

(b) 穿斗式

图 10 - 38　抬梁式和穿斗式坡屋顶结构示意

坡屋顶无檩体系承重结构主要有椽架承重、屋面板承重和空间结构承重等形式，如图 10 - 39、图 10 - 40、图 10 - 41 所示。

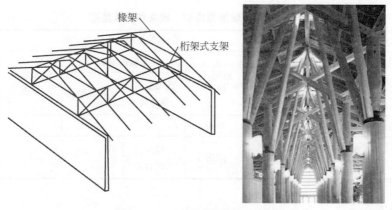

图 10 - 39　坡屋顶椽架承重体系

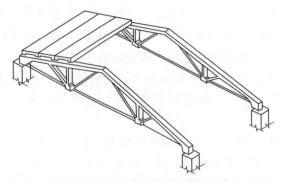

图 10 - 40 　坡屋顶屋面板承重体系

图 10 - 41 　坡屋顶空间结构承重体系

10.3.2 　坡屋面排水与防水构造

1. 坡屋面的排水

1）排水坡度

坡屋顶的排水坡度较大，一般由结构构件的形状或者其支承情况形成，即由结构找坡。

《坡屋面工程技术规范》（GB 50693—2011）规定：根据建筑物高度、风力、环境等因素，确定坡屋面类型、坡度和防水垫层（坡屋面中通常铺设在瓦材或金属板下面的防水材料），并应符合表 10 - 4 的规定。

表 10 - 4 　坡屋面类型、坡度和防水垫层

坡度与垫层	屋面类型						
	沥青瓦屋面	块瓦屋面	波形瓦屋面	金属板屋面		防水卷材屋面	装配式轻型坡屋面
				压型金属板屋面	夹芯板屋面		
适用坡度（%）	≥20	≥30	≥20	≥5	≥5	≥3	≥20
防水垫层	应选	应选	应选	一级应选 二级宜选	—	—	应选

2）排水方式

坡屋顶的排水方式同样分为无组织排水和有组织排水，一般中小型的低层建筑物或檐高

不大于 10 m 的屋面可采用无组织排水，其他情况下都应采取有组织排水。有组织排水分为檐沟外排水和檐沟女儿墙外排水两种形式（图 10 - 42）。

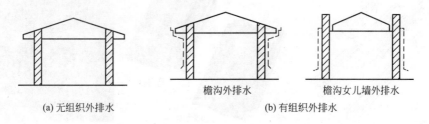

(a) 无组织外排水　　檐沟外排水　　檐沟女儿墙外排水

(b) 有组织外排水

图 10 - 42　坡屋顶排水方式

2. 坡屋面各部位名称

坡屋面由不同角度的坡面组成，坡面相交形成屋脊和天沟，屋脊有正脊和斜脊之分，屋面和周边外墙交接处称为檐口，纵墙檐口有挑檐和包檐等形式，山墙檐口有硬山和悬山等做法（图 10 - 43）。

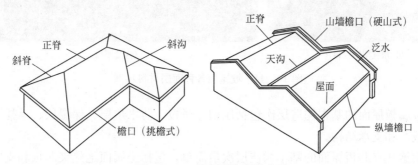

正脊　　斜沟　　斜脊　　檐口（挑檐式）

正脊　　山墙檐口（硬山式）　　泛水　　天沟　　屋面　　纵墙檐口

图 10 - 43　坡屋面各部位名称

3. 坡屋面面层材料

坡屋面面层材料有块瓦、沥青瓦、波形瓦、金属板、防水卷材等类型。块瓦包括烧结瓦、混凝土瓦等，如平瓦、小青瓦和筒瓦等。沥青瓦分为平面沥青瓦（平瓦）和叠合沥青瓦（叠瓦）。波形瓦包括沥青波形瓦、树脂波形瓦等。金属板屋面的板材主要包括压型金属板和金属面绝热夹芯板。

坡屋面面层材料有多种不同的材质、尺寸和形状（图 10 - 44），可根据建筑物高度、风力、环境、屋面防水等级、造型要求等因素选用。

4. 坡屋面的构造组成

坡屋顶屋面构造层次繁多，做法多样，其构造组成因面层材料的不同而不同。

块瓦屋面的基本构造层次包括块瓦、挂瓦条、顺水条、持钉层、防水层或防水垫层、保温层和结构层。持钉层是指瓦屋面中能够握裹固定钉的构造层次，如细石混凝土层和屋面板等。结构层是指钢筋混凝土屋面板或木屋面板，以及支承屋面板的椽子、檩条等。

沥青瓦屋面的基本构造层次包括沥青瓦、持钉层、防水层或防水垫层、保温层、结构层。

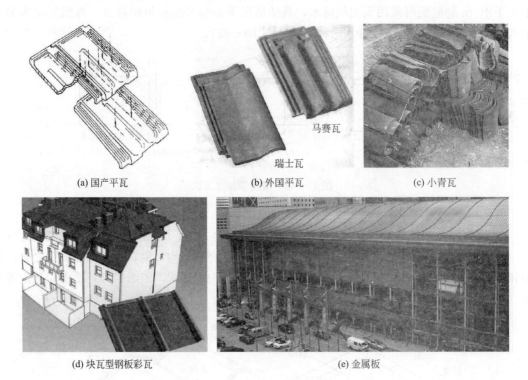

马赛瓦

瑞士瓦

(a) 国产平瓦　　　　　　(b) 外国平瓦　　　　　　(c) 小青瓦

(d) 块瓦型钢板彩瓦　　　　　　　　　(e) 金属板

图 10-44　坡屋面各种面层材料示例

　　压型金属板屋面的基本构造层次包括压型金属板、防水垫层、保温层、承托网（或下层压型金属板）和支承结构。

　　金属面绝热夹芯板屋面的基本构造层次最简单，包括金属面绝热夹芯板和支承结构。

　　组成坡屋面的各构造层次和顺序不是固定不变的，应根据不同的材料和构造方案进行合理选择和组合，从而形成功能各异、形式多样的坡屋顶屋面，下面分析几种常用坡屋面的典型做法。

　　1）块瓦屋面

　　块瓦屋面可分为木基层和钢筋混凝土基层两种类型，木基层的有冷摊瓦屋面和木望板瓦屋面两种做法，钢筋混凝土基层的有钢筋混凝土常规挂瓦屋面和预制钢筋混凝土挂瓦板屋面等做法。

　　（1）木基层块瓦屋面。

　　① 冷摊瓦屋面。

　　这种屋面是在椽子上直接钉挂瓦条挂瓦，瓦缝易渗水，隔热、保温效果差，用于不要求保温的房屋、简易房屋。构造层次自上而下依次为块瓦—挂瓦条—椽子 [图 10-45（a）]，或者块瓦—椽子—檩条 [图 10-45（b）]。

　　② 木望板瓦屋面。

　　这种屋面设有木质望板，木望板上还应根据屋面防水等级的要求设置卷材或涂料的防水垫层，防水效果好，保温隔热效果也较好。构造层次自上而下依次为块瓦—挂瓦条（平行屋脊）—顺水条（垂直屋脊）—防水垫层（平行屋脊）—木望板—椽子—檩条，如图 10-46、图 10-47 所示。

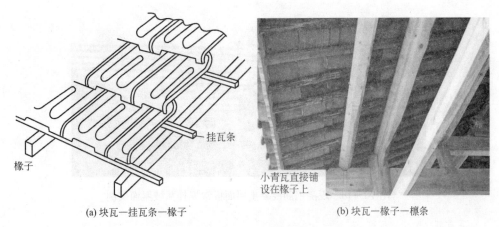

挂瓦条

椽子

小青瓦直接铺
设在椽子上

(a) 块瓦—挂瓦条—椽子　　　　　(b) 块瓦—椽子—檩条

图 10 - 45　冷摊瓦屋面构造示例

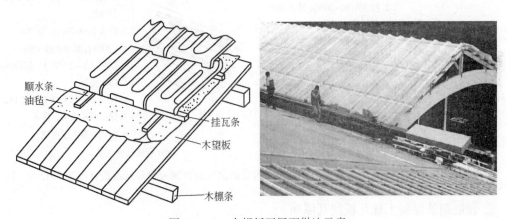

顺水条
油毡

挂瓦条

木望板

木檩条

图 10 - 46　木望板瓦屋面做法示意

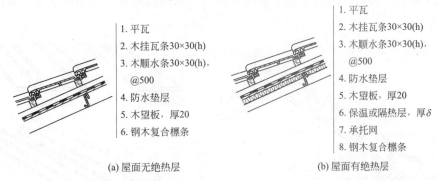

1. 平瓦
2. 木挂瓦条30×30(h)
3. 木顺水条30×30(h)，
　@500
4. 防水垫层
5. 木望板，厚20
6. 钢木复合檩条

1. 平瓦
2. 木挂瓦条30×30(h)
3. 木顺水条30×30(h)，
　@500
4. 防水垫层
5. 木望板，厚20
6. 保温或隔热层，厚δ
7. 承托网
8. 钢木复合檩条

(a) 屋面无绝热层　　　　　(b) 屋面有绝热层

图 10 - 47　木望板瓦屋面构造示例（摘自国家建筑标准设计图集 09J202—1）

（2）钢筋混凝土基层块瓦屋面。

① 钢筋混凝土常规挂瓦屋面。

这种屋面用现浇或预制钢筋混凝土板替代了木望板基层，其上的构造层次和做法与木望板瓦屋面基本相同，如图 10 - 48、图 10 - 49 所示。

图 10-48　现浇钢筋混凝土屋面板常规挂瓦坡屋面实例

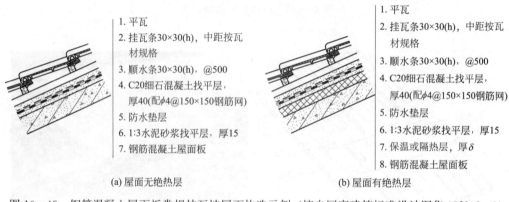

1. 平瓦
2. 挂瓦条30×30(h)，中距按瓦材规格
3. 顺水条30×30(h)，@500
4. C20细石混凝土找平层，厚40(配φ4@150×150钢筋网)
5. 防水垫层
6. 1:3水泥砂浆找平层，厚15
7. 钢筋混凝土屋面板

(a) 屋面无绝热层

1. 平瓦
2. 挂瓦条30×30(h)，中距按瓦材规格
3. 顺水条30×30(h)，@500
4. C20细石混凝土找平层，厚40(配φ4@150×150钢筋网)
5. 防水垫层
6. 1:3水泥砂浆找平层，厚15
7. 保温或隔热层，厚δ
8. 钢筋混凝土屋面板

(b) 屋面有绝热层

图 10-49　钢筋混凝土屋面板常规挂瓦坡屋面构造示例（摘自国家建筑标准设计图集 09J202—1）

② 预制钢筋混凝土挂瓦板块瓦屋面。

这种屋面是利用集屋面板、挂瓦条功能于一身的 T 形和 F 形挂瓦板直接挂块瓦，构造简单，施工方便。构造层次自上而下依次为块瓦—预制挂瓦板—横墙或屋架，如图 10-50 所示。

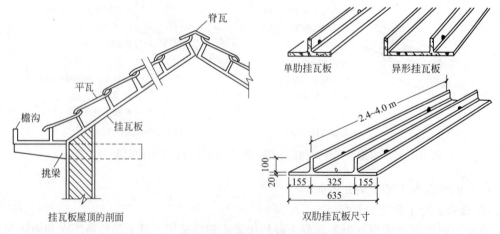

脊瓦

平瓦

檐沟

挂瓦板

挑梁

挂瓦板屋顶的剖面

单肋挂瓦板　　异形挂瓦板

2.4-4.0 m

双肋挂瓦板尺寸

图 10-50　预制钢筋混凝土挂瓦板屋面构造示例

2）沥青瓦屋面

沥青瓦的固定方式以钉为主，黏结为辅。固定沥青瓦的持钉层可以是钢筋混凝土基层、细石混凝土持钉层，也可以是木望板；其中细石混凝土持钉层可兼作找平层或防水垫层的保护层。

当不设绝热层或者为内保温隔热做法时，沥青瓦屋面的基本构造层自上而下依次宜为沥青瓦—防水垫层—屋面板 ［图 10-51（a）、（b）］。

当屋面为外保温隔热做法时，基本构造层次自上而下依次宜为沥青瓦—持钉层—防水垫层—找平层—保温隔热层—屋面板 ［图 10-51（c）左］，或者沥青瓦—持钉层—保温隔热层—防水垫层—找平层—屋面板 ［图 10-51（c）右］。

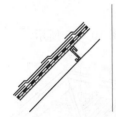

1. 沥青瓦
2. 防水垫层
3. 木望板，厚20
4. 钢木复合檩条

(a) 木基层，无绝热层

1. 沥青瓦
2. 防水垫层
3. 木望板，厚20
4. 保温或隔热层，厚δ
5. 承托网
6. 钢木复合檩条

(b) 木基层，有绝热层

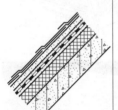

1. 沥青瓦
2. C20细石混凝土找平层，
   厚40(配φ4@150×150钢筋网)
3. 防水垫层
4. 1:3水泥砂浆找平层，厚20
5. 保温或隔热层，厚δ
6. 钢筋混凝土屋面板

1. 沥青瓦
2. C20细石混凝土找平层，
   厚40(配φ4@150×150钢筋网)
3. 保温或隔热层，厚δ
4. 防水垫层
5. 1:3水泥砂浆找平层，厚20
6. 钢筋混凝土屋面板

(c) 钢筋混凝土基层，屋面有绝热层(外保温)

图 10-51　沥青瓦屋面构造示例（摘自国家建筑标准设计图集 09J202—1）

3）金属板屋面

（1）面层材料。

金属板屋面的板材主要包括压型金属板和金属面绝热夹芯板，可按建筑设计要求选用镀层钢板、涂层钢板、铝合金板、不锈钢板和钛锌板等金属板材。

（2）对应防水等级的防水做法。

金属板屋面防水等级和防水做法应符合表 10-5 的规定。

表 10-5　金属板屋面防水等级和防水做法

防水等级	防水做法
I	压型金属板＋防水垫层
II	压型金属板、金属面绝热夹芯板

注：1. 当防水等级为 I 级时，压型铝合金板基板厚度不应小于 0.9 mm；压型钢板基板厚度不应小于 0.6 mm；

2. 当防水等级为 I 级时，压型金属板应采用 360°咬口锁边连接方式；

3. 在 I 级屋面防水做法中，仅作压型金属板时，应符合《金属压型板应用技术规范》等相关技术的规定。

（3）基本构造层次。

金属板屋面的基本构造层次如表 10-6 所示。

表 10-6　金属板屋面基本构造层次

屋面类型	基本构造层次
单层金属板屋面	压型金属板、防水垫层、保温层、承托网、（支承结构）
双层金属板屋面	上层压型金属板、防水垫层、保温层、底层压型金属板、（支承结构）
夹芯金属板屋面	金属面绝热夹芯板、支承结构

（4）典型构造做法。

金属板屋面典型构造做法如图 10-52、图 10-53、图 10-54 和图 10-55 所示。

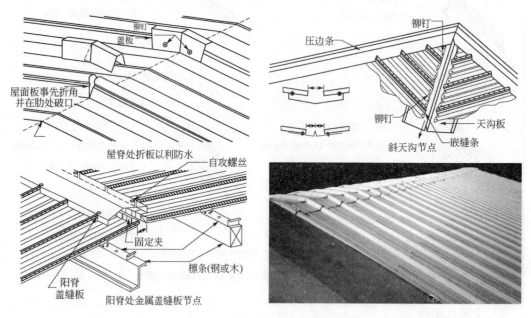

图 10-52　压型金属板屋面单层构造细部做法示意

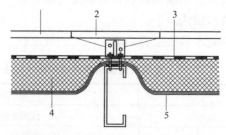

图 10-53　压型金属板屋面单层构造

1—金属屋面板；2—固定支架；3—透气防水垫层；4—保温隔热层；5—承托网

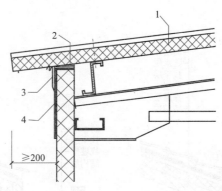

图 10-54　金属板屋面檐口构造
1—金属板；2—通长密封条；3—金属压条；4—金属封檐板

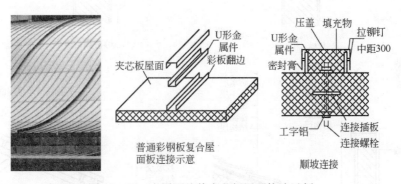

图 10-55　金属面绝热夹芯板屋面构造示例

10.3.3　坡屋顶细部构造

坡屋顶的构造比平屋顶相对复杂，典型细部构造包括：纵墙檐口、山墙檐口及顶棚。

1. 纵墙檐口

建筑物外墙的顶部与屋顶的交接处称为檐口，坡屋顶的纵墙檐口一般有挑檐和包檐（女儿墙式）两种形式。

（1）挑檐。是将坡屋面檐口挑出纵墙之外，做成露头或封檐头形式。从出挑材料来看，坡屋顶纵墙挑檐又可分为砖砌挑檐、钢筋混凝土板挑檐（图 10-56）、木望板挑檐等（图 10-57）。

（2）包檐（女儿墙式）。是将檐口与檐墙齐平或用女儿墙将檐口封住［图 10-56 (c)］。

2. 山墙檐口

建筑物端部的外横墙称为山墙，坡屋顶山墙檐口也分为挑檐式和包檐式。两坡屋顶的山墙挑檐式称为悬山，而包檐式称为硬山。硬山式两坡屋顶的山墙与屋面齐平或高出屋面（图 10-58、图 10-59），悬山式两坡屋顶的屋面用檩条、挑梁、椽子、屋面板或屋架等构件挑出山墙以外（图 10-60）。

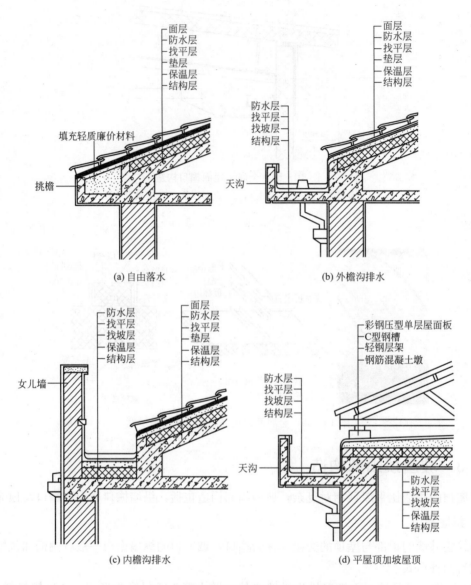

(a) 自由落水

(b) 外檐沟排水

(c) 内檐沟排水

(d) 平屋顶加坡屋顶

图 10 - 56　钢筋混凝土基层坡屋面纵墙檐口构造

3. 顶棚

坡屋顶利用承重结构找坡，为了获得平整的房间顶面，同时遮挡屋顶各构件，坡屋顶下常设置吊顶，使室内美观（图 10 - 61），设置吊顶还有利于屋顶的保温隔热，吊顶构造原理和做法基本与楼板层相同（图 10 - 62）。

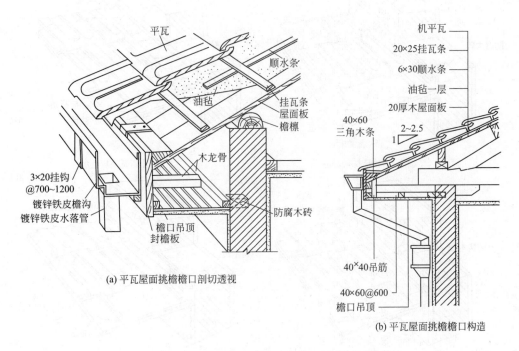

图 10-57　木基层平瓦屋面挑檐沟外排水纵墙檐口构造

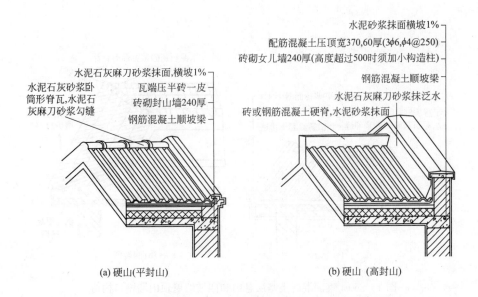

图 10-58　钢筋混凝土基层硬山坡屋顶山墙檐口构造

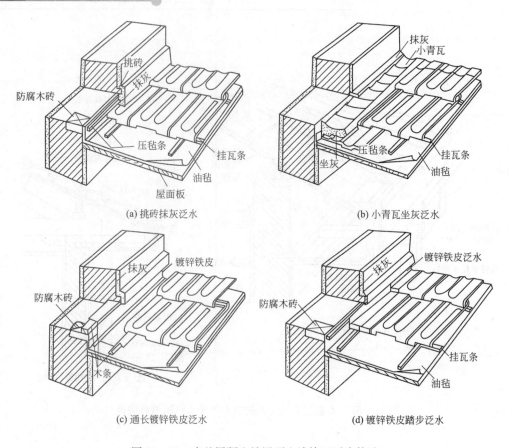

(a) 挑砖抹灰泛水

(b) 小青瓦坐灰泛水

(c) 通长镀锌铁皮泛水

(d) 镀锌铁皮踏步泛水

图 10-59　木基层硬山坡屋顶山墙檐口泛水构造

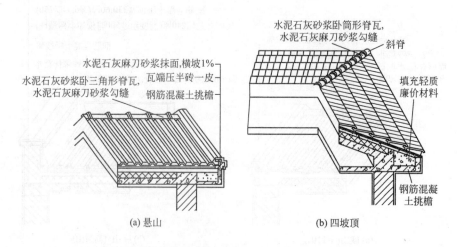

(a) 悬山

(b) 四坡顶

图 10-60　钢筋混凝土基层悬山和四坡坡屋顶山墙檐口构造

　　坡屋顶不设吊顶时屋顶各层构件暴露在室内空间，直接在其表面做饰面装修处理（图 10-63）。

图 10 - 61　故宫彩画天花吊顶

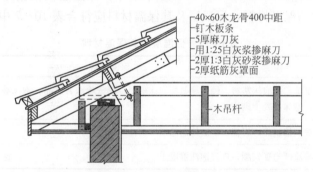

图 10 - 62　坡屋顶吊顶构造

图 10 - 63　坡屋顶直接式顶棚

10.4　屋顶的保温与隔热

建筑物围护结构的能量损失主要来自三部分：外墙、门窗和屋顶。这三部分的节能技术是各国建筑界都非常关注的，其主要发展方向：开发高效、经济的保温隔热材料和切实可行的构造技术，以提高围护结构的保温、隔热性能和密闭性能。

建筑保温是指围护结构在冬季阻止室内向室外传热，从而保持室内适当温度的能力；

建筑隔热是指围护结构在夏天隔离太阳辐射和室外高温的影响，从而使室内保持适当温度的能力。保温和隔热的基本目标是在保证室内基本的热环境质量的前提下提高建筑节能效果。

屋顶的保温、隔热是围护结构节能的重点之一，在严寒和寒冷地区屋顶设保温层，以阻止室内热量散失；在炎热地区屋顶设置隔热降温层以阻止太阳的辐射热传至室内；而在夏热冬冷地区如黄河至长江流域地区，屋顶节能构造则要冬、夏兼顾。

10.4.1　屋顶的保温构造

屋顶保温常用的技术措施是增设保温层，保温层由各种导热系数小的轻质材料构成。

1. 常用屋面保温材料

《屋面工程技术规范》（GB 50345—2012）中规定：保温层应根据屋面所需传热系数或热阻选择轻质、高效的保温材料，保温层及其保温材料应符合表10-7中的规定。

表 10-7　保温层及其保温材料

保温层	保温材料
板块材料保温层	聚苯乙烯泡沫塑料，硬质聚氨酯泡沫塑料，膨胀珍珠岩制品，泡沫玻璃制品，加气混凝土砌块，泡沫混凝土砌块
纤维材料保温层	玻璃棉制品，岩棉、矿渣棉制品
整体材料保温层	喷涂硬泡聚氨酯，现浇泡沫混凝土

常用屋面保温材料如图10-64所示。

图 10-64　常用屋面保温材料

2. 屋面保温构造类型

屋面保温构造可分为外保温和内保温两种做法，外保温是指保温层设置于屋顶承重结构（屋面板）之上的做法，反之为内保温。

根据保温层与防水层的上下位置关系不同，外保温可分为正置式和倒置式。

1）正置式外保温屋面

保温层设在屋面防水层之下，结构层之上，保温层下可根据需要设置隔汽层，如图 10-65、图 10-66、图 10-67 所示。

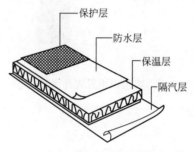

图 10-65　平屋顶正置式外保温基本构造层次示意

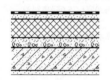

有保温不上人屋面

1. 浅色涂料保护层
2. 防水卷材或涂膜层
3. 20厚1:3水泥砂浆找平层
4. 保温层
5. 最薄30厚LC5.0轻集料混凝土2%找坡层
6. 钢筋混凝土屋面板

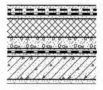

有保温隔汽上人屋面

1. 40厚C20细石混凝土保护层，配φ6或冷拔φ4的Ⅰ级钢，双向@150（设分格缝）
2. 10厚低强度等级砂浆隔离层
3. 防水卷材或涂膜层
4. 20厚1:3水泥砂浆找平层
5. 保温层
6. 最薄30厚LC5.0轻集料混凝土2%找坡层
7. 隔汽层
8. 20厚1:3水泥砂浆找平层
9. 钢筋混凝土屋面板

图 10-66　平屋顶正置式外保温典型构造做法示例

2）倒置式外保温屋面

倒置式屋面的保温层设置在屋面防水层之上，其坡度宜为 3%；保温层应采用吸水率低，且长期浸水不变质的保温材料。保温层与防水层倒置解决了传统正置式外保温屋面中存在的以下两个问题。

（1）保温层对防水层起到保护作用，减小了防水层表面温度常年波动幅度，可延长防水层使用寿命。

（2）防水层下置减少了日常管理损坏。

倒置式屋面的构造层次自下而上为：结构层—找坡层—找平层—防水层—保温隔热层—隔离层（块体材料、水泥砂浆、细石混凝土保护层与卷材、涂膜防水层之间，应设置隔离层）—保护层。典型做法如图 10-68、图 10-69 所示。

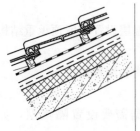

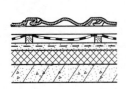

1. 平瓦
2. 挂瓦条30×30(h)，中距按瓦材规格
3. 透汽防水垫层
4. 顺水条30×30(h)，@500
5. C20细石混凝土找平层，厚40（配φ4@150×150钢筋网）
6. 保温或隔热层，厚δ
7. 钢筋混凝土层面板

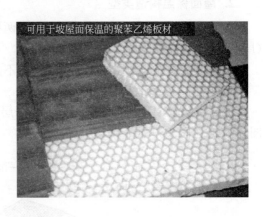

图 10-67　坡屋顶正置式外保温构造示例

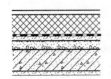

1. 涂料粒料保护层
2. 20厚1:3水泥砂浆找平层
3. 保温层
4. 防水卷材层
5. 20厚1:3水泥砂浆找平层
6. 最薄30厚LC5.0轻集料混凝土2%找坡层
7. 钢筋混凝土屋面板

1. 40厚C20细石混凝土保护层，配φ6或冷拔φ4的Ⅰ级钢，双向@150，钢筋网片绑扎或点焊（设分格缝）
2. 10厚低强度等级砂浆隔离层
3. 保温层
4. 防水卷材层
5. 20厚1:3水泥砂浆找平层
6. 最薄30厚LC5.0轻集料混凝土2%找坡层
7. 钢筋混凝土屋面板

图 10-68　倒置式屋面典型构造示例

35厚500×500预制钢筋混凝土大阶砖
25厚粗砂保护层
塑料薄膜隔离层
40厚挤压型聚苯乙烯板
高分子卷材一层
20厚1:3水泥砂浆找平
1:8水泥膨胀珍珠岩找坡，最薄处20厚
现浇钢筋混凝土屋面结构层

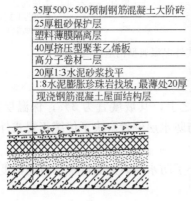

图 10-69　倒置式屋面工程做法示例

3）内保温屋面

保温层设置在屋顶承重结构层之下，可粘贴在屋顶板下表面或布置在吊顶中（图10-70）。内保温屋面应采取通风等措施防止保温层结露降低绝热效果（图10-71）。

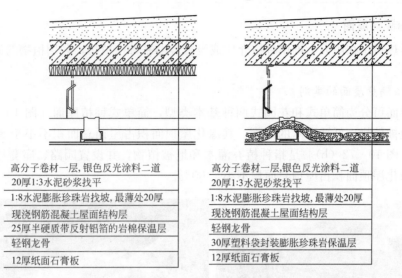

高分子卷材一层,银色反光涂料二道	高分子卷材一层,银色反光涂料二道
20厚1:3水泥砂浆找平	20厚1:3水泥砂浆找平
1:8水泥膨胀珍珠岩找坡,最薄处20厚	1:8水泥膨胀珍珠岩找坡,最薄处20厚
现浇钢筋混凝土屋面结构层	现浇钢筋混凝土屋面结构层
25厚半硬质带反射铝箔的岩棉保温层	轻钢龙骨
轻钢龙骨	30厚塑料袋封装膨胀珍珠岩保温层
12厚纸面石膏板	12厚纸面石膏板

图 10-70　平屋顶内保温构造

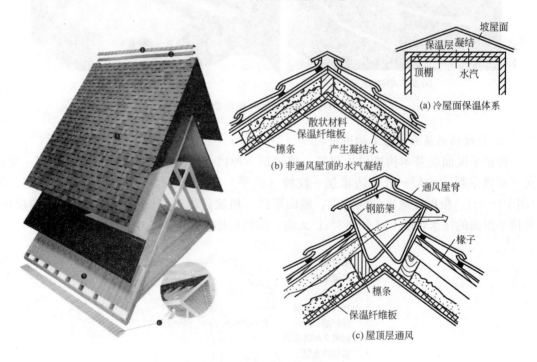

图 10-71　坡屋顶内保温通风构造

10.4.2　屋顶的隔热构造

屋顶隔热一般是通过在屋面上设置减少太阳辐射热向室内传递的隔热层来实现,屋面隔热层的常用类型有种植隔热层、架空隔热层和蓄水隔热层等几种。这些常用做法能不同程度地满足屋顶隔热和节能的要求,此外,还可利用智能技术、生态技术来实现屋顶隔热和建筑节能目标,如太阳能屋顶、可控制的通风屋顶等。

1. 种植隔热屋面

种植隔热是指在屋面上堆填种植介质或设置容器来种植植物，利用植物的遮阴以及光合作用来隔热。

1）种植隔热屋面的类别

种植屋面可分为简单式和花园式两种基本类型，简单式种植屋面［图 10 - 72（a）］是指仅种植地被植物、低矮灌木的屋面，其绿化屋顶面积占屋顶总面积不小于 80%。花园式种植屋面［图 10 - 72（b）］是指种植乔灌木和地被植物，并设置园路、座凳等休憩设施的屋面，其绿化屋顶面积占屋顶总面积不小于 60%。

(a) 简单式种植屋面　　　　　　　　(b) 花园式种植屋面

图 10 - 72　种植隔热屋面类型示意

2）种植隔热屋面的基本构造层次

种植平屋面的基本构造层次包括：植被层—种植土层—过滤层—排（蓄）水层—保护层—耐根穿刺防水层—普通防水层—找坡（找平）层—绝热层—基层（屋顶结构层）等（图 10 - 73）。根据各地区气候特点、屋面形式、植物种类等情况，可增减屋面构造层次。种植平屋面的排水坡度不宜小于 2%；天沟、檐沟的排水坡度不宜小于 1%。

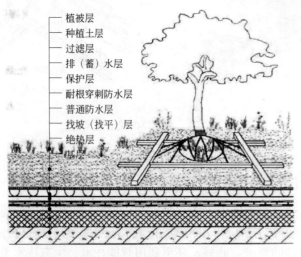

植被层
种植土层
过滤层
排（蓄）水层
保护层
耐根穿刺防水层
普通防水层
找坡（找平）层
绝热层
基层

图 10 - 73　种植平屋面基本构造层次

种植坡屋面除了不用设置找坡层外，其他的基本构造层次和平屋面相同。

3）种植隔热屋面的典型构造

种植隔热平屋面的典型构造做法和女儿墙外排水落口节点做法如图10-74所示。

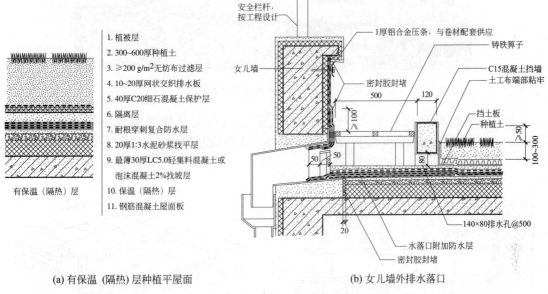

1. 植被层
2. 300~600厚种植土
3. ≥200 g/m² 无纺布过滤层
4. 10~20厚网状交织排水板
5. 40厚C20细石混凝土保护层
6. 隔离层
7. 耐根穿刺复合防水层
8. 20厚1:3水泥砂浆找平层
9. 最薄30厚LC5.0轻集料混凝土或泡沫混凝土2%找坡层
10. 保温（隔热）层
11. 钢筋混凝土屋面板

(a) 有保温（隔热）层种植平屋面   (b) 女儿墙外排水落口

图 10-74 种植隔热平屋面典型构造示例

2. 架空隔热屋面

架空隔热是指在屋面上设置架空通风层，利用风压和热压作用把通风层中的热空气不断带走，以减少传到室内的热量，从而达到隔热降温的目的（图10-75）。

架空隔热屋面一般是在屋面防水层上采用薄型制品架设一定高度，架空层表面可起遮挡阳光辐射的作用，架空层还可通风隔热（图10-76）。架空隔热层宜在屋顶有良好通风的建筑物上采用，不宜在寒冷地区采用。当采用混凝土板架空隔热层时，屋面坡度不宜大于5%（图10-77）。

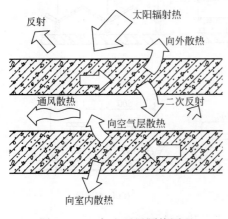

图 10-75 架空通风隔热原理

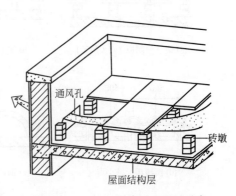

图 10-76 架空隔热屋面通风示意

图 10-77　架空通风隔热屋面实例

架空隔热层的高度宜为 180～300 mm，架空板与女儿墙的距离不应小于 250 mm [图 10-78（a）]。当屋面宽度大于 10 m 时，架空隔热层中部应设置通风屋脊 [图 10-78（b）]。

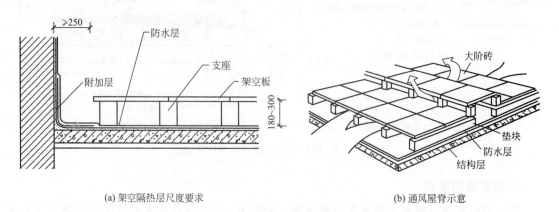

（a）架空隔热层尺度要求　　　　　　　　　　（b）通风屋脊示意

图 10-78　架空隔热屋面构造示意

架空隔热层的进风口，宜设置在当地炎热季节最大频率风向的正压区，出风口宜设置在负压区。架空隔热制品形式多样，构造上可采用砖墩点式或其他预制构件条形架空支承（图 10-79）。

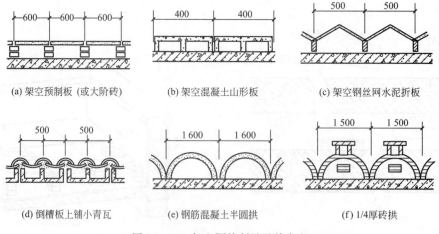

（a）架空预制板（或大阶砖）　　（b）架空混凝土山形板　　（c）架空钢丝网水泥折板

（d）倒槽板上铺小青瓦　　　　（e）钢筋混凝土半圆拱　　　（f）1/4厚砖拱

图 10-79　架空隔热制品及其支座

3. 蓄水隔热屋面

蓄水隔热是指在屋面防水层上设水池蓄积一定深度的水，利用水的反射和蒸发作用实现隔热降温的目的。蓄水隔热层不宜在寒冷地区、地震设防地区和振动较大的建筑物上采用，蓄水隔热层的排水坡度不宜大于 0.5%。

蓄水隔热层的蓄水池应采用强度等级不低于 C25、抗渗等级不低于 P6 的现浇混凝土，蓄水池内宜采用 20 mm 厚防水砂浆抹面。

蓄水屋面应根据建筑物平面布局划分为若干蓄水区，每区的边长不宜大于 10 m，在变形缝的两侧应分成两个互不连通的蓄水区。长度超过 40 m 的蓄水屋面应做分仓设计，分仓隔墙可采用现浇混凝土或砌体，过水孔应设在分仓墙的底部。

蓄水屋面的蓄水池应设溢水口、排水管和给水管，排水管应与水落管或其他排水出口连通；蓄水池还应设置人行通道（走道板）。

蓄水池的蓄水深度宜为 150~200 mm，溢水口距分仓墙顶面的高度不得小于 100 mm（图 10 - 80、图 10 - 81）。

蓄水隔热屋面的典型构造层次和细部构造如图 10 - 80 和图 10 - 81 所示。

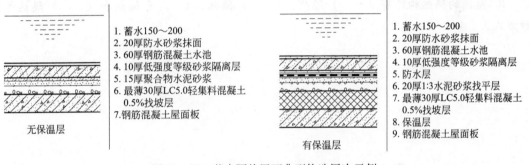

图 10 - 80　蓄水隔热屋面典型构造层次示例

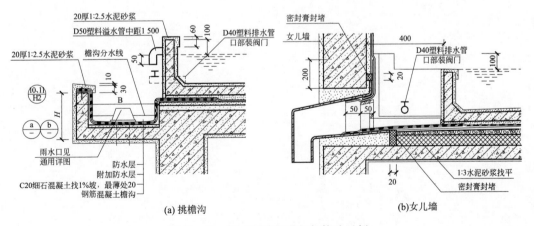

图 10 - 81　蓄水隔热屋面细部构造示例

思 考 题

1. 屋顶设计有哪些主要内容？

2. 名词解释：结构找坡，材料找坡，泛水，倒置式屋面。

3. 屋面的排水方式有哪些？

4. 屋顶的基本构造层次包括屋面、（　　）和（　　）；其中屋面为了满足排水、防水及热工要求，需要设置多重构造层次；如平屋顶的屋面根据不同设计要求可能设置有（　　）层、（　　）层、（　　）层、（　　）层、（　　）层、（　　）层、（　　）层等。

5. 绘剖面详图说明卷材防水平屋面的泛水构造。

6. 坡屋顶的承重结构一般分为有檩体系和无檩体系两种形式，有檩体系又分为（　　）承檩、（　　）承檩和（　　）承檩等几种形式；无檩体系主要有（　　）承重、（　　）承重和（　　）承重等形式。

7. 坡屋面面层材料有（　　）瓦、（　　）瓦、（　　）瓦、（　　）、（　　）等类型。

8. 屋顶的隔热构造有（　　）隔热、（　　）隔热、（　　）隔热和（　　）隔热等几种方式。

第11章

墙　体

【本章内容概要】

本章介绍墙的类型、特点和设计要求，承重墙构造，隔墙和隔断构造，幕墙构造，以及墙体的饰面装修。

【本章学习重点与难点】

学习重点：砌体承重墙的材料与构造、隔墙的基本类型和典型构造、墙体饰面装修。

学习难点：外墙的构造综合设计和细部构造。

11.1　概　述

11.1.1　墙体的分类

我们都知道，在一望无垠、天寒地冻的北极地区生活的因纽特人，为了生存，很早就掌握了建造临时雪屋的方法。只有这样，在极地异常寒冷的气候中，他们才能生存和发展。因纽特人建造的雪屋，可以算是构造最为简单的房屋了。因纽特人就地取材制作了所需要的"砖"，利用这些特殊的"砖"，叠砌成所需要的"墙"，由这些墙组成了图 11-1 所示的临时住所。

图 11-1　因纽特人的雪屋

在因纽特人所建的雪屋中，由雪块叠砌成的"墙"是整个建筑的关键和核心。那么，我们就一起来看看，建造类似因纽特人的雪屋，对这些墙有什么要求？

首先，这些墙要有一定的强度，否则就不能承重。此外要有稳定性，能够抵抗狂风，否则随时都有垮塌的可能性。

其次，必须保温，如果不能保温，在这样的雪屋住一晚，多数人可能就会变成冰冻木乃伊了。

最后，建设这些墙要经济，就地取材。

在墙承重结构建筑物中，墙体重量一般占建筑物总重量的 40%～45%，墙体的造价占建筑物总造价的 30%～40%。其他类型的建筑物中，虽然墙体主要作为围护和分隔空间的构件，但其所占的总造价依然很大。这一节着重学习房屋建筑中的墙的知识。墙的主要分类如图 11－2 所示。

城墙　　　　　　　　　围墙　　　　　　　　　挡土墙

图 11－2　墙的各种形式

1. 墙体按材料分类

墙体按组成的材料不同可以分为土墙、石墙、砖墙、砌块墙、钢筋混凝土墙等（图 11-3），其他材料的墙还有压型钢板墙和玻璃墙等。随着玻璃材料的发展而出现的玻璃幕墙（图 11-4）应用在许多建筑物上，你在很多城市都可以看到。

图 11-3　土墙、石墙、砖墙、混凝土墙体

图 11-4　玻璃幕墙

随着新的建筑材料的出现，将会有更多类型的墙出现，如膜材墙等。前面了解了墙在建筑物中承担的角色和所起作用，现在需要了解墙的构成。

2. 墙体按构造方式分类

从墙体的构造方式来看，墙一般可以分为实体墙、空体墙和复合墙3种类型，如图11-5所示。

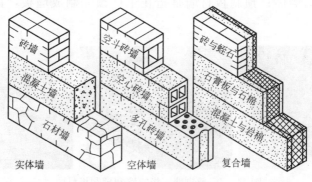

图11-5 墙体构造方式

（1）实体墙是由单一材料组成的实心墙（不留空隙的墙体）。它的承重效果比较好。

（2）空体墙是由单一材料组成的内部具有空腔的墙体。这种空腔可以是由单一实心材料砌筑成的空腔，如空斗砖墙，也可以由有孔洞的材料构成，如空心砌块墙、空心板材等。

（3）复合墙是由两种或两种以上材料组合而成的复合墙体。

3. 墙体按位置和方向分类

如果按照位置来分类，墙又可以分为外墙、内墙、横墙和纵墙，纵墙是平行于建筑物长轴方向的墙体；而横墙则是平行于建筑物短轴方向的墙体。除此以外，还经常会碰到"山墙"和"女儿墙"这两个词（图11-6），"山墙"一般指横向外墙，女儿墙则是指平屋顶四周高出屋面部分的短墙。

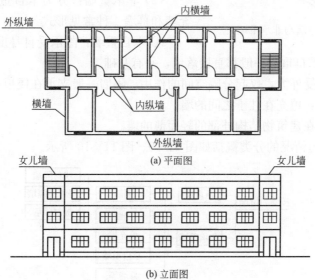

(a) 平面图

(b) 立面图

图11-6 各种墙体名称

4. 墙体按施工方式分类

如果按照施工方式分类，又可以分为叠砌墙、板筑墙和预制板材墙，如图11-7所示。叠砌墙是用砂浆等胶结材料将砖、石、砌块等块材组砌而成；板筑墙是在施工现场支模板现浇而成的墙体；预制板材墙是指在工厂预先制成墙板，在施工现场装配而成的墙体。

图11-7　叠砌墙、板筑墙和预制板材墙

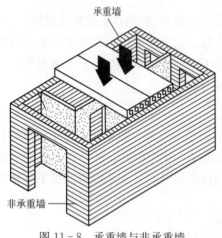

图11-8　承重墙与非承重墙

5. 墙体按承载分类

对于墙的设计而言，首要考虑是它的结构要求，即涉及墙体的承重问题。按照受力情况来分，墙可以分为承重墙和非承重墙两大类（图11-8）。

（1）承重墙：直接承受上部屋顶、楼板所传来的荷载，它同时还承受风力、地震作用等荷载。常用的承重墙材料有混凝土中小砌块，粉煤灰中型砌块、灰砂砖、煤粉灰砖、现浇钢筋混凝土及烧结多孔砖等。

（2）非承重墙：分为承自重墙、隔墙、框架填充墙和幕墙4种常见形式。

① 承自重墙：除承受自身重量，还同时承受风力、地震等荷载。承自重墙一般都直接落地，并有基础。

② 隔墙：不承受外力，仅起分隔空间的作用。隔墙一般支承在楼板或梁上。

③ 框架填充墙：填充在柱子之间的墙。

④ 幕墙：悬挂在建筑物结构外部的轻而薄的墙。

以上墙体按受力情况的分类概括如图11-9、图11-10所示。

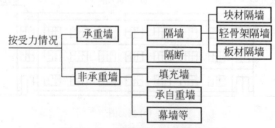

图11-9　墙体按受力情况分类

名称		定义	简图
承重墙		承受上部荷载的墙	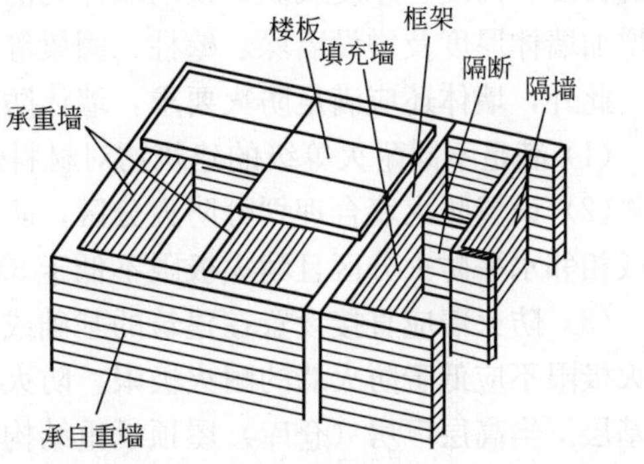
非承重墙	隔墙	不承重到顶的内墙	
	隔断	不承重不到顶的内墙	
	填充墙	框架内的不承重墙	
	承自重墙	不承重但需承受较大自重的墙	

图 11-10 墙体按受力情况分类

11.1.2 墙体的功能和设计要求

墙在建筑实体系统中的根本作用是作为界面来形成和划分出适宜人类居住和活动的人工空间和环境。雪屋的形式虽然非常简单，但是为因纽特人提供了一个基本的生存空间。其中用雪块或冰块做成墙体，构成了雪屋的主体。这些墙起到了承载、围护和分隔空间的基本作用。

现实生活中的建筑物都比因纽特人的雪屋复杂，但是墙承担的角色没有改变。从前面的学习内容中知道，建筑物的竖向承重构件有墙体和柱子两种基本形式，在由墙体承重的建筑物中，墙起到了承上启下的作用，通过与屋顶、楼板层及基础的连接，墙发挥着承载、围护和分隔空间及造型和美观的作用。墙的具体作用，包括以下几个层次。

1. 核心功能（基本功能）：庇护和宜居

（1）承重：墙应该具有强度、刚度和稳定性。

（2）围护和分隔：墙应该具有保温、隔热、防水、防潮和隔声功能。

2. 支撑功能（持续功能）：使用寿命和可持续发展

（1）安全性：防灾（防火、防震等）、防盗、防侵害等。

（2）维护性：耐久性、易于维修和更换等。

（3）经济性：费用相对较低。

（4）环境性：资源利用、环境保护。

3. 衍生功能：艺术性

（1）造型性：作为空间界面塑造空间。

（2）感官性：表面材料、质感、色彩等。

11.1.3 墙体的设计要求

要实现上述不同层次的功能，墙体设计需满足以下设计要求。

1. 安全方面

为保证安全，首先墙体应具有足够的强度、刚度和稳定性。墙体的强度与材料有关，如砖墙强度与砖、砂浆强度等级有关，混凝土墙体与混凝土的强度等级有关。墙体的稳定性与墙的长度、高度、厚度及纵、横向墙体间的距离有关。当墙身高度、长度确定后，通常可通过增加墙体厚度及增设墙垛、壁柱、圈梁等办法增加墙体的稳定性。

此外，墙体还应满足防火要求，墙体防火设计包含以下基本要求（图 11 - 11）。

（1）满足不同耐火等级的建筑物对材料燃烧性能和构件耐火极限的要求。

（2）设置防火墙合理划分防火分区，防止火灾蔓延。防火墙是指防止火灾蔓延至相邻建筑或相邻水平防火分区且耐火极限不低于 3.00 h 的不燃性墙体。

（3）防火墙应直接设置在建筑的基础或框架、梁等承重结构上，框架、梁等承重结构的耐火极限不应低于防火墙的耐火极限。防火墙应从楼地面基层隔断至梁、楼板或屋面板的底面基层。当高层厂房（仓库）屋顶承重结构和屋面板的耐火极限低于 1.00 h，其他建筑屋顶承重结构和屋面板的耐火极限低于 0.50 h 时，防火墙应高出屋面 0.5 m 以上（图 11 - 11）。

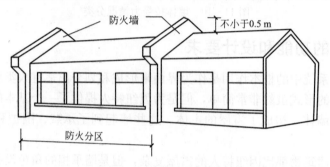

图 11 - 11　防火墙的设置

2. 功能方面

墙体作为空间界面，应满足保温、隔热、隔声、防水、防潮等围护要求。

（1）墙体保温、隔热要求：不同地区的气候条件差距很大，有些地区冬季异常寒冷，夏季气候凉爽；而另一些地区气候情况截然不同，夏季酷热，冬季气候温和。因此针对不同的地区，对于墙体保温和隔热有不同的设计要求。

对于严寒地区和寒冷地区，外墙必须具备足够的保温能力，常采用以下做法：

① 采用轻质高效保温材料与砖、混凝土、钢筋混凝土、砌块等主墙体材料组成复合保温墙体构造。

② 采用导热系数小、保温效果好的新型墙体材料；导热系数是指在稳态条件和单位温差作用下，通过单位厚度、单位面积匀质材料的热流量。

③ 采用带有封闭空气间层的复合墙体构造设计。

对于炎热地区，需要着重考虑外墙隔热问题，一般可采用下面的措施：

① 注意建筑物总体设计的位置和朝向选择、通风设计以及在窗口外侧设置建筑遮阳。

② 宜采用浅色外饰面。

③ 可采用通风墙、干挂通风幕墙等。

④ 设置封闭空气间层时，可在空气间层平行墙面的两个表面涂刷热反射涂料、贴热反射膜或铝箔。当采用单面热反射隔热措施时，热反射隔热层应设置在空气温度较高一侧。

⑤ 采用复合墙体构造时，墙体外侧宜采用轻质材料，内侧宜采用重质材料。

⑥ 可采用墙面垂直绿化及淋水被动蒸发墙面等。

⑦ 宜提高围护结构的热惰性指标 D 值；热惰性是指受到波动热作用时，材料层抵抗温度波动的能力，用热惰性指标（D）来描述。

⑧ 西向墙体可采用高蓄热材料与低热传导材料组合的复合墙体构造。

（2）墙体隔声要求：墙体主要隔离由空气直接传播的噪声。空气声在墙体中的传播途径有两种：一是通过墙体的缝隙和微孔传播；二是在声波作用下墙体受到振动，声音越过墙体而传播。

一般采取以下措施：

① 加强墙体缝隙的密封处理，在墙体砌筑时要使砂浆层饱满、砖缝密实，并通过墙面抹灰封闭缝隙；

② 增加墙体材料的密实性和墙体厚度，如 240 mm 厚的砖墙隔声量为 49 dB；

③ 采用有空气间层或多孔弹性材料的夹层墙构造；

④ 利用墙面垂直绿化降低噪声。

（3）墙体防潮、防水要求：墙体根部易受雨水和地潮侵袭，砖等吸湿材料构成的墙体应设置水平防潮层。卫生间、厨房、实验室等有水房间的墙体应设置防水层，地下室应根据地下水位的相对位置分别采取相应的防潮或防水措施。

3. 经济方面

墙体造价在建筑工程总造价中占有相当比重，应采用砌块、预制板材等新型墙体材料替代黏土砖等能耗高且破坏土地资源的传统材料，施工上推广应用板筑墙（混凝土墙），预制装配式板材墙（机械化施工）等工业化程度较高的体系，从而降低劳动强度，提高施工效率，降低墙体造价。

4. 美观方面

选择合理的饰面材料和构造做法。

11.2 承重墙构造

11.2.1 概述

1. 承重墙是竖向承载构件

（1）承重墙应有足够的强度和稳定性。

（2）多层建筑高度较小，承重墙体以考虑抗压强度为主，因此可采用刚性材料，如石、砖、水泥砌块、混凝土等。

（3）高层建筑承重墙体必须考虑风、地震等水平荷载的作用，应采用能承受较大弯矩的钢筋混凝土材料，称为剪力墙。

2. 承重墙应有足够的整体刚度

承重墙体应有足够的整体刚度，来对应温度变化、不均匀沉降和地震作用等变形引起的破坏。

3. 承重墙体开洞

承重墙体开洞，应在结构设计允许范围之内（详见各结构设计规范），并对洞口采取构造措施。

11.2.2 承重墙的布置方案

承重墙是垂直的受力构件，它将经楼板或梁传来的荷载传递给建筑物所在的地基，因此承重墙应该有足够的强度、刚度和稳定性。承重墙的结构布置一般分为横墙承重结构、纵墙承重结构、纵横墙混合承重结构和部分框架混合承重结构，如图 11-12 所示。

1. 横墙承重结构

以横墙起主要的承重作用，楼板、屋顶的荷载均由横墙承担。而纵墙只起纵向稳定、拉结及承担自重的作用。建筑物整体性能好，对抗风力、地震及调整地基不均匀下沉均有利。对纵墙上开门、窗的限制较小，在纵方向可以获得较大的开窗面积，易得到较好的采光条件。但墙的结构面积大，空间组成不灵活，材料耗费较多。该结构适用于房间尺寸不大的住宅、宿舍、旅馆和病房楼等。

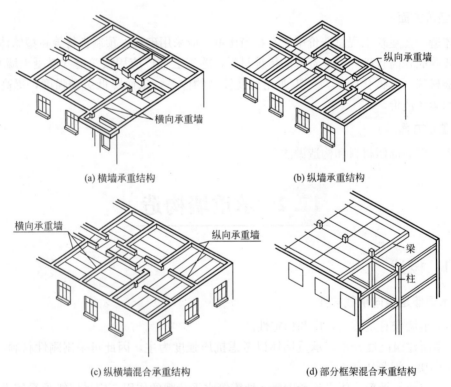

(a) 横墙承重结构　　　　　　　(b) 纵墙承重结构

(c) 纵横墙混合承重结构　　　　　　(d) 部分框架混合承重结构

图 11-12　承重墙的布置方式

2. 纵墙承重结构

以纵墙起主要的承重作用，横墙只起分隔房间和横向稳定作用。该结构可减少横墙的数量，房间的空间较大，开间的划分比较灵活。但因横墙的数量少，刚度较差，纵墙上开窗受到一定限制。该结构适用于阅读室、大型活动室等。

3. 纵横墙混合承重结构

由部分横向墙体和部分纵向墙体结构承重。房间的刚度好，建筑组合灵活。但墙体用材料较多。该结构适合房间的开间、进深尺寸较大，房间类型较多或平面复杂的建筑，如医院、教学楼、点式住宅及幼儿园等。

4. 部分框架混合承重结构

部分框架混合承重结构是指建筑物内部采用框架结构，外墙采用墙体承重，或下部采用框架而上部采用墙体承重的结构。原来在墙承重结构支承系统中被承重墙体占据的空间可以尽可能释放，建筑结构构件所占据的空间大大减少，适用于那些需要灵活分隔空间的建筑物，或是内部空旷的建筑物，而且建筑立面处理也较为灵活。

11.2.3 砌体承重墙

砌体承重墙（图 11-13）以砖、石、砌块等通过砂浆砌筑而成；就地取材，施工简单，造价较低；砌体强度较低，建筑物的高度和层数较小；砌体整体性较差，不利于抗震；大量应用于低层和多层的民用建筑，如住宅、旅馆、学校、托幼、办公建筑和小型商业建筑、工业厂房、诊疗所等。

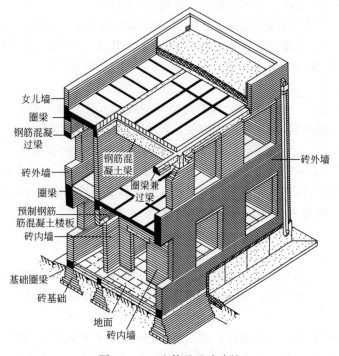

图 11-13 砌体承重墙建筑

1. 墙体材料

砌体墙的材料一般包括砖等块材和砂浆等胶结材料两部分，如图 11-14 所示。

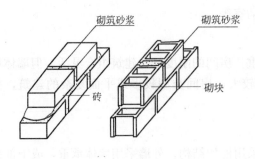

图 11-14　砌体墙材料示例：砖、砌块、多孔砖和砌筑砂浆

1) 常用块材

(1) 砖。

按生产方式的不同，砖可分为烧结砖、蒸压砖和混凝土砖三大类型：烧结砖有烧结黏土砖、烧结煤矸石砖、烧结页岩砖、烧结粉煤灰砖等多种材质的，蒸压砖有蒸压灰砂砖和蒸压粉煤灰砖等。砖按孔洞率的不同可分为普通实心砖、多孔砖（孔洞率不大于 35%）和空心砖（孔洞率不小于 35%）等类型。

砖墙取材容易，制造简便，有一定的保温、隔热、隔声、防火、抗冻效果；有一定的承载能力；施工方面操作简单，不需大型设备；但是施工速度慢，劳动强度大，自重大。普通黏土砖耗费土地资源，我国已在部分地区禁止使用和限制使用，改而使用其他材料的块材。

烧结普通砖、烧结多孔砖的强度等级为：MU30、MU25、MU20、MU15 和 MU10；蒸压灰砂普通砖、蒸压粉煤灰普通砖的强度等级为：MU25、MU20 和 MU15；混凝土普通砖、混凝土多孔砖的强度等级为：MU30、MU25、MU20 和 MU15。

(2) 砌块。

砌块是利用混凝土、工业废料、地方材料等制成的人造块材，有混凝土小型空心砌块（简称混凝土砌块或砌块）、加气混凝土砌块、轻集料混凝土砌块等多种。

砌块外形尺寸比砖大，砌筑设备简单、速度快，工业化生产程度较高。尺寸没有统一，分为小型砌块（115 mm＜高＜380 mm）、中型砌块（高度为 380～980 mm）、大型砌块（高度＞980 mm）。吸水率较大的砌块不能用于经常受干湿交替或冻融循环的建筑部位。

混凝土砌块、轻集料混凝土砌块的强度等级为：MU20、MU15、MU10、MU7.5 和 MU5。

(3) 石材。

石材抗压强度高，耐久性好，美观，砌筑墙体用的石材包括料石和毛石两大类。石材的强度等级为：MU100、MU80、MU60、MU50、MU40、MU30 和 MU20。

2) 胶结材料

胶结材料用于将块材结合成整体，使荷载传递均匀，同时起嵌缝作用。砌体墙常用的胶结材料是各种砌筑砂浆：如普通砌筑砂浆用于烧结砖和石材，混凝土砌筑砂浆用于混凝土砖、混凝土砌块、轻集料混凝土砌块，而蒸压普通砖和加气混凝土砌块等需要用专用砂浆砌筑。

烧结普通砖、烧结多孔砖、蒸压灰砂普通砖和蒸压粉煤灰普通砖砌体采用的普通砂浆强度等级为：M15、M10、M7.5、M5 和 M2.5。

砌筑砂浆按组成成分不同可分为水泥砂浆和混合砂浆。

（1）水泥砂浆：由水泥、砂、水按一定比例拌和而成，水硬性材料，强度高、耐久性好、和易性差，适用于砌筑潮湿环境中的砌体墙，或者对强度有较高要求的砌体墙。

（2）混合砂浆：在水泥砂浆中掺入石灰或石膏等形成的砂浆，和易性好、保水性好、便于砌筑，一般用于砌筑地面以上的墙、柱砌体。

砌筑砂浆用于地上部位时，应采用混合砂浆；用于地下部位时，应采用水泥砂浆。

常用建筑砂浆的类型中还有一种是石灰砂浆，由石灰、砂、水按一定比例拌和而成，气硬性材料，强度低、耐久性差、和易性差，一般不用来砌筑墙体，而用于墙体和顶棚的饰面装修。

2. 组砌方式

组砌是指砖等块材在砌体中的排列，根据实践经验，砌体墙的组砌已经形成一定的经验和原则，组砌的原则可以总结为：横平竖直、砂浆饱满、错缝搭接、避免通缝。如图 11-15 所示。

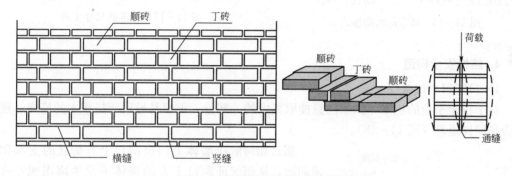

图 11-15 砖墙组砌名称及原则

实体砖墙常用的组砌方式有全顺式、两平一侧式（3/4 砖墙）、一顺一丁式、每皮丁顺相间式（十字式、梅花丁式）等，如图 11-16 所示。

砌块墙的组砌是指砌块在砌体中的排列，应事先做好排列设计（平面排列图、立面排列图），砌筑时除了遵循上述砌筑原则，还应注意以下要点：优先选用大规格砌块；主砌块总数量在 70% 以上；可使用极少量的砖来镶嵌填缝；混凝土空心砌块上下皮应孔对孔、肋对肋以保证有足够的接触面；当砌块组砌时出现通缝或错缝距离不足 150 mm 时，应在水平通缝处加设钢筋网片，使砌体墙拉结成整体。

3. 墙体尺度

标准砖的规格为 53 mm×115 mm×240 mm（厚×宽×长），以灰缝为 10 mm 进行组合时，从尺寸上它以砖厚加灰缝、砖宽加灰缝后与砖长之间形成 1∶2∶4 的基本比例，即（4 个砖厚+3 个灰缝）=（2 个砖宽+1 个灰缝）=1 个砖长（图 11-17）。

砖墙的厚度取决于荷载大小、层高、横墙间距、保温节能、门窗洞口大小及数量等因素，由块材和灰缝的尺寸组合而成，一般承重内墙厚 240 mm，寒冷和严寒地区的外墙厚 365 mm 和 490 mm。

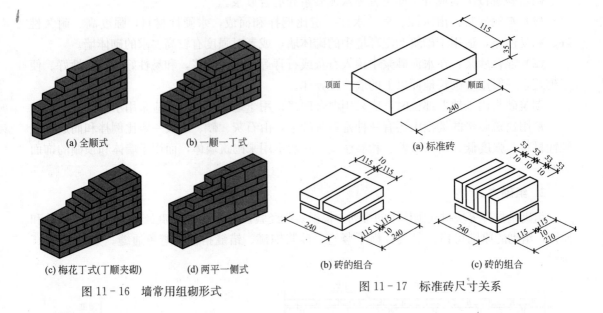

(a) 全顺式   (b) 一顺一丁式

(a) 标准砖

(c) 梅花丁式(丁顺夹砌)   (d) 两平一侧式

(b) 砖的组合   (c) 砖的组合

图 11-16   墙常用组砌形式

图 11-17   标准砖尺寸关系

4. 结构安全构造

1）门窗洞口过梁

对于搭建平稳的积木，如果随意抽取其中的一部分，很容易导致所搭积木的垮塌，建筑物也是同样道理（图 11-18）。

图 11-18   过梁承载及破坏

那么如何解决墙体上门窗洞口上方荷载的支承和传递问题，从而保证洞口上方的砌体不发生垮塌呢？这里以砖砌墙体为例来说明其解决办法。如图 11-19 所示，通过在洞口上方砌筑各种形式的拱，可将门窗上方所受的荷载传递到洞口相邻的墙面上去，巧妙地解决了墙体门窗洞口上方的受力和传力问题。

门窗洞口上方的承载构件，我们称为"门窗过梁"。门窗过梁承受洞口上部的荷载，并把它传递到洞口两侧的墙体上，以免上方垮塌或压坏门窗（图 11-20）。

门窗洞口上部过梁形式，除了砖拱过梁以外，还有钢筋砖过梁和钢筋混凝土过梁。砖拱过梁适用洞口跨度为 1.8 m 以内，钢筋砖过梁为 2.0 m 以内。对于较大洞口或洞口上方有集中荷载情况，通常采用钢筋混凝土过梁（图 11-21）。

2）墙段加固构造

对于砖墙而言，除了墙体上的洞口设计需要仔细考虑外，还需要对某些墙段采取加固措施以保证整个墙体的稳定性，如设置门垛或加设壁柱。墙体转折或丁字墙处开门洞时要设门垛，一般其长度为 120 mm、240 mm 等（图 11-22）。当墙体受集中荷载或墙体长度过长时，应设壁柱加强承载和稳定墙身，砖壁柱一般凸出墙面 120 mm 或 240 mm，宽 370 mm 或 490 mm。

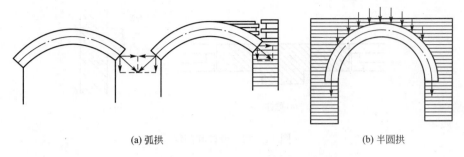

(a) 弧拱   (b) 半圆拱

图 11-19   砖拱受力和传力

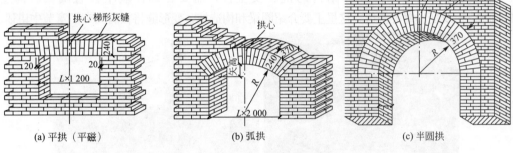

(a) 平拱（平磁）   (b) 弧拱   (c) 半圆拱

图 11-20   门窗砖拱过梁形式

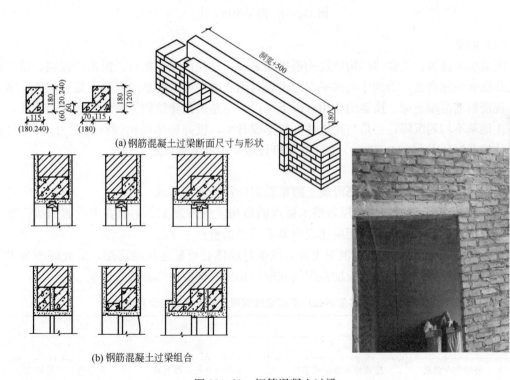

(a) 钢筋混凝土过梁断面尺寸与形状

(b) 钢筋混凝土过梁组合

图 11-21   钢筋混凝土过梁

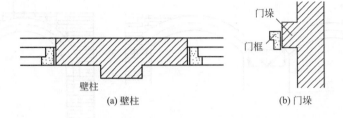

图 11 - 22　壁柱和门垛

3) 砌体结构抗震构造

地震设防区为了加强砌体结构的抗震安全性，需要在砌体墙中设置圈梁、构造柱（图 11-23）及变形缝等构造。这里主要介绍圈梁和构造柱，变形缝将在后面专门章节中讲述。

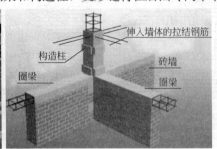

图 11 - 23　圈梁和构造柱

（1）圈梁。

圈梁也叫腰箍，是砌体结构抗震构造措施之一，是在房屋的檐口、窗顶、楼层、吊车梁顶或基础顶面标高处，沿砌体墙水平方向设置封闭状的按构造配筋的混凝土梁式构件。圈梁应是现浇钢筋混凝土梁。圈梁的作用有以下三点：一是增强建筑物的整体性和空间刚度；二是防止地基不均匀沉降；三是与构造柱一起形成骨架，提高砌体结构的抗震能力。《建筑抗震设计规范》（GB 50011—2010）（2016 年修订版）中有下列规定。

① 圈梁的设置原则。

多层砖砌体房屋的现浇钢筋混凝土圈梁设置应符合下列要求。

a）装配式钢筋混凝土楼、屋盖或木屋盖的砖房，应按表 11 - 1 的要求设置圈梁；纵墙承重时，抗震横墙上的圈梁间距应比表内要求适当加密。

b）现浇或装配整体式钢筋混凝土楼、屋盖与墙体有可靠连接的房屋，应允许不另设圈梁，但楼板沿抗震墙体周边均应加强配筋并应与相应的构造柱钢筋可靠连接。

表 11 - 1　多层砖砌体房屋现浇钢筋混凝土圈梁的设置要求

墙体类别		烈　　度		
		6、7	8	9
圈梁设置	外墙和内纵墙	屋盖处及每层楼盖处	屋盖处及每层楼盖处	屋盖处及每层楼盖处
	内横墙	同上，屋盖处间距不应大于 4.5 m，楼盖处间距大于 7.2 m，构造柱对应部位	同上，各层所有横墙，且间距不应大于 4.5 m，构造柱对应部位	同上，各层所有横墙

墙体类别		烈　　度		
		6、7	8	9
配筋	最小纵筋	4ϕ10	4ϕ12	4ϕ14
	箍筋最大间距（mm）	250	200	150

② 圈梁的构造要求。

多层砖砌体房屋现浇混凝土圈梁的构造应符合下列要求。

a）圈梁应闭合，遇有洞口圈梁应上下搭接，即在洞口上部增设相同截面的附加圈梁。附加圈梁与圈梁的搭接长度不应小于其中到中垂直间距的 2 倍，且不得小于 1 m〔图 11 - 24（a）〕。

b）圈梁宜与预制板设在同一标高处（即上表面与楼板相平）〔图 11 - 24（c）〕或紧靠板底。采用预制楼板时外墙支承端圈梁变成缺口 L 形截面〔图 11 - 24（b）〕，内墙支承端的圈梁设置在楼板下。

c）圈梁的截面高度不应小于 120 mm，配筋应符合表 11 - 1 的要求；按规范要求增设的基础圈梁，截面高度不应小于 180 mm，配筋不应少于 4ϕ12。混凝土圈梁的宽度宜与墙厚相同，当墙厚不小于 240 mm 时，其宽度不宜小于墙厚的 2/3。

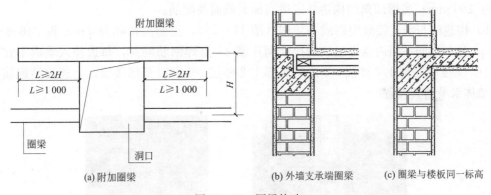

(a) 附加圈梁　　　　　　(b) 外墙支承端圈梁　(c) 圈梁与楼板同一标高

图 11 - 24　圈梁构造

（2）构造柱。

混凝土构造柱简称构造柱，也是砌体结构抗震构造措施之一；是指在砌体房屋墙体的规定部位，按构造配筋，并按先砌墙后浇灌混凝土柱的施工顺序制成的混凝土柱。构造柱不是承重结构柱，其作用是与圈梁一起形成封闭骨架，提高墙体的应变能力，增强建筑物的整体性和刚度，提高砌体结构的抗震能力。

① 构造柱的设置原则。

《建筑抗震设计规范》GB 50011—2010（2016 年修订版）中规定：各类多层砖砌体房屋构造柱设置部位，一般情况下应符合表 11 - 2 的要求。

表 11-2　多层砖砌体房屋构造柱设置要求

房屋层数				设置部位	
6 度	7 度	8 度	9 度		
四、五	三、四	二、三		楼、电梯间四角，楼梯斜梯段上下端对应的墙体处；外墙四角和对应转角；错层部位横墙与外纵墙交接处；大房间内外墙交接处；较大洞口两侧	隔 12 m 或单元横墙与外纵墙交接处；楼梯间对应的另一侧内横墙与外纵墙交接处
六	五	四	二		隔开间横墙（轴线）与外墙交接处；山墙与内纵墙交接处
七	≥六	≥五	≥三		内墙（轴线）与外墙交接处；内墙局部较小墙垛处；内纵墙与横墙（轴线）交接处

注：较大洞口，内墙指不小于 2.1 m 的洞口；外墙在内外墙交接处已设置构造柱时应允许适当放宽，但洞侧墙体应加强。

② 构造柱的构造要求。

多层砖砌体房屋的构造柱应符合下列构造要求。

a）构造柱最小截面可采用 180 mm×240 mm（墙厚 190 mm 时为 180 mm×190 mm），纵向钢筋宜采用 4φ12，箍筋间距不宜大于 250 mm，且在柱上下端应适当加密（图 11-25）；6、7 度时超过六层、8 度时超过五层和 9 度时，构造柱纵向钢筋宜采用 4φ14，箍筋间距不应大于 200 mm；房屋四角的构造柱应适当加大截面及配筋。

b）构造柱与墙连接处应砌成马牙槎（图 11-25），沿墙高每隔 500 mm 设 2φ6 水平钢筋和 φ4 分布短筋平面内点焊组成的拉结网片或 φ4 点焊钢筋网片，每边伸入墙内不宜小于 1 m。6、7 度时底部 1/3 楼层，8 度时底部 1/2 楼层，9 度时全部楼层，上述拉结钢筋网片应沿墙体水平通长设置。

图 11-25　构造柱做法

c）构造柱可不单独设置基础，但应伸入室外地面下 500 mm，或与埋深小于 500 mm 的基础圈梁相连。

d）施工时，应先放构造柱的钢筋骨架，再砌筑构造柱周边砖墙并留置马牙槎，最后浇注混凝土。目的是结合牢固，节省模板。

11.2.4　钢筋混凝土承重墙

承重墙体以钢筋混凝土通过预制装配或现场浇筑而成，用钢筋混凝土墙代替砌体墙承重，提高了抗压、抗剪、抗弯强度，可用于建造较高的建筑物，如剪力墙结构。根据施工方式不同，钢筋混凝土承重墙有预制装配式（如大板建筑、盒子建筑）、现浇整体式（如大模板建筑）和混合式（如滑模建筑）等几种类型。

（1）大板建筑。由预制的钢筋混凝土大墙板和大楼板、大屋面板等装配而成（图 11－26）。

（2）盒子建筑。在工厂将标准单元整浇或拼装成“盒子”式部件，再运到现场组装。如图 11－27 所示。

（3）现浇整体式大模板建筑。结构整体性好，抗震能力强，施工方便，机械化程度高（图 11－28）。

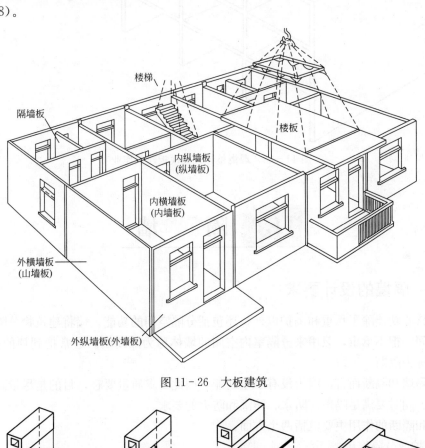

楼梯
隔墙板
楼板
内纵墙板
(纵墙板)
内横墙板
(内墙板)
外横墙板
(山墙板)
外纵墙板(外墙板)

图 11－26　大板建筑

(a) 叠合式
(b) 错开叠合式
(c) 盒子-板材组合式
(d) 双向交错叠合式

图 11－27　盒子建筑

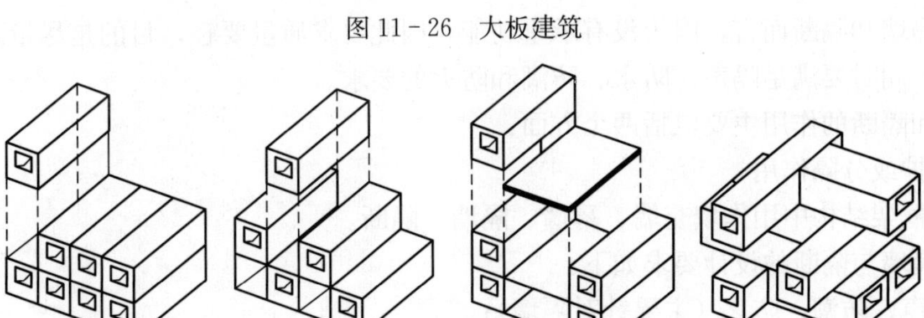

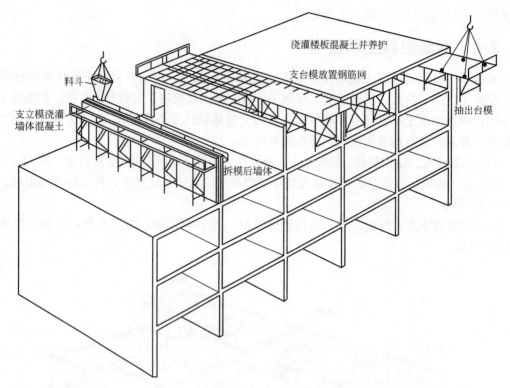

图 11-28   现浇整体式大模板建筑作业

11.3   隔   墙

11.3.1   隔墙的设计要求

墙体核心功能除了承重和围护以外，还包括分隔空间的功能。墙将建筑物分隔成所需要的各种空间。把不承重，只用来分隔室内空间的墙体称为隔断墙。通常把到顶的称为隔墙，不到顶的称为隔断。

对于隔墙和隔断而言，因为没有承重功能，因此要求质量要轻，目的是尽量减少其对楼板的荷载。同时要满足隔声、防水、防潮和防火的要求。

隔墙和隔断的作用主要包括两个方面：

① 围护或分隔作用；

② 有框架结构中用作填充墙、幕墙、隔墙、隔断。

对于隔墙与隔断的设计要求如下：

① 隔声、防潮、防火（主要针对隔墙）；

② 自重轻、厚度薄、易于拆装等。

11.3.2　隔墙分类

隔墙是分隔室内空间的非承重墙体，不承受外来荷载，其本身的重量由梁或板支承。隔墙应满足以下设计要求：

① 自重轻，有利于减轻楼板的荷载；

② 厚度薄，增加建筑的有效空间；

③ 便于拆卸，能随使用要求的改变而变化；

④ 有一定的隔声能力，使各使用房间互不干扰；

⑤ 根据房间使用功能的不同，满足隔声、防水、防火等要求。

隔墙有块材隔墙、轻骨架隔墙和板材隔墙等构造方式。轻骨架隔墙多与室内装修相结合；块材隔墙属于重质隔墙，一般要求在结构上考虑支承关系；板材隔墙施工安装方便，可结合墙体热工要求预制加工，是建筑工业化发展所提倡的。

1. 块材（砌筑式）隔墙

采用砖及其他砌块构成，如半砖隔墙：由普通砖顺砌。砌块隔墙：由加气混凝土砌块、粉煤灰硅酸盐砌块等砌筑而成，厚度 90～120 mm（图 11-29）。

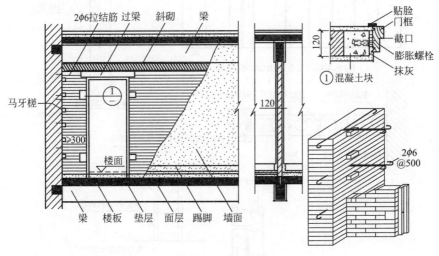

图 11-29　块材隔墙

2. 骨架（立筋式）隔墙

骨架（立筋式）隔墙由骨架和面层两部分组成。常用的骨架有木骨架和型钢骨架，常见的面层有抹灰面层和饰面板面层。饰面板有胶合板、纤维板、石膏板等，采用镶板式或贴面式安装在龙骨上（图 11-30）。

3. 板材（条板式）隔墙

板材（条板式）隔墙是指单板高度等于房间高度，具备一定的宽度，不依赖骨架，直接装配而成的隔墙。常见的板材包括加气混凝土板隔墙、钢筋混凝土板隔墙、碳化石灰空心板隔墙、泰柏板隔墙和 GY 板隔墙（图 11-31）。

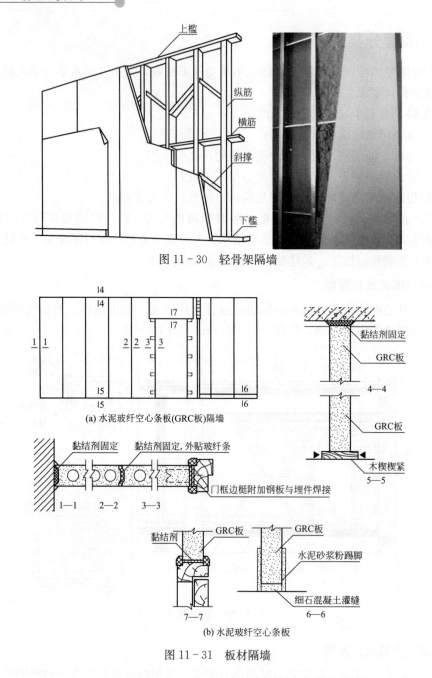

图 11-30 轻骨架隔墙

(a) 水泥玻纤空心条板(GRC板)隔墙

门框边梃附加钢板与埋件焊接

(b) 水泥玻纤空心条板

图 11-31 板材隔墙

11.4 玻璃幕墙

11.4.1 概述

玻璃幕墙是现代的一种新型墙体形式,源于现代建筑理论中自由立面的构想。玻璃幕墙将大面积玻璃应用于建筑物的外墙面，发挥玻璃本身的特性，展示建筑物的现代风格。

建筑幕墙是指由面板与支承结构体系（支承装置与支承结构）组成的、可相对主体结构有一定位移能力或自身有一定变形能力、不承担主体结构所受作用的建筑外围护墙。根据面板材料的不同，建筑幕墙有玻璃幕墙、石材幕墙、金属板幕墙和人造板材（包括瓷板、陶板和微晶玻璃等，不包括玻璃、金属板材）幕墙等类型。

与传统的建筑围护结构相比，玻璃幕墙自重轻，透光性好，有较好的视觉效果。因为墙体自重轻，从而降低主体结构和工程造价；材料单一，施工方便，工期短，维护维修比较方便；能较好地适应旧建筑外墙更新的要求。

玻璃幕墙的缺点是有造成光污染及钢化玻璃自爆等危害。2012 年 2 月 1 日《上海市建筑玻璃幕墙管理办法》正式施行，其中规定：住宅、医院门诊急诊楼和病房楼、中小学校教学楼、托儿所、幼儿园、养老院的新建、改建、扩建工程以及立面改造工程，不得在二层以上采用玻璃幕墙。在 T 形路口正对直线路段处，不得采用玻璃幕墙。

11.4.2 玻璃幕墙的分类

玻璃幕墙按照构造形式的不同，可以分为框支承玻璃幕墙、全玻幕墙、点支承玻璃幕墙等。

1. 框支承玻璃幕墙

框支承玻璃幕墙是指玻璃面板周边由金属框架支承的玻璃幕墙。主要包括下列类型：

（1）按幕墙形式不同划分。

① 明框玻璃幕墙：金属框架的构件显露于面板外表面的框支承玻璃幕墙，如图 11 - 32 所示。

② 隐框玻璃幕墙：金属框架的构件完全不显露于面板外表面的框支承玻璃幕墙，如图 11 - 33 所示。

③ 半隐框玻璃幕墙：金属框架的竖向或横向构件显露于面板外表面的框支承玻璃幕墙，如图 11 - 33 所示。

（2）按幕墙安装施工方法不同划分。

① 单元式玻璃幕墙：将面板和金属框架（横梁、立柱）在工厂组装为幕墙单元，以幕墙单元形式在现场完成安装施工的框支承玻璃幕墙。

② 构件式玻璃幕墙：在现场依次安装立柱、横梁和玻璃面板的框支承玻璃幕墙。

图 11 - 32　明框玻璃幕墙　　　　　图 11 - 33　隐框与半隐框（横明竖隐）玻璃幕墙

2. 全玻幕墙

全玻幕墙是由玻璃肋支承玻璃面板构成的玻璃幕墙，如图 11 - 34 所示。

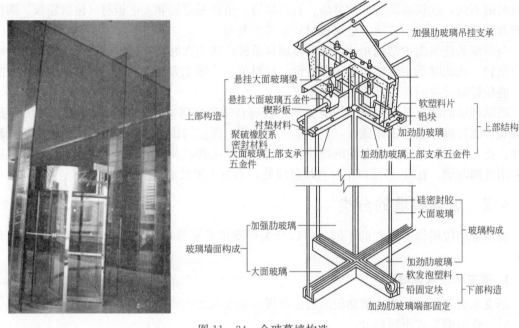

图 11 - 34　全玻幕墙构造

3. 点支承玻璃幕墙

点支承玻璃幕墙由玻璃面板、点支承装置和支承结构构成。按照支承结构的不同，可分为金属支承结构点式玻璃幕墙、全玻璃结构点式玻璃幕墙、拉杆（索）结构点式玻璃幕墙等形式，如图 11 - 35 所示。

(a) 金属支承结构点式　　(b) 全玻璃结构点式　　(c) 拉杆（索）结构点式

图 11 - 35　点支承玻璃幕墙的形式

（1）金属支承结构点式玻璃幕墙是通过金属连接件和紧固件，将玻璃牢固地固定在金属框架、刚架、拱结构等上面，十分安全可靠。

（2）全玻璃结构点式玻璃幕墙是通过金属连接件及紧固件，将面玻璃与玻璃支承结构（玻璃肋）连接成整体，形成幕墙围护结构。

（3）拉杆（索）结构点式玻璃幕墙是采用不锈钢拉杆，或用与玻璃分缝相对应的拉索构成幕墙的支承结构，玻璃通过金属连接件与其固定。

11.4.3 玻璃幕墙的构造

玻璃幕墙在构造上主要由支承体系、金属连接件、玻璃面板及密封材料四大部分组成，如图 11-36 所示。

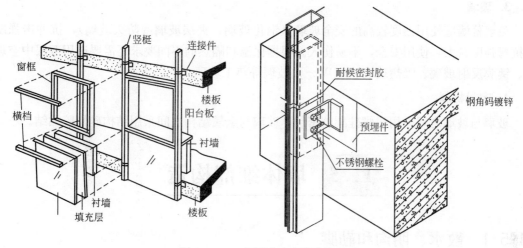

图 11-36 有框式玻璃幕墙构造

1. 支承体系

支承体系是将面玻璃所受的各种荷载直接传递到建筑主体结构上。它是主要受力构件，一般是根据承受的荷载大小和建筑造型来选择结构形式和材料，如由竖梃和横档构成的金属骨架、玻璃肋、不锈钢立柱、铝型材柱或加上适当的防腐、防锈处理的钢架、钢立柱及不锈钢拉杆（索）等。

2. 金属连接件

有框式玻璃幕墙的金属连接件包括固定竖梃和连接横档的各种金属件。

点式玻璃幕墙的金属连接件包括固定件（俗称爪座和爪子）和扣件等（图 11-37），固

图 11-37 点式玻璃幕墙构造

定件通常用普通不锈钢铸造而成，而扣件则是不锈钢机加工件。考虑到金属相容性，爪座必须采用与支承体系相同的材质，或使用机械固定。金属连接件把面玻璃固定在支承结构上，不仅产生玻璃孔边缘附加应力，而且能够允许少量的位移来调节由于建筑安装带来的施工误差，同时还有减震措施以提高抗震能力。它除满足功能上的要求之外，还可以起到提高设计美观度的作用。

3. 玻璃

玻璃幕墙应使用强度较高的安全玻璃（钢化玻璃、夹层玻璃或防火玻璃），抗冲击强度和抗弯强度较大，使用安全，不易伤人。根据保温和隔热的不同要求还需要选用双层中空玻璃、镀膜反射玻璃、吸热玻璃、LOW-E玻璃等热工玻璃。

4. 密封材料

玻璃与玻璃之间采用耐候硅酮胶密封，玻璃与金属结构之间采用结构硅酮胶黏结。

11.5　墙体细部构造

11.5.1　散水、明沟和勒脚

室内地面以下、基础以上的这段墙体称为墙脚。为了防止地表水和地潮的侵蚀，外墙墙脚需要设置勒脚这一保护性构造，同时墙脚外侧需要设置散水或明沟等排水构件，将雨水排除到远离外墙的室外地面或城市排水管网。

建筑物外墙周围的地面水渗入地下可能会影响到建筑物基础和地基土层的承载能力，或者引起建筑物的不均匀沉降开裂，以致影响到建筑物的结构安全和稳定（图11-38）。因此，需要在建筑物的四周设置外倾排水构件，即散水；或者设置带有纵坡的排水沟，即明沟。为保护外墙底部，一般要求做勒脚，即外墙与室外地坪接触的部分。散水、明沟和勒脚设置的部位如图11-39所示。

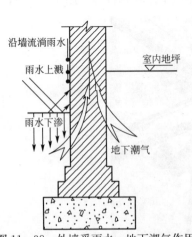

图11-38　外墙受雨水、地下潮气作用

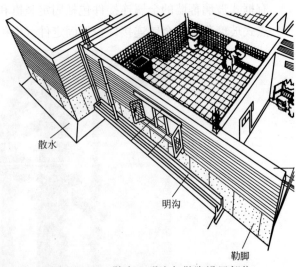

图11-39　散水、明沟与勒脚设置部位

1. 勒脚

为了免除土壤中水分的侵蚀，外墙墙脚部位可以采用坚固耐水的材料如天然石材构筑，也可以采用保护性饰面的处理方法。勒脚常用构造做法有抹灰勒脚、贴面勒脚、坚固材料勒脚等，如图11-40所示。

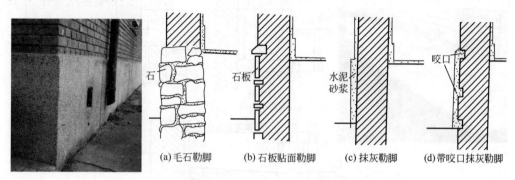

图11-40 勒脚形式和构造

2. 散水

散水宽度一般为600~1 000 mm，表面找3%~5%的排水坡度。散水与外墙间宜设沉降缝，缝宽20~30 mm，缝内应填柔性密封材料，如图11-41所示。

图11-41 散水形式和构造

3. 明沟

明沟一般宽200 mm左右，沟底纵坡坡度1%，材料可选砖、混凝土、花岗石等，如图11-42所示。

11.5.2 防潮层

除了防止雨水对墙体的损害外，还要对墙脚部位的墙体进行防潮处理，即在吸湿性材料构筑的墙体中设置防潮层。那么，为什么对墙体要进行防潮处理？墙身防潮层是切断毛细效应、防止土壤水分对墙体渗透而造成侵害的重要构造，有必要了解什么是毛细效应（图11-43）。

1. 水平防潮层

墙身水平防潮层的作用是阻断毛细水，使墙身保持干燥。当不设防潮层时，基础周围土壤中的水分进入基础材料的孔隙形成毛细水，毛细水沿基础进入墙内。为了隔断毛细孔，阻止毛细水进入墙内，通常在墙脚部位设置连续的水平阻水层，称为"墙身水平防潮层"，简称"防潮层"。

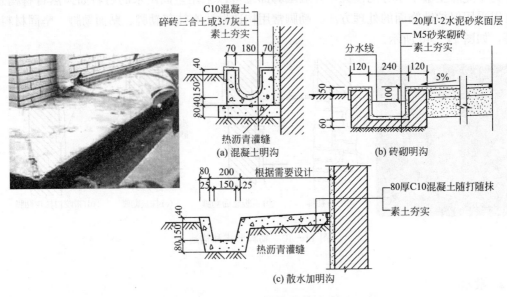

图 11-42　明沟构造

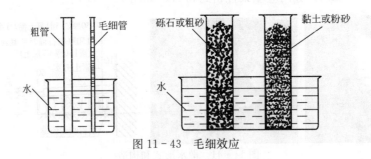

图 11-43　毛细效应

墙身水平防潮层一般应设于有防潮能力的地坪结构层处（低于室内地坪 60 mm，并高于室外地坪 150 mm），位置过低或过高都不能和有防潮功能的混凝土地坪结构层形成完整封闭的防潮构造，如图 11-44 所示。

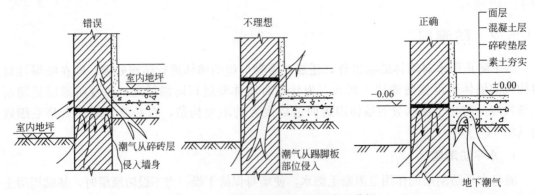

图 11-44　墙身水平防潮层设置位置分析

常用防潮层的做法有卷材防潮层、防水砂浆防潮层和配筋细石混凝土防潮层等，具体做法如图 11-45 所示。

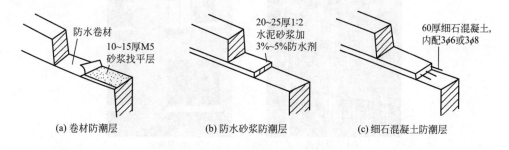

(a) 卷材防潮层　　　　　　(b) 防水砂浆防潮层　　　　　　(c) 细石混凝土防潮层

图 11-45　水平防潮层做法

如果墙脚为不透水材料（石材、混凝土等）或设有钢筋混凝土地圈梁时，可不设水平防潮层。

2. 垂直防潮层

当室内地坪出现高差或室内地坪低于室外地面时，为避免室内地坪较高一侧土壤或室外地面回填土中的水分侵入墙身，对有高差部分的垂直墙面在填土一侧沿墙设置垂直防潮层，如图 11-46 所示。垂直防潮层的一般做法是在两道水平防潮层之间的垂直墙面上，先用水泥砂浆抹灰，再涂冷底子油一道，刷热沥青两道或采用防水砂浆抹灰防潮处理。

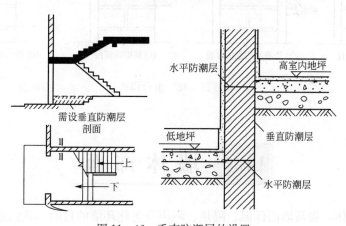

图 11-46　垂直防潮层的设置

11.5.3　窗台

窗台是指窗洞口下部设置的构件。外窗台是为了防止窗洞下表面积水流入室内或墙体内；内窗台为了排除窗上的凝结水以保护室内墙面，还有供存放物品。

窗台高 900~1 000 mm，外窗台底面檐口处应设置滴水以便于排水。窗台的形式有不悬挑和悬挑两种，如图 11-47 和图 11-48 所示。外窗台有砖砌窗台、混凝土窗台等；内窗台一般为预制窗台板。

(a) 不悬挑式

(b) 悬挑式

图 11-47　窗台形式

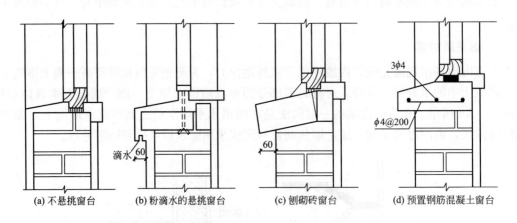

(a) 不悬挑窗台　　(b) 粉滴水的悬挑窗台　　(c) 刨砌砖窗台　　(d) 预置钢筋混凝土窗台

图 11-48　窗台构造

11.6　墙 体 饰 面

为了保护墙体，提高墙面保温、隔热、隔声及美化环境的目的，我们通常会对墙面进行装修。外墙面的装修称为外装修，内墙面的装修称为内装修。

外装修要求采用强度高、抗冻性强、耐水性好及具有抗腐蚀性的材料；内装修材料则因室内使用功能不同，要求有一定的强度、耐水及耐火性。

对墙面进行装修时，需要满足功能要求、节能环保要求、经济性要求和艺术性要求。

墙面装修的材料和施工方法很多，可将目前常用的一些方法归为以下几类：清水类、抹灰类、贴面类、涂料类、裱糊类及铺钉类等。

11.6.1　清水类

清水类墙面是指不做抹灰和其他饰面的墙面，如清水砖墙、清水石墙、清水混凝土墙等，如图 11-49 所示。清水砌体墙只用砂浆勾缝，勾缝形式有平缝、平凹缝、斜缝、弧形缝等。

(a) 清水砖墙   (b) 清水毛石墙   (c) 清水料石墙

图 11-49 清水砌体墙

11.6.2 抹灰类

抹灰是将水泥、石灰等胶结材料与砂或石渣等细骨料，与水拌和而成的灰浆材料施抹到墙面上的一种装修。

抹灰类装修常采用分层施抹的构造做法，采用分层操作的目的是保证墙面的平整度，防止过厚的抹灰干缩引起开裂和脱落，如图 11-50 所示。

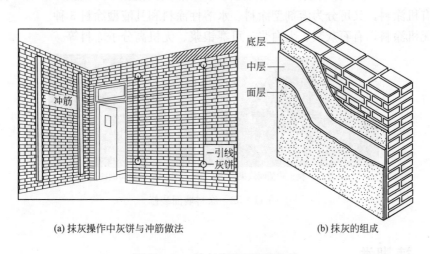

(a) 抹灰操作中灰饼与冲筋做法   (b) 抹灰的组成

图 11-50 抹灰类墙面装修构造

抹灰一般由底灰、中灰和面灰构成。底灰为紧靠墙体的一层，起黏结和初步找平作用；中灰，起进一步找平作用；面灰是最外面一层，主要起装饰作用。

抹灰的名称通常以面层的材料来命名，如石灰砂浆抹灰、水泥砂浆抹灰、水刷石抹灰等。抹灰类墙面装修按照面层材料及做法可分为一般抹灰和装饰抹灰两类。

（1）一般抹灰。常用的有石灰砂浆抹灰、水泥砂浆抹灰、混合砂浆抹灰、纸筋石灰浆抹灰及麻刀石灰浆抹灰。

（2）装饰抹灰。装饰抹灰有水刷石、干粘石、斩假石、水泥拉毛、水磨石等。装饰抹灰一般是指采用水泥、石灰砂浆等抹灰的基本材料，除对墙面做一般抹灰之外，利用不同的施工操作方法将其直接做成饰面层。

11.6.3　贴面类

贴面类是指在内外墙面上粘贴各种陶瓷面砖、马赛克、轻薄的天然石板或人造石板，如图 11-51 所示。

图 11-51　贴面类墙面装修

11.6.4　涂料类

涂料类是指涂、刷、喷于基层表面后，能与基层形成完整而牢固的保护膜的涂层饰面装修，如图 11-52 所示。涂料按其主要成膜物的不同，可分为以下几种。

(1) 有机涂料，又可分为溶剂型涂料、水溶性涂料和乳液型涂料 3 种。

(2) 无机涂料，有石灰浆、大白浆、可赛银浆、无机高分子涂料等。

(a) 涂料与黏土砖墙面效果　　　　　(b) 涂料与面砖墙面

图 11-52　涂料墙面装修

11.6.5　裱糊类

裱糊类墙面装修是将各种装饰性的墙纸、墙布、织锦等材料裱糊在内墙面上的一种装修饰面，如图 11-53 所示。目前国内使用最多的是塑料墙纸和玻璃纤维墙布等。

图 11-53　裱糊类墙面

11.6.6　铺钉类

铺钉类装修是指采用天然木板、石板或各种人造薄板借助于镶钉、胶等固定方式对墙面进行装饰处理。板材类墙面由骨架和面板组成，骨架有木骨架和金属骨架；面板有硬木板、胶合板、纤维板和石膏板等各种装饰面板、天然和人造石板及近年来应用日益广泛的金属面板等，如图 11-54～图 11-56 所示。

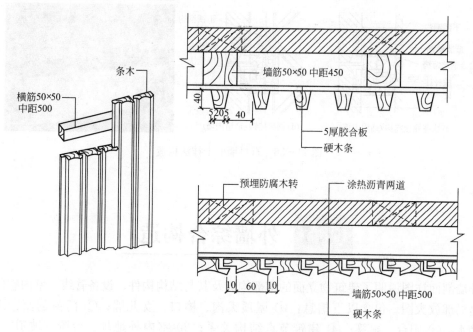

图 11-54　铺钉类木墙面构造

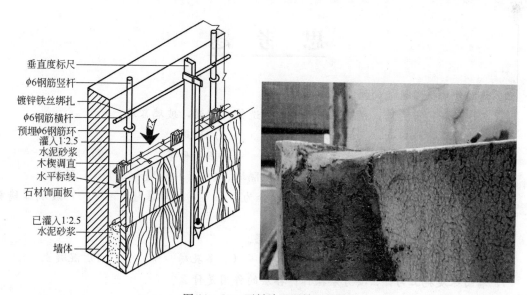

图 11-55　石材墙面湿挂法构造

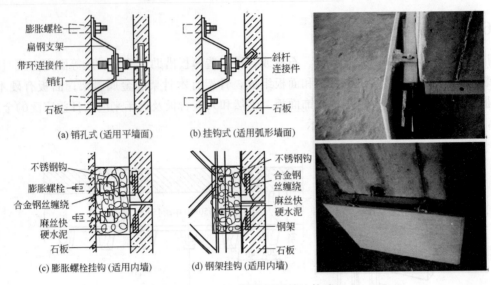

图 11-56　石材墙面干挂法构造

11.7　外墙综合构造

　　外墙剖面详图说明了建筑物立面的细部构成及其与结构构件、设备管线、室内空间的关系，是局部放大图。包含以下信息：① 屋顶天沟、檐口、女儿墙；② 门窗剖面、详细尺寸、滴水；③ 阳台、雨篷；④ 建筑节点结构关系；⑤ 室内外地坪、台阶、坡道、散水；⑥ 墙身、地坪防潮。外墙剖面详图如图 11-57 所示。

思　考　题

　　1. 提高外墙保温性能的措施有哪些？

　　2. 名词解释：剪力墙，横墙承重结构，构造柱，圈梁，玻璃幕墙。

　　3. 单选题：室外地面以上的砖墙一般采用（　　）砌筑。

　　A. 混合砂浆　　　　　B. 水泥砂浆　　　　　C. 石灰砂浆　　　　　D. 麻刀灰

　　4. 隔墙按其构造方式不同常分为（　　）隔墙、（　　）隔墙和（　　）隔墙。

　　5. 玻璃幕墙按照构造形式的不同，可以分为（　　）玻璃幕墙、（　　）玻璃幕墙和（　　）玻璃幕墙。

　　6. 单选题：（　　）墙可不设置水平防潮层。

　　A. 黏土砖　　　　　B. 空心砖　　　　　C. 多孔砖　　　　　D. 混凝土

　　7. 墙面抹灰施工为什么要分层操作？各层的作用是什么？

　　8. 观察身边建筑物的各种外墙构造做法并绘制其墙身剖面详图。

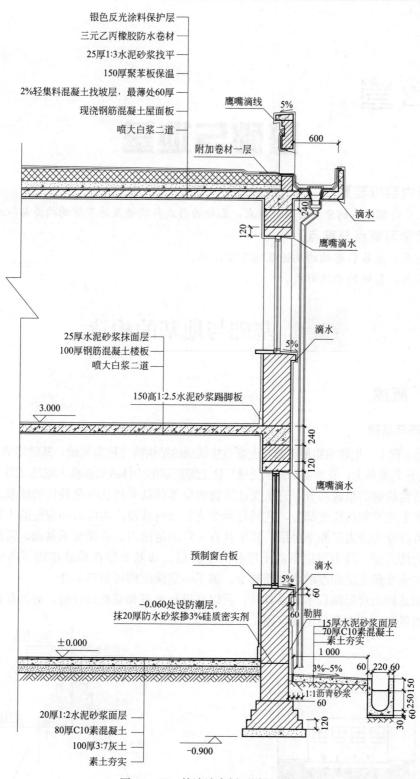

银色反光涂料保护层
三元乙丙橡胶防水卷材
25厚1:3水泥砂浆找平
150厚聚苯板保温
2%轻集料混凝土找坡层,最薄处60厚
现浇钢筋混凝土屋面板
喷大白浆二道

鹰嘴滴线   5%

600

附加卷材一层

240

120

滴水

鹰嘴滴水

25厚水泥砂浆抹面层
100厚钢筋混凝土楼板
喷大白浆二道

5%   滴水

150高1:2.5水泥砂浆踢脚板

3.000

240

120

鹰嘴滴水

预制窗台板

5%   滴水

60

−0.060处设防潮层,
抹20厚防水砂浆掺3%硅质密实剂

60   勒脚

15厚水泥砂浆面层
70厚C10素混凝土
素土夯实

1 000

±0.000

3%~5%   60   220   60

1:1沥青砂浆
60

60 250150
30
120

20厚1:2水泥砂浆面层
80厚C10素混凝土
100厚3:7灰土
素土夯实

−0.900

图 11-57　外墙墙身剖面详图示例

第 12 章

基础与地基

【本章内容概要】

本章主要介绍地基的分类与构造特点，基础的形式与构造及地下室的构造与防水处理。

【本章学习重点与难点】

学习重点：地基和基础的构造及地下室防水。

学习难点：基础的构造形式。

12.1 基础与地基的构造

12.1.1 概述

1. 地基与基础

在建筑工程上，把建筑物最下面与土壤直接接触的结构构件称为基础，基础将结构所承受的各种作用传递到地基上；支承基础并承受建筑物上部荷载的土体或岩体称为地基（图 12-1）。

基础是建筑物的组成部分，它承受建筑物的全部荷载并将这些荷载传给地基。

地基不是建筑物的组成部分，它只是承受建筑物荷载而产生应力和应变的土壤层。

地基可以分为持力层和下卧层。其中具有一定的地耐力，直接支承基础，需要进行计算的土层称为持力层。持力层以下的土层称为下卧层。地基土层在荷载作用下产生应力和应变。应力和应变随土层深度的增加而减少，到了一定深度则可忽略不计。

地基和基础出现问题后不容易补救，所以在进行地基和基础设计时，必须保证地基与基础有足够的强度、刚度及稳定性（图 12-2）。

图 12-1 基础与地基

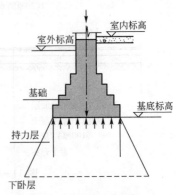

图 12-2 基础与地基

2. 地基与基础应满足的要求

1）地基应满足的要求

（1）强度：地基要有足够的承载力，基本要求是建筑物作用在基础底面单位面积上的压力小于地基的容许承载力。当建筑物荷载与地基容许承载力一定时，要满足上述要求，只有调节基础底面积，这一要求是选择基础类型的依据。

（2）刚度：地基要有均匀的压缩量，保证建筑物在许可的范围内均匀下沉，避免不均匀沉降导致建筑物产生开裂变形。

（3）稳定：要求地基具有抵抗产生滑坡、倾斜的能力，这一点对那些经常受水平荷载或位于斜坡上的建筑尤为重要。当地基高差较大时，应加设挡土墙，以防止滑坡变形。

2）基础应满足的要求

（1）强度和刚度：基础必须具有足够的强度和刚度才能保证建筑物的安全和正常使用。

（2）耐久性：基础应满足耐久性要求，具有较高的防潮、防冻和耐腐蚀的能力。如果基础先于上部结构破坏，检查和加固都十分困难，将严重影响建筑物寿命。

（3）经济性：应尽量选择合理的基础形式和构造方案，尽量减少材料的消耗，满足安全、合理、经济的要求。

12.1.2　地基

地基的分类

地基按土层性质和承载力的不同，分为天然地基和人工地基两大类。

1）天然地基

凡天然土层具有足够的承载力，不需经人工改善或加固便可作为建筑物地基者称为天然地基。

2）人工地基

当建筑物上部的荷载较大或地基的承载力较差时，须预先对土壤进行人工加工或加固处理后才能承受建筑物的荷载，这种经过人工处理的土层称为人工地基。

人工地基处理技术措施包括振（挤）密法、置换法、排水固结法、掺入固化物法和加筋法等。

（1）振（挤）密法，是指通过振动、挤压使地基土孔隙减小、强度提高的地基处理方法（图 12-3）。包括浅层原位压实法、强夯法、重锤夯实法、砂桩挤密法、爆破挤密法、土桩挤密法、灰土桩法、振冲密实法等。

（2）置换法，是指用物理力学性质较好的岩土材料替代天然地基中的部分或全部软弱土（如淤泥、冲填土等高压缩性土）的地基处理方法。所换岩土可采用碎石、粗砂和中砂等，如图 12-4 所示。

（3）排水固结法，是指施加荷载与加快排水，促使土体中的水排出、孔隙减小、土体密实和强度提高的地基处理方法。

（4）掺入固化物法，是指通过灌浆、高压喷射注浆、深层搅拌等方法向地基土体掺入水泥等固化物，经一系列物理-化学作用，形成抗剪强度较高、压缩性较小的地基处理方法。

（5）加筋法，是指在土中设置强度较高、模量较大的筋材形成加筋土层的地基处理方法。

(a) 夯实法　　　　　(b) 重锤夯实法　　　　　(c) 浅层原位压实法

图 12-3　振（挤）密法

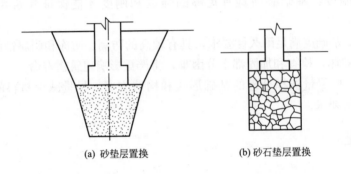

(a) 砂垫层置换　　　　　(b) 砂石垫层置换

图 12-4　置换法

12.1.3　基础

1. 基础的埋置深度

室外设计地面至基础底面的垂直距离即基础埋于土层的深度，称为基础的埋置深度，简称为基础的埋深（图 12-5）。

（1）埋深大于或等于 5 m 的称为深基础；不超过 5 m 的称为浅基础；直接做在地表面上的基础称为不埋基础。

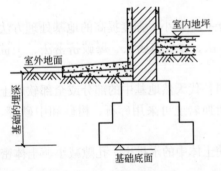

图 12-5　基础的埋深

（2）基础的埋置深度，应该按以下条件确定。

① 建筑物的用途，有无地下室、设备基础和地下设施，基础的形式和构造。

② 作用在地基上的荷载大小和性质。

③ 工程地质和水文地质条件（注：基础宜埋置在地下水位以上）。

④ 相邻建筑物的基础埋深（注：新建建筑物的基础埋深不宜大于原有基础）。

⑤ 地基土冻胀和融陷的影响。

（3）在满足地基稳定和变形要求的前提下，当上层地基的承载力大于下层土时，宜利用上层土作持力层。除岩石地基外，基础埋深不宜小于 0.5 m。

（4）在抗震设防区，除岩石地基外，天然地基上的箱形和筏形基础其埋置深度不宜小于建筑物高度的 1/15；桩箱或桩筏基础的埋置深度（不计桩长）不宜小于建筑物高度的 1/18。

（5）基础宜埋置在地下水位以上，当必须埋在地下水位以下时，应采取地基土在施工时不受扰动的措施。

（6）当存在相邻建筑物时，新建建筑物的基础埋深不宜大于原有建筑基础。当埋深大于原有建筑基础时，两基础间应保持一定净距，其数值应根据建筑荷载大小、基础形式和土质情况确定。

（7）季节性冻土地区基础埋置深度宜大于场地冻结深度。

2. 基础的材料和受力

基础的类型较多，按基础所用材料及受力特点可以分为无筋扩展基础和扩展基础。

1）无筋扩展基础

用刚性材料制作的基础称为无筋扩展基础。无筋扩展基础常用于地基承载力较好、压缩性较小的中小型民用建筑。刚性材料一般是指抗压强度高，而抗拉和抗剪强度低的材料，如砖、毛石、混凝土或毛石混凝土、灰土、三合土等。

由于土壤单位面积的承载力很小，上部结构通过基础将其荷载传给地基时，只有将基础底面积不断扩大，才能适应地基受力的要求。根据试验得知，上部结构在基础中压力的传递是沿一定角度分布的，这个传力角度称压力分布角，或称刚性角，即基础放宽的引线与墙体垂直线之间的夹角，以 α 表示。

由于刚性材料抗压强度高、抗拉强度低，因此压力分布角只能控制在材料的抗压范围内。如果基础底面宽度超过控制范围，这时基础会因受拉而破坏。所以，无筋扩展基础底面宽度的增大要受到刚性角的限制（图 12-6）。

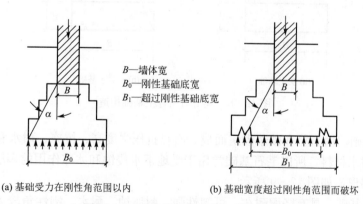

(a) 基础受力在刚性角范围以内　　(b) 基础宽度超过刚性角范围而破坏

图 12-6　刚性基础的受力与传力特点

刚性角用基础的级宽与级高之比表示，不同材料和不同基底压力应选用不同的宽高比。

无筋扩展基础常采用砖、石、灰土、三合土、混凝土等材料，应按照各种材料的刚性角进行设计。

（1）砖基础。主要用普通黏土砖砌筑，具有造价低、制作方便的优点，但取土烧砖不利于保护土地资源，目前一些地区已禁止采用黏土砖，可用各种工业废渣砖和砌块来代替。由于砖的强度和耐久性较差，所以砖基础多用于地基土质好、地下水位较低的多层砖混结构建筑。常采用台阶式逐级向下放大的做法，称之为大放脚（图 12-7）。

（2）灰土和三合土基础。为了节约材料，在地下水位较低的地区，常在砖基础下做灰土或三合土垫层。三合土基础在我国南方地区应用广泛，适用于 4 层以下建筑。由于灰土和三合土的抗冻、耐水性很差，故灰土基础和三合土基础应埋在地下水位以上，底面应在冰冻线以下（图 12-8）。

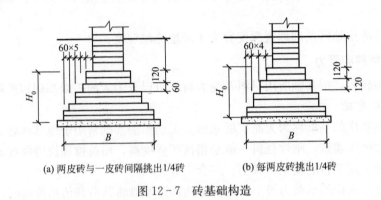

图 12-7　砖基础构造

（3）毛石基础。由石材和砂浆砌筑而成，石材抗压强度高、抗冻、耐水和耐腐蚀性都较好，砂浆也是耐水材料，所以毛石基础常用于受地下水侵蚀和冰冻作用的多层民用建筑。剖面形式多为阶梯形，如图 12-9 所示。

（4）混凝土基础。具有坚固耐久、可塑性强、耐腐蚀、耐水、刚性角较大等特点，可用于地下水位较高或有冰冻作用的地方。断面可做成矩形、梯形和台阶形，如图 12-10 所示。

2）扩展基础

当建筑物的荷载较大而地基承载力较小时，基础底面随之加宽，如按刚性角逐步放宽，则需要很大的基础埋深，势必增加土方工作量和材料用量，对工期和节约造价都十分不利。

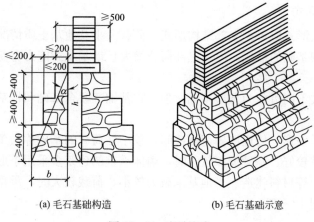

(a) 毛石基础构造　　　　(b) 毛石基础示意

图 12-9　毛石基础

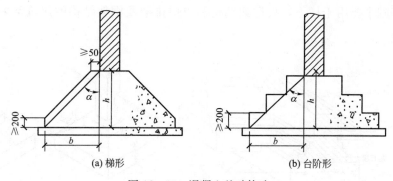

(a) 梯形　　　　(b) 台阶形

图 12-10　混凝土基础构造

如果采用钢筋混凝土基础，利用基础底部的钢筋来承受拉力，使基础底部能够承受较大弯矩，这样基础底面宽度的加大不受刚性角的限制，故钢筋混凝土基础也称为柔性基础。在同样条件下，采用钢筋混凝土基础可节省大量的混凝土材料和土方工作量（图 12-11）。

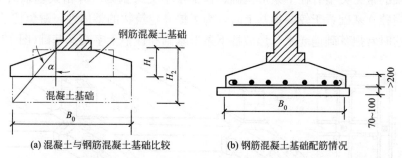

(a) 混凝土与钢筋混凝土基础比较　　　　(b) 钢筋混凝土基础配筋情况

图 12-11　扩展基础（钢筋混凝土基础）构造

B_0—扩展基础底面宽度；H_1—扩展基础高度；H_2—无筋扩展基础（混凝土基础）高度

钢筋混凝土基础施工时，为了保证钢筋不致陷入泥土中，同时使基础底面均匀传递对地基的压力，常须在基础与地基之间设置一定强度等级的混凝土垫层。

3. 基础的构造形式

确定基础的构造形式应考虑上部结构形式、荷载大小及地基土质情况。一般情况下，上部结构形式直接影响基础的形式。但当上部荷载增大且地基承载能力有变化时，基础形式也随之变化。

基础按构造形式不同可分为条形基础、独立式基础、联合基础和桩基础等。

1）条形基础

设置成连续的长条形，传递墙体荷载或间距较小柱荷载的基础称为条形基础，也称为带形基础。当地基条件较好、基础埋深较浅时，墙体承重的建筑多采用条形基础。条形基础常采用砖、石、混凝土等材料建造。当地基承载力较小，荷载较大时，承重墙下也可采用钢筋混凝土条形基础（图 12-12）。

2）独立式基础

独立式基础是指独立承受柱荷载的基础，呈独立的块状，形式有台阶形、锥形、杯形等。独立式基础主要用于柱下，故框架结构和单层排架及钢架结构的建筑常采用独立基础（图 12-13）。

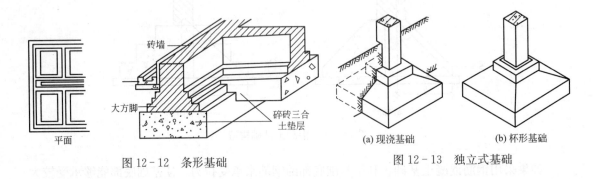

图 12-12　条形基础

图 12-13　独立式基础

3）联合基础

联合基础的常见类型有柱下条形基础、柱下十字交叉基础（井格式基础）、筏形基础和箱形基础。当独立基础置于较弱地基上时，为了提高建筑物的整体性，避免柱子之间产生不均匀沉降，这时常把基础连起来，形成柱下条形基础和柱下十字交叉基础（图 12-14）。

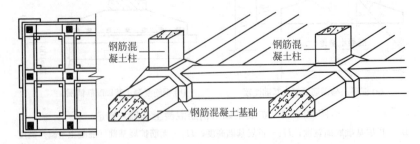

图 12-14　柱下十字交叉基础（井格式基础）

当地基特别弱而上部结构荷载又很大，即使做成联合条形基础或十字交叉基础，地基的承载力仍不能满足要求时，可将基础做成一整块钢筋混凝土板，形成筏形基础。筏形基础是指柱下或墙下连续的平板式或梁板式钢筋混凝土基础，它整体性好，可跨越基础下的局部软弱土。筏形基础根据使用条件和断面形式，又可分为板式和梁板式两种（图 12-15）。

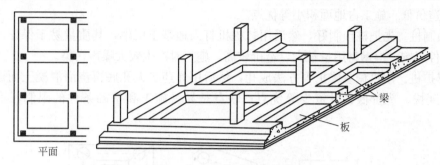

平面

图 12-15 梁板式筏形基础

当建筑物设有地下室，且基础埋深较大时，可将地下室做成整浇的钢筋混凝土箱形基础，它能承受很大的弯矩，可用于特大荷载的建筑物。箱形基础是指由底板、顶板、侧墙和一定数量内隔墙构成的整体刚度较好的单层或多层钢筋混凝土基础。箱形基础对抵抗地基的不均匀沉降有利，一般适用于高层建筑或在软弱地基上建造的重型建筑物（图 12-16）。

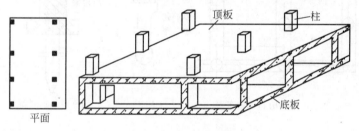

平面

图 12-16 箱形基础

4）桩基础

当建筑物上部荷载较大，地基的软弱土层较厚，一般人工地基不具备条件或不经济时，可采用桩基础。桩基础是指由设置于岩土中的桩和与桩顶连接的承台共同组成的基础，或由柱与桩直接连接的单桩基础。桩基础可使基础上的荷载通过桩柱传给地基土层，以保证建筑物的安全使用和均匀沉降。桩基础按承载方式不同可分为端承桩和摩擦桩两种，其中前者的桩端直接支承在坚实的岩土上，在承载能力极限状态下，桩顶竖向荷载主要由桩端阻力承受。而后者在承载能力极限状态下，桩顶竖向荷载主要由桩侧阻力（桩壁与土层之间的摩擦力）承受（图 12-17）。

桩基础由承台和桩柱两部分组成（图 12-18）。

（1）承台。在桩柱顶现浇的钢筋混凝土板，上部支承柱的为承台板，上部支承墙的为承台梁。

（2）桩柱。按材料的不同可分为木桩、土桩、砂桩、混凝土桩、钢筋混凝土桩等，目前采用较多的是钢筋混凝土桩，按施工方法不同可分为灌注桩、

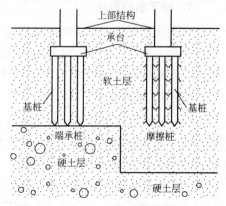

图 12-17 端承桩与摩擦桩

预制桩和爆扩桩 3 种。

① 灌注桩。直接在桩位上开圆形孔，在孔内放钢筋骨架，然后浇灌混凝土而成。具有施工快、造价低、施工占地面积小等优点。

② 预制桩。先把桩预制好，然后用打桩机打入地基土层中。其质量易于保证，不受地基其他条件影响，但钢材用量较大，造价较高，施工时产生较大噪声污染。

③ 爆扩桩。用机械或爆扩等方法成孔，然后用炸药扩大孔底再浇灌混凝土而成。爆扩桩具有速度快、造价低、投资少等优点；缺点是易受施工和基础条件的限制，不易保证质量。

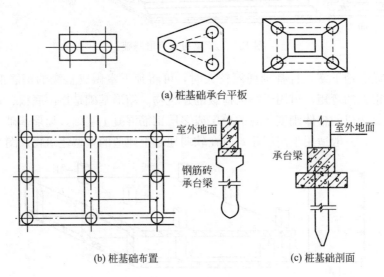

(a) 桩基础承台平板

(b) 桩基础布置   (c) 桩基础剖面

图 12-18　桩基础

12.2　地下室的构造

1. 地下室的概念

建筑物底层地面以下的空间称地下室。设置地下室可提高土地的利用率，适用于地下商场、车库、餐厅、库房、设备用房及战备防空等。地下室一般由墙、底板、顶板、门、窗、采光井和楼梯等部分组成（图 12-19）。

2. 地下室的分类

（1）按使用性质分类，有普通地下室和防空地下室。普通地下室是指普通的地下空间，防空地下室是指有防空要求的地下空间。防空地下室应妥善解决紧急状态下的人员隐蔽与疏散，应有保证人身安全的技术措施。

（2）按埋入地下深度分类，有全地下室和半地下室。地下室地坪面低于室外地坪的高度超过该房间净高的 1/2 的称为全地下室；地下室地坪面低于室外地坪高度超过该房间净高的 1/3，且不超过 1/2 的称为半地下室。

3. 地下室的防潮

由于地下室的墙身、底板长期受到地潮或地下水的侵蚀，因此必须根据地下水的情况和工程的要求，对地下室设计采取相应的防潮、防水措施。地下室的防潮、防水做法取决于地下室地坪与地下水位的关系。当设计最高地下水位低于地下室底板 500 mm，且基地范围内的土壤及回填土无形成上层滞水的可能时，采用防潮做法。当设计最高地下水位高于地下室底板标高且地面水可能下渗时，应采用防水做法。

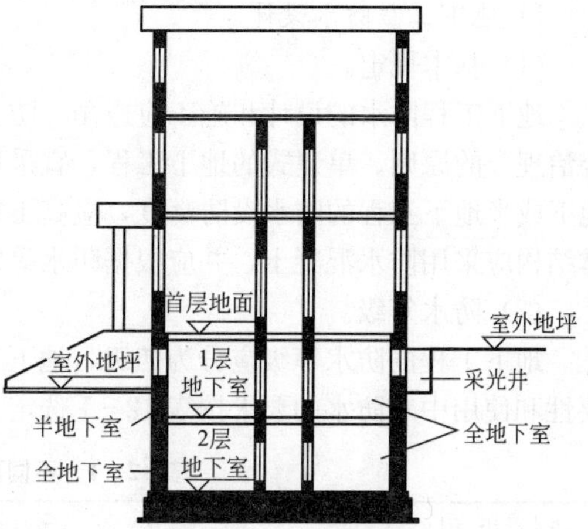

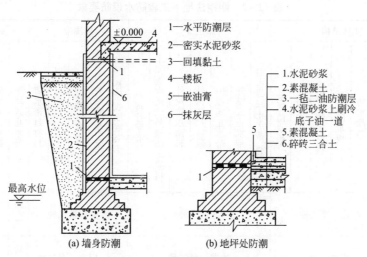

图 12-19 地下室

1）墙体防潮

防潮构造要求地下室的所有墙体都必须设两道水平防潮层。一道设在地下室地坪附近，另一道设在室外地面散水以上 150～200mm 的位置，以防地下潮气沿地下墙身或勒脚处侵入室内。凡在外墙穿管、接缝等处，均应嵌入油膏防潮。当地下室的墙体为砖墙时，墙体必须采用水泥砂浆砌筑，灰缝要饱满；在墙面外侧设垂直防潮层。

2）地面防潮

对于地下室地面，主要采用混凝土材料防潮。防潮层一般设在垫层与地层面层之间，且与墙身水平防潮层在同一水平地面上。当地下室使用要求较高时，可在围护结构内侧加涂防潮涂料，以消除或减少潮气渗入（图 12-20）。

图 12-20 地下室防潮处理

4. 地下室防水

地下室防水做法应遵守现行《地下工程防水技术规范》（GB 50108）中的有关规定：

1）地下工程防水设计

（1）基本规定。

地下工程防水的设计和施工应遵循"防、排、截、堵相结合，刚柔相济，因地制宜，综合治理"的原则。单建式的地下工程，宜采用全封闭、部分封闭的防排水设计；附建式的全地下或半地下工程的防水设防高度，应高出室外地坪高程 500 mm 以上。地下工程迎水面主体结构应采用防水混凝土，并应根据防水等级的要求采取其他防水措施。

（2）防水等级。

地下工程的防水等级应分为四级，地下工程不同防水等级的适用范围，应根据工程的重要性和使用中对防水的要求按表 12-1 选定。

表 12-1　不同防水等级的适用范围

防水等级	适用范围
一级	人员长期停留的场所；因有少量湿渍会使物品变质、失效的贮物场所及严重影响设备正常运转和危及工程安全运营的部位；极重要的战备工程、地铁车站
二级	人员经常活动的场所；在有少量湿渍的情况下不会使物品变质、失效的贮物场所及基本不影响设备正常运转和工程安全运营的部位；重要的战略工程
三级	人员临时活动的场所；一般战备工程
四级	对渗漏水无严格要求的工程

（3）防水设防要求。

地下工程的防水设防要求，应根据使用功能、使用年限、水文地质、结构形式、环境条件、施工方法及材料性能等因素确定。如明挖法地下工程的防水设防要求应按表 12-2 选用。

表 12-2　明挖法地下工程防水设防要求

工程部位		主体结构							施工缝							后浇带					变形缝（诱导缝）					
防水措施		防水混凝土	防水卷材	防水涂料	塑料防水板	膨润土防水材料	防水砂浆	金属防水板	遇水膨胀止水条（胶）	外贴式止水带	中埋式止水带	外抹防水砂浆	外涂防水涂料	水泥基渗透结晶型防水涂料	预埋注浆管	补偿收缩混凝土	外贴式止水带	预埋注浆管	遇水膨胀止水条（胶）	防水密封材料	中埋式止水带	外贴式止水带	可卸式止水带	防水密封材料	外贴防水卷材	外涂防水涂料
防水等级	一级	应选	应选一至二种						应选二种							应选	应选二种				应选	应选一至二种				
	二级	应选	应选一种						应选一至二种							应选	应选一至二种				应选	应选一至二种				
	三级	应选	宜选一种						宜选一至二种							应选	宜选一至二种				应选	宜选一至二种				
	四级	宜选	—						宜选一种							应选	宜选一种				应选	宜选一种				

2）地下工程防水构造

地下工程迎水面主体结构应采用防水混凝土，并应根据不同防水等级的要求设置防水层，防水层可选用防水卷材、防水涂料、塑料或金属防水板、防水砂浆、膨润土防水材料等（表 12-2）。通常按防水层与主体结构的位置关系不同，地下工程防水构造形式可分为外防水、内防水、内外组合防水。外防水是将防水材料设置于迎水面，即地下室外墙的外侧和底板的下面（图 12-21），这种构造形式防水效果好，应用最为普遍；但维修困难，漏水处难以查找。内防水是将防水材料设置于背水一面（图 12-22），优点是施工简便，便于维修；但不能起到使主体结构免受地下水侵蚀的保护作用，多用于修缮工程。

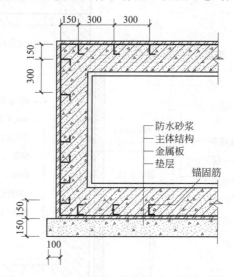

图 12-21 地下工程金属板防水层外防水构造

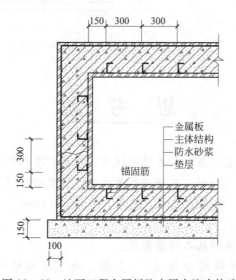

图 12-22 地下工程金属板防水层内防水构造

图 12-23 所示为地下室卷材防水层典型构造做法。卷材防水层宜用于经常处在地下水环境，且受侵蚀性介质作用或受振动作用的地下工程。卷材防水层应铺设在混凝土结构的迎

水面（外防水）。卷材防水层用于建筑物地下室时，应铺设在结构底板垫层至墙体防水设防高度的结构基面上。采用卷材防水层做法时，应及时做保护层：顶板卷材防水层上应设细石混凝土保护层，保护层厚度不宜小于 70 mm（机械碾压回填土时）或不宜小于 50 mm（人工回填土时），并宜在防水层与保护层之间设置隔离层；底板卷材防水层上的细石混凝土保护层厚度不应小于 50 mm。侧墙卷材防水层宜采用软质保护材料（如 50 mm 厚聚苯乙烯泡沫塑料板）或铺抹 20 mm 厚 1∶2.5 水泥砂浆层，并回填 2∶8 灰土作隔水层，见图 12 - 23。

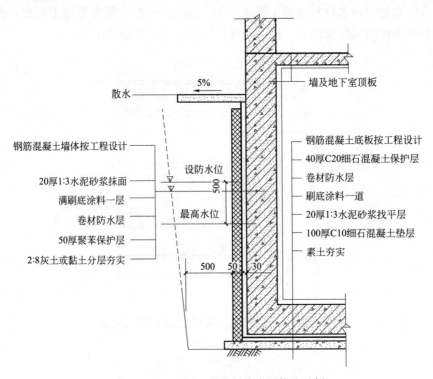

图 12 - 23　地下工程卷材防水层构造示例

思 考 题

1. 名词解释：人工地基，基础，基础的埋深，无筋扩展基础，筏形基础，半地下室。

2. 单选题：地基土质均匀时，基础应尽量浅埋，但最小埋深应不小于（　　）。

A. 300 mm　　　　B. 400 mm　　　　C. 500 mm　　　　D. 600 mm

3. 简述基础的构造形式。

4. 绘图说明砖基础的两种基本构造形式。

5. 地下工程的防水等级应分为（　　）级。地下工程迎水面主体结构应采用防水（　　），并应根据不同防水等级的要求设置防水层，防水层可选用防水（　　）、防水（　　）、（　　）防水板、防水（　　）、（　　）防水材料等。

第 13 章

竖向交通设施

【本章内容概要】

本章介绍楼梯、电梯、自动扶梯及坡道等竖向交通设施的特点、分类、设计及施工具体要求。

【本章学习重点与难点】

学习重点：楼梯的结构与特点。

学习难点：楼梯的构造设计。

13.1 房屋交通设施

联系房屋各层不同高度空间的竖向交通设施有楼梯、电梯、自动扶梯及坡道等。这里所说的"竖向"，并不是说上述几种交通设施都是垂直方向的，而是具有一定的"坡度"，如图 13-1 所示。

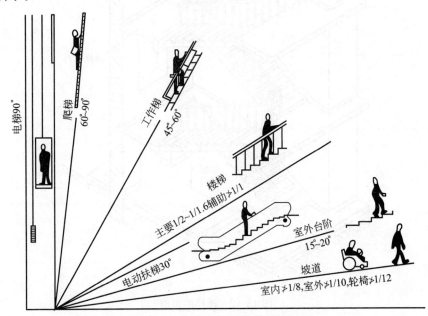

图 13-1　各种交通设施的适用坡度

（1）楼梯：是多层和高层建筑必需的竖向交通和安全疏散设施，在设计和施工中要求楼梯不仅有足够的通行宽度和疏散能力，而且要坚固、耐久、防火、安全和美观。

（2）电梯：用于层数较多或有特殊需要的建筑中（如医院），一般分载客和载货两大类，应根据不同电梯厂家提供的设备尺寸、运行速度及对土建的要求进行具体设计。

（3）自动扶梯：适用于具有大量频繁而连续人流的大型公共建筑，如火车站、地铁站、航空港、展览馆、游乐场及商场等。

（4）坡道：用于有车辆通行、大量集中人流或其他特殊要求的建筑中，如车库、医院、托儿所、幼儿园、大型公共建筑和其他有无障碍设计要求的建筑。特点是省力、通行量大，但占用建筑面积多。

13.2 楼梯设计

1. 楼梯的组成

楼梯主要由楼梯梯段、楼梯平台和栏杆扶手 3 部分组成。如图 13-2 所示。

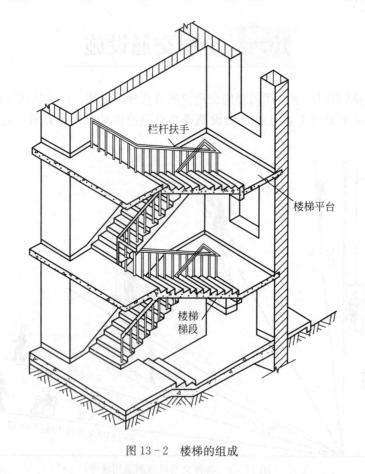

图 13-2　楼梯的组成

（1）楼梯梯段。设有踏步，供层间上下行走的通道构件称为梯段。踏步由踏面（供行走时踏脚的水平部分）和踢面（形成踏步高度的垂直部分）组成，梯段的坡度由踏步形成。

（2）楼梯平台。连接两个梯段的水平构件称为平台，平台可用来连通楼层、转换梯段方向和行人中途休息。在楼层上下楼梯的起始部位与楼层标高一致的平台称为楼层平台，介于两个楼层之间的平台称为中间平台，中间平台也称休息平台。

（3）栏杆扶手。为保护楼梯上行人行走的安全，楼梯梯段的边缘和平台临空的一面应设置栏杆或栏板，栏杆或栏板顶部供行人依扶用的连续构件称为扶手。

《民用建筑设计通则》（GB 50352—2005）中对楼梯的基本设计要求如下：

（1）楼梯的数量、位置、宽度和楼梯间形式应满足使用方便和安全疏散的要求。

（2）为保证人流通行的安全和舒适，每个梯段的踏步不应超过 18 级，亦不应少于 3 级。

（3）楼梯应至少于一侧设扶手，梯段净宽达三股人流时应两侧设扶手，达四股人流时宜加设中间扶手；每股人流为 0.55 m＋（0～0.15）m。

（4）室内楼梯扶手高度自踏步前缘线量起不宜小于 0.90 m。靠楼梯井一侧水平扶手长度超过 0.50 m 时，其高度不应小于 1.05 m。

（5）踏步应采取防滑措施。

（6）托儿所、幼儿园、中小学及少年儿童专用活动场所的楼梯，梯井净宽大于 0.20 m时，必须采取防止少年儿童攀滑的措施，楼梯栏杆应采取不易攀登的构造，当采用垂直杆件做栏杆时，其杆件净距不应大于 0.11 m。

（7）供老年人、残疾人使用及其他专用服务楼梯应符合专用建筑设计规范的规定。

2. 楼梯分类

楼梯根据布置方式和造型的不同，可分为直上式（直跑楼梯）、曲尺式（折角楼梯）、双折式（双跑楼梯）、多折式（多跑楼梯）、剪刀式、弧形和螺旋式等。如图 13 - 4 所示。

根据组成材料，楼梯可以分为木制、型钢、钢筋混凝土等几种形式，其中钢筋混凝土楼梯又分为现浇式和装配式两种。

3. 楼梯的布置

楼梯的布置即确定楼梯在建筑中的位置和数量，这关系到建筑物中人流交通的组织是否通畅安全，建筑空间的利用是否经济合理。

楼梯的数量主要根据建筑防火要求和楼层人数多少来确定。一般根据安全疏散距离的要求和建筑的功能要求来确定楼梯的数量和位置。安全疏散距离是指直通疏散走道的房间疏散门或住宅建筑的户门至最近安全出口的直线距离，常见建筑类型不同耐火等级建筑物的安全疏散距离数值详见《建筑设计防火规范》（GB 50016—2014）中第 5.5.17 条和第 5.5.29 条的有关规定。

由于采光和通风的要求，通常楼梯沿外墙设置，可布置在较差的朝向一侧。进深较大的房屋，楼梯可布置在中部，但须用一定措施解决楼梯的采光通风问题，如在楼梯边安排小天井或采用人工照明和机械通风等。

4. 楼梯的尺度设计要求

楼梯的尺度设计要求可分为剖面尺寸要求（梯段坡度、踏步高度、净空高度、扶手高度等）和平面尺寸要求（踏步宽度、梯段宽度、梯段长度、平台宽度、梯井宽度等）两个方面，具体尺寸要求如下。

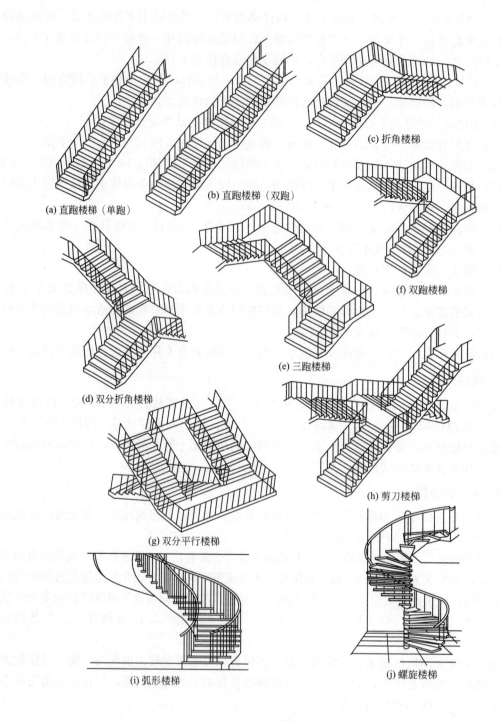

(a) 直跑楼梯（单跑）

(b) 直跑楼梯（双跑）

(c) 折角楼梯

(d) 双分折角楼梯

(e) 三跑楼梯

(f) 双跑楼梯

(g) 双分平行楼梯

(h) 剪刀楼梯

(i) 弧形楼梯

(j) 螺旋楼梯

图 13-3 楼梯形式

（1）梯段坡度。楼梯梯段的坡度一般为 20°～45°，其中以 30°左右较为常用；坡度大于 45°为爬梯，小于 20°为坡道（图 13 - 4）。

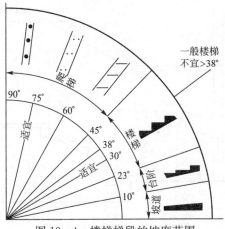

图 13 - 4　楼梯梯段的坡度范围

楼梯的坡度也就是踏步的高宽比（踢面高度和踏面宽度之比）。踏步的踢面越低，踏面越宽，则坡度越小，行走越舒适，但楼梯所占的空间也越大，所以确定楼梯的踏步尺寸时应综合考虑各种因素。

（2）踏步尺寸。踏步尺寸是指踏步的高度和宽度，其尺寸应符合《民用建筑设计通则》（GB 50352—2005）（表 13 - 1）或某建筑类型设计规范的规定。确定踏步尺寸一般可按经验公式：$2h + b = 600 \sim 620 \, \text{mm}$ 来计算，公式中 b 为踏面宽度，h 为踢面高度。

表 13 - 1　楼梯踏步最小宽度和最大高度　　　　　　　　　　单位：m

楼梯类别	最小宽度	最大高度
住宅共用楼梯	0.26	0.175
幼儿园、小学校等楼梯	0.26	0.15
电影院、剧场、体育馆、商场、医院、旅馆和大中学校等楼梯	0.28	0.16
其他建筑楼梯	0.26	0.17
专用疏散楼梯	0.25	0.18
服务楼梯、住宅套内楼梯	0.22	0.20

注：无中柱螺旋楼梯和弧形楼梯离内侧扶手中心 0.25 m 处的踏步宽度不应小于 0.22 m。

（3）净空高度。楼梯平台上部及下部过道处的净高不应小于 2 m，梯段净高不宜小于 2.20 m（图 13 - 5）。梯段净高为自踏步前缘（包括最低和最高一级踏步前缘线以外 0.30 m 范围内）量至上方突出物下缘间的垂直高度。

（4）扶手高度。室内楼梯扶手高度自踏步前缘线量起不宜小于 0.90 m。靠楼梯井一侧水平扶手长度超过 0.50 m 时，其高度不应小于 1.05 m。儿童使用的楼梯应在 500～600 mm 高度再设置一道扶手（图 13 - 6）。

（5）梯段宽度。墙面至扶手中心线或扶手中心线之间的水平距离即楼梯梯段宽度，除应符合防火规范的规定外，供日常主要交通用的楼梯的梯段宽度应根据建筑物使用特征，按每

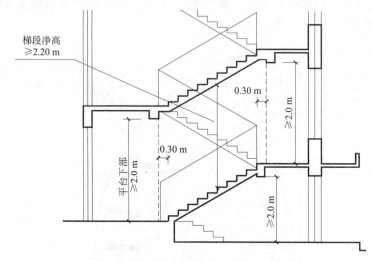

图 13-5　楼梯净高尺寸要求

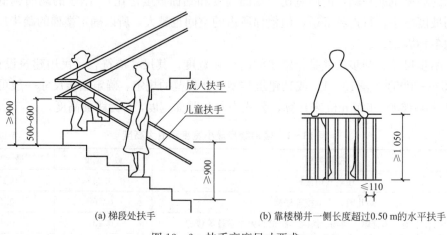

(a) 梯段处扶手　　　　　(b) 靠楼梯井一侧长度超过0.50 m的水平扶手

图 13-6　扶手高度尺寸要求

股人流为 0.55 m＋（0～0.15）m 的人流股数确定，并不应少于两股人流。0～0.15 m 为人流在行进中人体的摆幅，公共建筑人流众多的场所应取上限值。

《建筑设计防火规范》（GB 50016—2014）中规定：公共建筑疏散楼梯的净宽度不应小于 1.10 m；高层医疗建筑疏散楼梯的最小净宽度为 1.30 m，其他高层公共建筑为 1.20 m。住宅建筑疏散楼梯的净宽度不应小于 1.10 m；建筑高度不大于 18 m 的住宅中一边设置栏杆的疏散楼梯，其净宽度不应小于 1.0 m。

（6）梯段长度。梯段的长度由该段的踏步数和每一步的踏面宽决定。在楼梯平面图上用线来反映高差，一条线是一步（图 13-8）。由于平台与梯段之间也存在一步的高差，因此有 n 个踏步的梯段的长度为 $b×（n-1）$，而不是 $b×n$（b 为踏面宽）。

（7）平台宽度。梯段改变方向时，扶手转向端处的平台最小宽度不应小于梯段宽度，并不得小于 1.20 m，当有搬运大型物件需要时应适量加宽（图 13-7）。

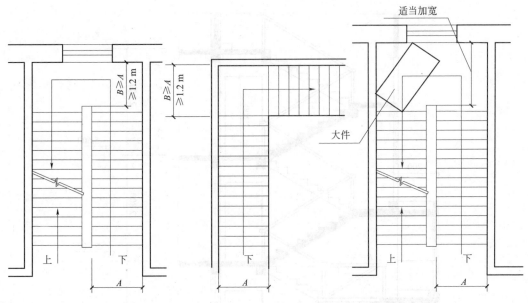

图 13 - 7　平台宽度尺寸要求

（8）梯井宽度。梯井指楼梯梯段之间形成的上下贯通的空间，梯井宽度一般要满足施工要求，通常取 100～200 mm。只要能满足扶手安装的要求，梯井宽度不宜过大；如住宅建筑楼梯井的净宽度大于 0.11 m 时，必须采取防止儿童攀滑的措施。

5. 楼梯设计方法

楼梯设计应根据有关规范（建筑设计防火规范、建筑模数协调统一标准、某类型建筑的设计规范等）和该建筑物的具体要求（如层高、室内外高差等）来进行。

进行楼梯设计首先必须了解上述的楼梯尺度要求和相关建筑规范，其次须了解建筑物具体的使用条件（如层高、墙厚、室内外高差、首层休息平台下是否设出入口等）。根据这些条件，设计人员须确定楼梯间的开间、进深尺寸和楼梯各部分（包括踏步、梯段、平台、梯井等）的具体尺寸，使其满足功能、尺度和规范的要求。最后绘制楼梯剖面图和各层平面图。

楼梯设计应先设计标准层楼梯，然后是非标准层楼梯。非标准层主要是首层和顶层，要满足一些特殊要求，如首层休息平台下设置出入口等。

楼梯的形式较多，其中平行双折式楼梯由于具有结构简洁、占用空间少等特点，能满足一般多层、高层建筑楼梯的使用要求，应用最广泛。这里就以平行双折式楼梯为例，探讨楼梯设计的一般方法。

楼梯是建筑物中联系不同高度空间的竖向交通设施，因此楼梯设计首先应解决高度上的问题，应从剖面设计开始进行。

1）楼梯剖面设计（图 13 - 8）

（1）初选踏步尺寸：根据建筑物的使用功能要求、层高 H 和踏步尺寸经验公式（$2h + b = 600～620$ mm）初步确定踏步高度 h 和踏步宽度 b 的具体尺寸；

（2）确定每层两个梯段的总踏步数 N：$N = H/h$（H 为层高，h 为踏步高度）；

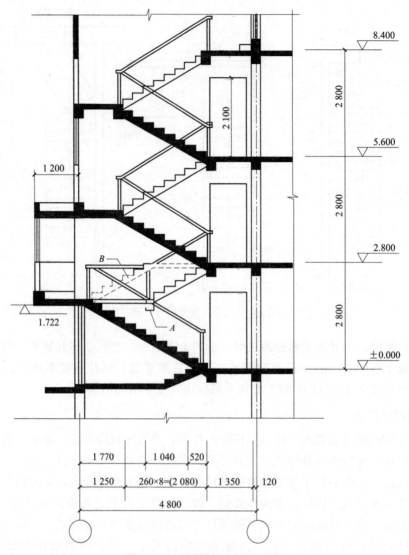

图 13-8 楼梯剖面设计示意图

（3）确定每个梯段的踏步数 n：标准层一般可设计为等跑梯段，$n = N/2$ 且 $3 \leqslant n \leqslant 18$。

2）楼梯平面设计（图 13-9）

（1）确定开间尺寸：开间尺寸 $= 2 \times (1/2)$ 墙厚（假设轴线居中）$+ 2 \times$（梯段宽度 B + 扶手中心线到梯段或平台边缘的距离 B_4）+ 梯井宽度 B_1。

（2）确定进深尺寸：进深尺寸 $= 2 \times (1/2)$ 墙厚（假设轴线居中）+ 楼层平台宽度 B_2 + 休息平台宽度 B_3 + $2 \times$ 扶手中心线到梯段或平台边缘的距离 B_4 + 梯段长度 L。其中扶手中心线到梯段或平台边缘的距离 B_4 一般为 $50 \sim 60$ mm，注意楼层平台和中间平台的宽度均应不小于梯段宽度。

梯段长 L = 踏步宽度 $b \times$（该梯段踏步数 $n - 1$），若为等跑梯段则梯段长为 $L = b \times (n/2 - 1)$，若为不等跑梯段则取较长的即踏步数较多的梯段计算进深尺寸。

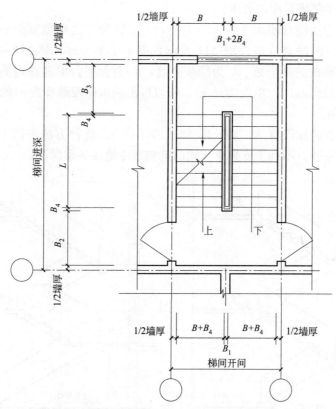

图 13-9 楼梯平面设计示意图

B—梯段宽度；B_1—梯井宽度；B_2—楼层平台宽度；B_3—中间平台宽度；

B_4—扶手中心线到梯段或平台边缘的距离；L—梯段长度

3）楼梯首层设计

楼梯首层有时要满足一些特殊要求，各部分尺寸须在标准层的基础上作必要的调整。其中最常见的是在楼梯首层休息平台下设出入口，此时常常不能满足净高要求，可采取以下办法解决：

（1）降低首层入口处休息平台下局部地坪的标高，即将入口处一部分室外台阶移进室内楼梯起始处〔图 13-10（a）〕。为防止室外雨水倒灌，须注意入口处应至少保留 150 mm 的室内外高差。

（2）提高首层休息平台的标高，即增加第一个梯段的踏步数〔图 13-10（b）〕。此种处理形成步数不等的梯段（即长短跑梯段），可能需要加大楼梯间进深（图 13-8）。采用这种方法时须注意以下两个问题：首先是踏步数较少梯段的形式是折线形，由带有踏步的倾斜部分和水平部分组成；其水平部分可设置在中间平台一端〔图 13-10（b）〕或楼层平台一端〔图 13-10（c）〕，设计时应注意选择能满足平台处和梯段处的净高要求的形式。其次是平台梁的位置，一般等跑梯段的平台梁位于倾斜梯段部分的两端〔图 13-10（a）、（d）〕，而长短跑梯段设计中踏步数较少梯段的平台梁则应布置在其水平部分和平台的交接处〔图 13-8，图 13-10（b）、（c）〕。上述问题如处理不当，就会使楼梯设计不能满足使用要求，如图 13-8 中 A、B 两处虚线所示就是两种典型的错误：A 处平台梁位置不对，B 处水平梯段设置的位置不能满足净高要求。

（3）以上两种方法结合使用［图13-10（c）］，这种方法稍微复杂一些，综合效果较好。由于休息平台下的净高（假设用 ΔH 表示）应不小于2 m，即 $\Delta H = n_1 h - h_1 + h_2 \geqslant 2\,000$，（$n_1$ 为长跑梯段的踏步数，h 为踏步高度，h_1 为含平台梁高在内的休息平台结构高度，h_2 为地坪局部降低高度，单位为mm），所以得出长跑梯段踏步数 n_1 的计算方法为 $n_1 \geqslant (2000 - h_2 + h_1)/h$。

（4）首层采用直跑梯段直达二楼［图13-10（d）］。此种方法多用于住宅，首层楼梯梯段很长需延伸至室外，不利于安装单元式门禁和寒冷地区冬季保温。

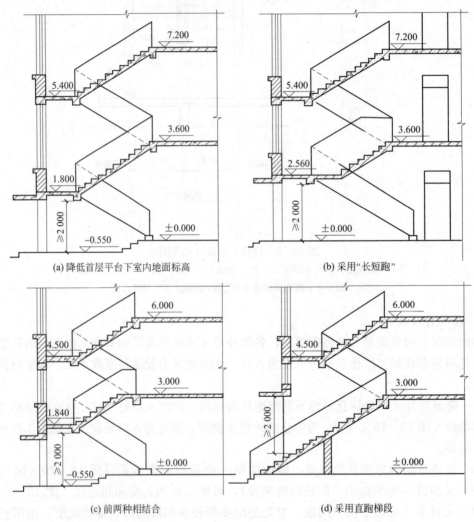

图13-10　楼梯首层休息平台下作出入口时满足净高要求的几种方式

6. 楼梯的平面表示方法

楼梯平面图其实是平剖面图，剖切位置默认为站在该层平面上的人眼的高度位置，因此在楼梯的平面图上会出现剖切线并且楼梯因其所处楼层的不同有不同的表示法。此外，楼梯各层平面图上都必须用箭头和文字标明上下行的方向，并且从楼层平台开始标注上行或下行。

这里以平行双折式楼梯为例来说明楼梯各层平面的表示法：在首层楼梯平面中，剖切线将梯段在人眼的高度处截断，一般只表示上行段；中间标准层楼梯的上行段表示法同首层，下行段的可见部分表示至上行段剖切线处为止；顶层楼梯因为只有向下行一个梯段，所以不会出现剖切线（图13-11）。

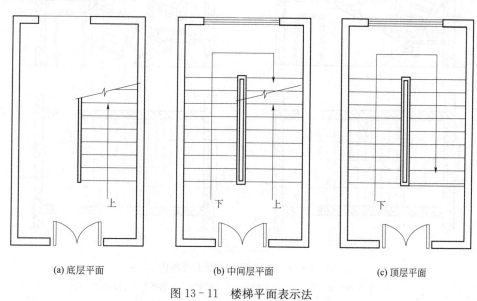

(a) 底层平面　　　　　(b) 中间层平面　　　　　(c) 顶层平面

图13-11　楼梯平面表示法

13.3 楼梯构造

1. 楼梯分类

根据组成材料，楼梯可分为木制、型钢及钢筋混凝土等几种形式。钢筋混凝土楼梯具有坚固耐用，防火、防震性能较好等优点，应用最为广泛。本节着重介绍钢筋混凝土楼梯的主要特点。

根据楼梯的结构形式，楼梯一般可分为平台梁支承式、悬挑式和悬挂式3种。其中平台梁支承式又可分为板式梯段和梁板式梯段两种形式。悬挑梯段式又可分为侧边出挑、空间出挑和中心柱出挑。

2. 钢筋混凝土楼梯

钢筋混凝土楼梯按施工方式不同有现浇式和预制装配式两大类。现浇钢筋混凝土楼梯的整体性好，易于造型等优点。缺点是施工烦琐、工期较长等。而预制装配式现场安装，施工速度快。缺点是楼梯的造型和尺寸受限。预制装配式楼梯又可分为小型构件装配式楼梯和大中型构件装配式楼梯等。

1）现浇式钢筋混凝土楼梯

现浇式钢筋混凝土楼梯又称整体式钢筋混凝土楼梯，是指在施工现场将楼梯段、楼梯平台等整浇在一起。这种楼梯整体性好，刚度大，对抗震较为有利，但施工速度慢，模板耗费多。根据梯段的传力特点不同，有板式楼梯和梁板式楼梯之分（图 13 - 12）。

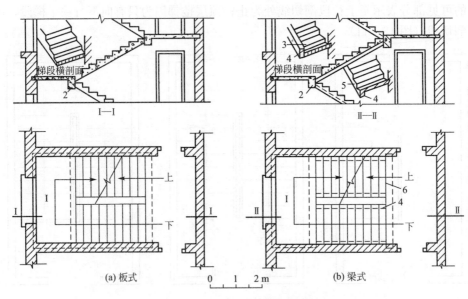

梯段横剖面

Ⅰ—Ⅰ

Ⅱ—Ⅱ

(a) 板式   0   1   2 m   (b) 梁式

图 13 - 12   现浇钢筋混凝土楼梯构造

1—平台板；2—平台梁；3—暗步；4—斜梁；5—明步；6—楼面梁

（1）板式楼梯。板式楼梯是指梯段作为一块整板两端支承在平台梁上。板式楼梯结构简单、施工方便、底面平整，但自重较重，材料耗费较多。或者不设平台梁，梯段和平台板作为一个整体支承在墙上或梁上，由于跨度加大，板厚和材料用量比前者更大。板式楼梯只适用于跨度不大的楼梯。

（2）梁板式楼梯。梁板式楼梯的梯段支承在斜梁上，而斜梁支承在平台梁上。斜梁可布置在梯段踏步板的下面或侧面（可布置在两侧或一侧，一侧布置时梯段另一侧由墙支承）。和板式楼梯比较，梁板式楼梯可使板跨缩小，板厚减薄，可用于跨度较大的楼梯。

2）预制装配式钢筋混凝土楼梯

预制装配式钢筋混凝土楼梯根据构件尺度不同大致可分为小型构件装配式和大中型构件装配式两大类。

（1）小型构件装配式钢筋混凝土楼梯构件小而轻，易制作，但施工繁而慢，湿作业多，耗费人力，适用于施工条件较差的地区。小型构件装配式又分为墙承式、悬挑式和梁承式。

① 墙承式。这种支承方式是把预制踏步搁置在两面墙上，梯段上不设斜梁，一般适用于直上式楼梯或中间设电梯间的三折式楼梯。如图 13 - 13 所示。

② 悬挑式。是将预制的悬挑踏步构件按楼梯尺

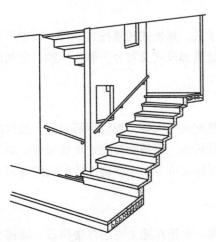

图 13 - 13   墙承式

寸需要依次砌入一面砖墙中，踏步板另一侧悬空，是小型预制构件楼梯中最方便、简单的一种支承方式。楼梯休息平台一般可用空心板或槽形板，不设平台梁和斜梁，净高有所增加，造型较为轻巧。一般情况下，没有特殊的冲击荷载，悬臂踏步楼梯还是安全可靠的，但不宜用于 7 度以上的地震区建筑。如图 13 - 14 所示。

③ 梁承式。这种支承方式是将预制踏步搁置在斜梁上形成梯段，梯段斜梁搁置在平台梁上，平台梁搁置在两边墙或柱上；楼梯休息平台可用空心板或槽形板搁在两边墙上或用小型的平台板搁在平台梁和纵墙上。如图 13 - 15 所示。

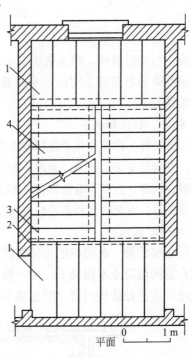

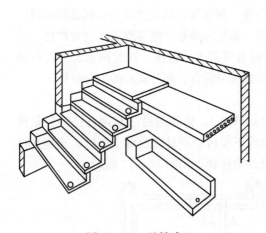

图 13 - 14　悬挑式

图 13 - 15　梁承式楼梯标准层平面图
1—板；2—平台梁；3—楼梯斜梁；4—踏步板

（2）大中型构件装配式钢筋混凝土楼梯。大型构件主要是以整个梯段及整个平台为单独的构件单元，在工厂预制好后运到现场安装，中型构件主要是沿平行于梯段或平台构件的跨度方向将构件划分成几块，以减少对大型运输和起吊设备的要求，构件从小型改为大中型可以减少预制件的品种和数量，利用吊装工具进行安装，从而简化施工，加快速度，减轻劳动强度。

① 大型构件装配式楼梯。大型构件装配式楼梯是将梯段连平台预制成一个构件，断面可作成板式或空心板式、双梁槽板式或单梁式。这种楼梯主要用于工业化程度高专用体系的大型装配式建筑中，或用于建筑平面设计和结构布置有特别需要的场所。

② 中型构件装配式楼梯。中型构件装配式楼梯一般是以楼梯段和平台各做一个构件装配而成。

3. 楼梯细部构造

1）踏步面层和防滑构造

楼梯踏步要求面层耐磨，便于清洁，构造做法一般与地面相同，如水泥砂浆面层、水磨石面层、缸砖贴面、大理石和花岗石等石材贴面、塑料铺贴或地毯铺贴等。如图13-16所示。

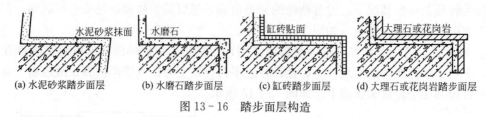

| (a) 水泥砂浆踏步面层 | (b) 水磨石踏步面层 | (c) 缸砖踏步面层 | (d) 大理石或花岗岩踏步面层 |

图13-16　踏步面层构造

为防止行走时滑跌，踏步表面应有防滑措施。通常是在踏步口留2～3道凹槽或设防滑条。常用的防滑材料有金刚砂、水泥铁屑、橡胶条、塑料条、金属条、马赛克、缸砖、铸铁、折角铁等。

2）栏杆、栏板和扶手

楼梯的栏杆、栏板和扶手是梯段上所设的安全设施，根据梯段的宽度设于一侧或两侧或梯段中间，应满足安全、坚固、美观、舒适、构造简单、施工和维修方便等要求。空花栏杆一般采用圆钢、钢管、方钢等组合制成。实心栏板的材料有混凝土、砌体、钢丝网水泥、有机玻璃、装饰板等。空花栏杆和实心栏板可结合在一起形成部分漏空、部分实心的组合栏杆。

3）楼梯的基础

首层楼梯的第一梯段与地面接触处需设基础（即梯基），梯基的做法有两种：一种是梯段支承在钢筋混凝土基础梁上，另一种是直接在梯段下设砖、石材或混凝土基础，当地基持力层较浅时这种做法较经济，但地基不均匀沉降会影响楼梯，如图13-17所示。

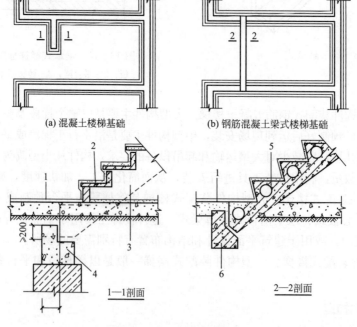

图13-17　楼梯基础构造

1—地面；2—L形踏步；3—梯梁；4—混凝土楼梯基础；5—梯段；6—钢筋混凝土梁

13.4 台阶与坡道

1. 台阶

室外台阶是联系室内外地面即解决室内外地坪高差的交通设施，由踏步和平台组成，其形式有单面踏步式和三面踏步式等（图13-18）。室外台阶坡度一般较平缓，公共建筑室内外台阶踏步宽度不宜小于0.30 m，踏步高度不宜大于0.15 m，并不宜小于0.10 m，踏步应防滑。室内台阶踏步数不应少于2级，当高差不足2级时，应按坡道设置；人流密集的场所台阶高度超过0.70 m并侧面临空时，应有防护设施。

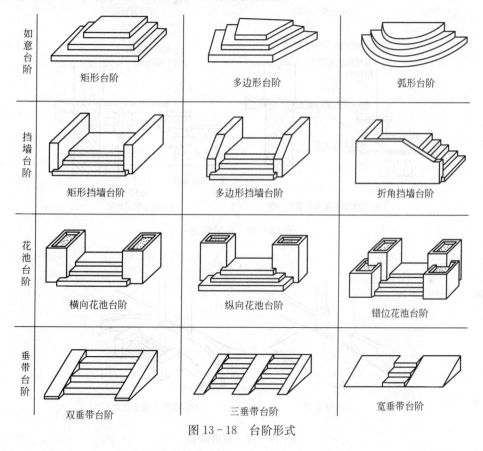

图13-18 台阶形式

为保证人流出入的安全和方便，室外台阶与建筑入口之间应留有一定宽度的缓冲平台，平台表面向室外找1%～4%的排水坡。室外台阶和平台应采用耐久性、耐磨性和抗冻性好的材料，如天然石材、混凝土、缸砖等。

室外台阶的基础一般挖去腐殖土做一垫层即可。为防止台阶和建筑的基础沉降不均匀所造成的倒泛水甚至破坏，一般可将台阶与建筑连成整体一起沉降，或将台阶基础与建筑物分开各自单独沉降。台阶施工应在主体建筑施工完成后再进行，对减少台阶变形会有一定好处。台阶构造类型如图13-19所示。

2. 坡道

为便于车辆通行，室内外有高差处常需设置坡道。坡道可和台阶结合应用，如正面做台阶，两侧做坡道（图 13 - 20）。

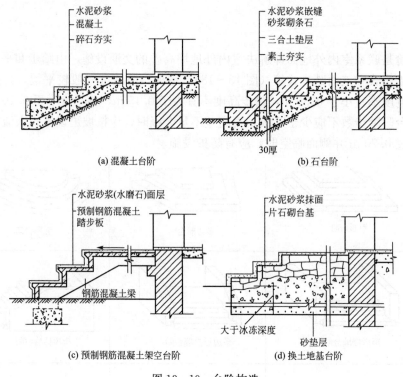

（a）混凝土台阶　　　　　　　　　（b）石台阶

（c）预制钢筋混凝土架空台阶　　　　（d）换土地基台阶

图 13 - 19　台阶构造

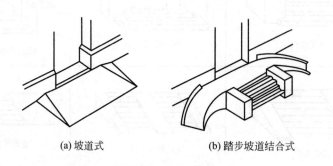

（a）坡道式　　　　　　　　　　（b）踏步坡道结合式

图 13 - 20　坡道形式

坡道的坡度要求随其功能不同而不同：如室内坡道坡度不宜大于 1：8，室外坡道坡度不宜大于 1：10；自行车推行坡道每段坡长不宜超过 6 m，坡度不宜大于 1：5。

室内坡道水平投影长度超过 15 m 时，宜设休息平台，平台宽度应根据使用功能或设备尺寸所需缓冲空间而定。

坡道应采取防滑措施，一般可将坡道面层做成锯齿形［图 13 - 21（c）］或在面层设防滑条［图 13 - 21（d）］。室外坡道面层应选用表面结实和抗冻性好的材料，如混凝土、天然石材等［图 13 - 21（a）、（b）］。

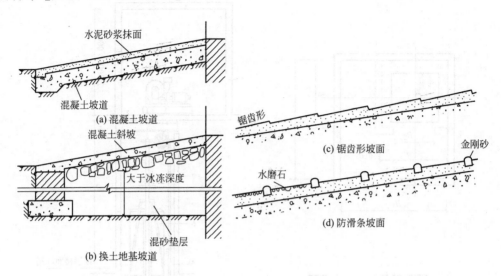

水泥砂浆抹面

混凝土坡道

(a) 混凝土坡道

混凝土斜坡

大于冰冻深度

混砂垫层

(b) 换土地基坡道

锯齿形

(c) 锯齿形坡面

金刚砂

水磨石

(d) 防滑条坡面

图 13 - 21　坡道构造

13.5　电梯与自动扶梯

1. 电梯

电梯是高层建筑和某些多层建筑（如医院、商场、厂房等）必需的垂直交通设施，其类型有客梯、货梯及专用电梯等。电梯不得计作安全出口。

1）电梯的组成

电梯通常由电梯井道、电梯厢（轿厢）和运载设备 3 部分组成。电梯井道内安装导轨、撑架和平衡重，轿厢沿导轨滑行，由金属块叠合而成的平衡重用吊索与轿厢相连保持轿厢平衡。电梯轿厢供载人或载货用，要求经久耐用，造型美观。运载设备包括动力、传动和控制系统 3 部分。如图 13 - 22 所示。

2）电梯的建筑设计要求

要满足电梯的运行要求，建筑须设有井道、地坑和机房，它们的具体尺寸应根据电梯的型号、运行速度、设备大小和检修的需要确定。

3）电梯井道的设计要求

（1）井道的防火。井道是建筑中的垂直通道，火灾事故中火焰和烟气容易从中蔓延，因此井道围护构件应根据有关防火规定进行设计，一般采用钢筋混凝土结构。同时当井道内超过两部电梯时，应用防火围护结构隔开。

（2）井道的隔振与隔声。为减轻电梯运行时产生的振动和噪声对建筑的影响，一般在机房机座下设置弹性垫层。

（3）井道通风。为使井道有良好通风，火灾时能迅速排除烟气和热量，应在井道底部、

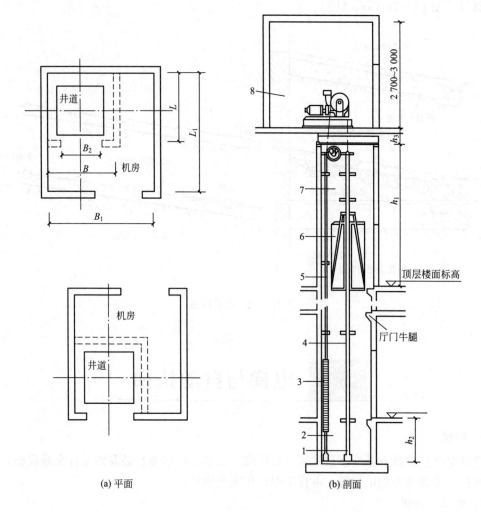

(a) 平面   (b) 剖面

图 13-22   电梯组成

地坑和中部适当位置（高层时）设置通风口，上部可以和排烟口结合。通风口总面积的 1/3 应经常开启，通风管道可在井道顶板上或井道壁上直接通往室外。

（4）其他：地坑应做好防潮和防水处理，坑壁应设爬梯和检修灯槽。

4）电梯门套

电梯厅门是电梯在各层的出入口，厅门洞口处应安装门套，门套装修应与电梯厅的装修相协调，常见做法有水泥砂浆门套、天然石材门套、木板门套、钢板门套等。电梯门一般为双扇推拉门，宽度为 900～1 500 mm，开启方式为双扇推向同一边或中央分开推向两边。

2. 自动扶梯

自动扶梯适用于有大量连续人流的公共场所（如车站、空港、码头、商场等），是建筑物层间连续运输效率最高的载客设施。自动扶梯和自动人行道不得计作安全出口。自动扶梯可正逆运行，做提升和下降使用，停机时可做楼梯行走。自动扶梯的坡度比较平缓，一般不应超过30°，运行速度为0.5～0.7 m/s，规格有单人和双人两种。自动扶梯的平面布置可单台设置或双台并列，双台并列时往往采取一上一下的方式，两部扶梯之间应留有足够的结构间距，以保证使用安全和安装方便。自动扶梯的基本尺寸如图13-23所示。

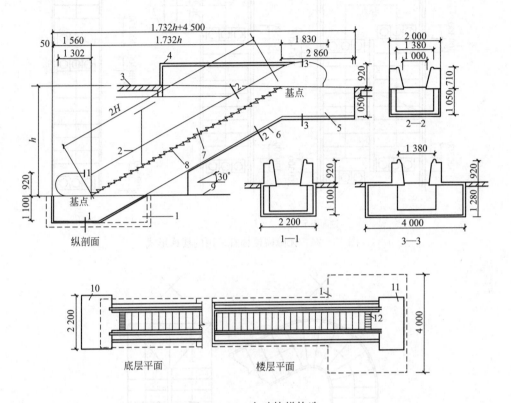

图13-23　自动扶梯构造

1—机房地坪位置；2—扶手带；3—楼层；4—上层栏杆；5—机房；6—外壳；
7—栏板；8—活动梯级；9—底层；10—活动地板；11—活动梯板；12—横板

设置自动扶梯的建筑物上下两层面积总和如超过防火分区面积要求时，应按防火要求设防火隔断或复合式防火卷帘封闭自动扶梯井。

13.6　无障碍设计

1）有高差处的无障碍设计

建筑物解决不同地面之间高差的垂直交通设施（如楼梯、台阶、坡道等）在给某些有无障碍通行需要的人使用时会造成不便，特别是需要借助拐杖和轮椅代步的人和需要借助导盲棍的人。下面就介绍无障碍设计中一些有关楼梯、台阶和坡道等的特殊构造要求。

无障碍楼梯宜采用直线形楼梯，如直上式楼梯、平行双折式楼梯或成直角折行的楼梯等，不宜采用弧形梯段或在休息平台上设置扇形踏步。宜采用的楼梯形式和不宜采用的楼梯形式如图13-24、图13-25所示。

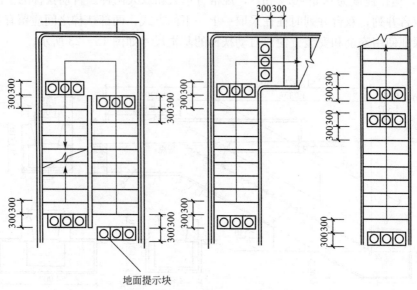

地面提示块

图 13 - 24   无障碍楼梯宜采用的楼梯形式

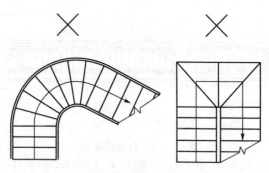

图 13 - 25   无障碍楼梯不宜采用的楼梯形式

2）无障碍楼梯、台阶的踏步设计要求

公共建筑无障碍楼梯的踏步宽度不应小于 280 mm，踏步高度不应大于 160 mm。公共建筑的室内外台阶踏步宽度不宜小于 300 mm，踏步高度不宜大于 150 mm，并不应小于 100 mm。无障碍楼梯、台阶的踏步应选用合理的饰面材料和构造形式：踏面应平整防滑或在踏面前缘设防滑条，踏面和踢面的颜色宜有区分和对比，楼梯和台阶上行及下行的第一阶宜在颜色或材质上与平台或其他阶有明显区别；踏步形式应线形光滑，不应采用无踢面和直角形突缘的踏步，以防发生勾绊行人或其助行工具的意外事故（图 13 - 26）。

3）无障碍楼梯、台阶和坡道的栏杆和扶手设计要求

无障碍楼梯宜在两侧均做扶手；如采用栏杆式楼梯，在栏杆下方宜设置安全阻挡措施。三级及三级以上的台阶应在两侧设置扶手。轮椅坡道的高度超过 300 mm 且坡度大于 1：20 时，应在两侧设置扶手，坡道与休息平台的扶手应保持连贯。轮椅坡道临空侧应设置安全阻挡措施。

无障碍单层扶手的高度应为 850～900 mm，无障碍双层扶手的上层扶手高度应为 850～

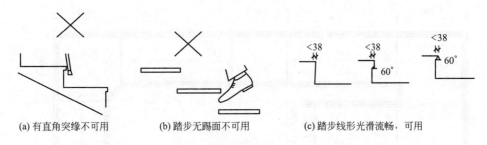

(a) 有直角突缘不可用   (b) 踏步无踢面不可用   (c) 踏步线形光滑流畅，可用

图 13-26   无障碍楼梯踏步的构造形式

900 mm，下层扶手高度应为 650~700 mm。扶手应保持连贯，靠墙面的扶手的起点和
终点处应水平延伸不小于 300 mm 的长度 [图 13-27（a）]。扶手末端应向内拐到墙面
[图 13-27（b）] 或向下延伸不小于 100 mm [图 13-27（c）]，栏杆式扶手应向下成弧形
或延伸到地面上固定。扶手内侧与墙面的距离不应小于 40 mm；扶手应安装坚固，形状易
于抓握（图 13-28）。圆形扶手的直径应为 35~50 mm，矩形扶手的截面尺寸应为 35~
50 mm。扶手的材质宜选用防滑、热惰性指标好的材料。

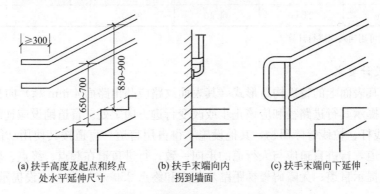

(a) 扶手高度及起点和终点   (b) 扶手末端向内   (c) 扶手末端向下延伸
处水平延伸尺寸   拐到墙面

图 13-27   无障碍扶手高度尺寸及收头方式

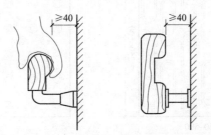

图 13-28   无障碍扶手与墙面的距离尺寸及其断面形式

4）轮椅坡道设计要求

轮椅坡道宜设计成直线形、直角形或折返形。轮椅坡道的净宽度不应小于 1.00 m，无
障碍出入口的轮椅坡道净宽度不应小于 1.20 m。轮椅坡道起点、终点和中间休息平台的水
平长度不应小于 1.50 m（图 13-29）。轮椅坡道的坡面应平整、防滑、无反光。轮椅坡道临
空侧应设置安全阻挡措施。轮椅坡道应设置无障碍标志。

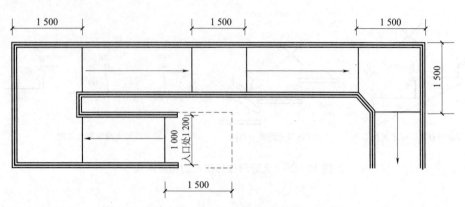

图 13 - 29　轮椅坡道净宽度和中间休息平台的最小尺寸

轮椅坡道的最大高度和水平长度应符合表 13 - 2 的规定。

表 13 - 2　轮椅坡道的最大高度和水平长度

坡度	1 : 20	1 : 16	1 : 12	1 : 10	1 : 8
最大高度/m	1.20	0.90	0.75	0.60	0.30
水平长度/m	24.00	14.40	9.00	6.00	2.40

注：其他坡度可用插入法进行计算。

5）盲道设计要求

盲道利用其表面上的特殊构造形式（其表面纹路应凸出路面 4 mm 高）向视力障碍者提供触感信息，提示其行进路径和应该止步或改变行进方向之处。盲道铺设应连续，应避开树木（穴）、电线杆、拉线等障碍物，其他设施不得占用盲道。盲道按其使用功能可分为行进盲道和提示盲道，行进盲道应与人行道的走向一致；行进盲道在起点、终点、转弯处及其他有需要处应设提示盲道；无障碍楼梯距踏步起点和终点 250～300 mm 宜设提示盲道。

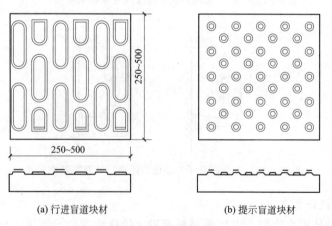

(a) 行进盲道块材　　　　　　　　　(b) 提示盲道块材

图 13 - 30　盲道块材

思 考 题

1. 建筑物的竖向交通设施有哪些类型?

2. 楼梯的数量应根据（   ）和（   ）确定。

3. 简述楼梯的尺度设计要求。

4. 楼梯首层休息平台下要求作通道又不能满足净高要求时，采取什么办法解决?

5. 观察身边建筑物的各种楼梯形式并测绘其一。

6. 单选题：梁板式梯段由哪两部分组成?（   ）

Ⅰ.平台　Ⅱ.栏杆　Ⅲ.斜梁　Ⅳ.踏步板

A. Ⅰ、Ⅲ　　　　　　B. Ⅲ、Ⅳ　　　　　　C. Ⅱ、Ⅳ　　　　　　D. Ⅰ、Ⅳ

7. 公共建筑室内外台阶踏步宽度不宜小于（   ）m，踏步高度不宜大于（   ）m，并不宜小于（   ）m，踏步应（   ）。

8. 设有电梯时，建筑须设置井道、（   ）和（   ）等空间。

9. 单选题：自动扶梯的坡度一般不应超过（   ）。

A. 27°　　　　　　　B. 30°　　　　　　　C. 35°　　　　　　　D. 40°

10. 公共建筑无障碍楼梯的踏步宽度不应小于（   ）mm，踏步高度不应大于（   ）mm。无障碍双层扶手的上层扶手高度应为（   ）mm，下层扶手高度应为（   ）mm。

第14章

门 和 窗

【本章内容概要】

本章介绍了门和窗的功能、类型、组成以及构造方法，同时介绍了建筑遮阳的基础知识。

【本章学习重点与难点】

学习重点：门窗的类型和设计要点。

学习难点：门窗的构造组成及安装方式。

14.1 门

14.1.1 概述

早期的人类将一些自然形成的山洞作为住所，山洞的洞口作为人们出入的通道，同时也是光线和风进出的通道。也有一些人用茅草建起了简易的住所，同样为了进出、通风及采光的目的，搭起简易的出口。

山洞的洞口及茅屋的出口，作为早期住所的"门"，已经具备了出入、疏散、采光、通风等基本功能（图14-1）。

图14-1 门的早期形态

随着建筑物的不断发展，作为建筑物组成部分的门也在不断地发生变化。最早的门多数用木材制作，伴随各种新材料的应用，新类型的门也大量出现。同时还出现具有标志性和象征意义的门。

虽然门的类型很多，但作为建筑物的一部分，门必须具备以下一些基本功能。

（1）采光和通风的要求。

（2）密闭和热工性能的要求。

（3）使用和交通安全方面的要求。

（4）美观要求。

14.1.2 门的功能与分类

门属于房屋建筑中的围护和分隔构件，门的主要功能是作为进出建筑物的交通通道，除此之外，门还要求有保温、防火、防水等功能。

门一般由门框、门扇、亮子、五金零件及其附件组成。亮子又称腰头窗，在门上方，为辅助采光和通风之用，有平开、固定及上、中、下悬几种。门框是门扇、亮子与墙的联系构件。五金零件一般有铰链、插销、门锁、拉手、门碰头等。附件有贴脸板、筒子板等。典型木门构造如图14-2所示。

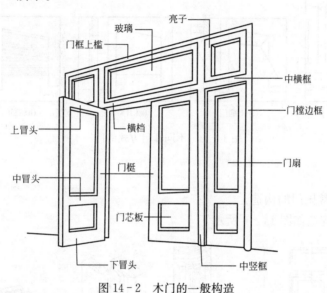

图14-2 木门的一般构造

1）门的分类

根据组成材料，门可以分为木制门、塑料门、塑钢门、玻璃纤维增强塑料门、铝合金门等多种形式。

根据开启方式的不同，门可以分为平开门、弹簧门、推拉门、折叠门、转门、自动门及其他门。民用建筑和厂房的疏散门，应采用向疏散方向开启的平开门，不应采用推拉门、卷帘门、吊门、转门和折叠门。除甲、乙类生产车间外，人数不超过60人且每樘门的平均疏散人数不超过30人的房间，其疏散门的开启方向不限。

（1）平开门。门扇向内或向外开。

（2）弹簧门。以弹簧铰链代替普通铰链，借助弹簧的力量使门扇能向内或向外或双向开闭，开启方式与普通平开门相同。

（3）推拉门。门扇启闭采用横向移动方式。

（4）折叠门。开启时门扇可以折叠在一起。

（5）转门。门以转动方式启闭。

（6）自动门。利用红外感应设备使门在人靠近时能够自动开启的门。

（7）其他门。升降门、卷帘门等。

图 14-3 为不同开启方式的门。

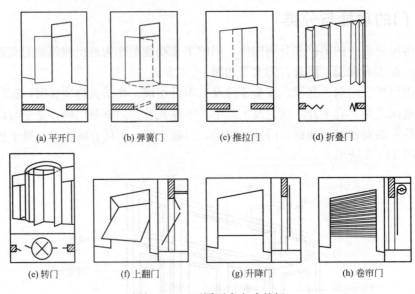

(a) 平开门　　　(b) 弹簧门　　　(c) 推拉门　　　(d) 折叠门

(e) 转门　　　(f) 上翻门　　　(g) 升降门　　　(h) 卷帘门

图 14-3　不同开启方式的门

2）门的构造

下面介绍几种常见门的构造。

（1）弹簧门的构造如图 14-4 所示。

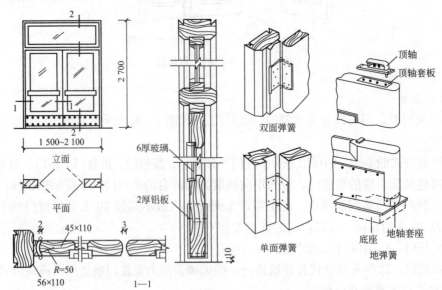

图 14-4　弹簧门构造形式

（2）推拉门的构造如图 14-5 所示。

（3）折叠门的构造如图 14-6 所示。

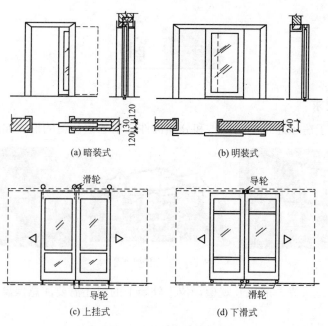

(a) 暗装式 (b) 明装式

(c) 上挂式 (d) 下滑式

图 14-5 推拉门构造

3）门的尺度

门的尺度通常是指门洞的高宽尺寸。门作为交通疏散通道，其尺度取决于人的通行要求，家具搬运及与建筑物的比例关系等，要符合现行《建筑模数协调统一标准》的规定。

（1）门的高度：不宜小于 2 100 mm。如门设有亮子时，亮子高度一般为 300～900 mm，则门洞高度为 2 400～3 000 mm。公共建筑大门高度可视需要适当提高。

（2）门的宽度：单扇门为 700～1 000 mm，双扇门为 1 200～1 800 mm。宽度在 2 100 mm 以上时，则做成三扇、四扇门或双扇带固定扇门，因为门扇过宽易产生翘曲变形，同时也不利于开启。辅助房间（如浴厕、储藏室等）门的宽度可窄些，一般为 700～800 mm。

（3）门框安装：门框的安装根据施工方式不同可分后塞口和先立口两种（图 14-7）。立口是指在砌筑墙体之前先将门窗框立好，在砌筑的同时将门窗框的连接件砌在墙体中。而塞口是指在墙体施工时不立门窗框，只预留洞口，待主体完工后再将门窗框塞进洞口内安装。

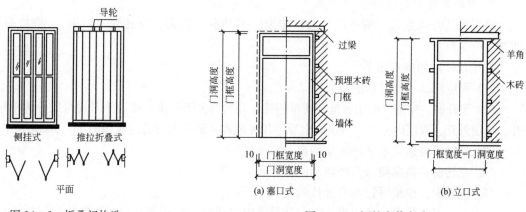

图 14-6 折叠门构造

图 14-7 门的安装方式

14.2　窗

1. 窗的设计要求

窗和门一样属于房屋建筑中的围护和分隔构件，不承重。窗的形式如图 14-8 所示。

图 14-8　窗的形式

窗的主要功能是采光、通风及观望，位于外墙上的窗还需要注意保温、散热和防水。

2. 窗的分类

1）窗的组成材料

根据组成材料，窗可以分为木窗、钢窗、铝合金窗、塑钢窗、玻璃钢窗等几种形式。

（1）木窗。制作方便，价格较低，密封和保温较好。但不防火，耐久性差，容易变形，维护费用高，耗用木材较多，提倡用非木材代替。

（2）钢窗。强度、刚度、防火、密闭等性能方面，均优于木门窗。但在潮湿环境下易锈蚀，耐久性差。通常将钢门窗在工厂制作成标准化的门窗单元，钢门窗框的安装方法常采用塞口法。

（3）铝合金窗。耐久性好、不生锈、美观，但造价高。

（4）塑钢窗。强度好、耐冲击；保温隔热、节约能源；隔音好；气密性、水密性好；耐腐蚀性强；防火；耐老化、使用寿命长；外观精美、清洗容易。具备木窗的优点，克服了木窗和钢窗的缺点，提倡使用。

一定要注意，防火窗必须采用钢窗或塑钢窗。

2）窗的开启方式

根据窗的开启方式，窗可以分为固定窗、平开窗、悬窗、立转窗（旋窗）、推拉窗等，如图 14-9 所示。

上述几种窗的特点如下。

（1）固定窗。不能开启的窗。

（2）平开窗。窗扇一侧用铰链与窗框相连，开启与关闭非常方便。平开窗可以分为单层内开、单层外开、双层内外开、双层内全开等几种形式。平开木窗的组成如图 14-10 所示。

（3）悬窗。窗扇绕水平轴转动的窗。

（4）立转窗。窗扇绕垂直轴转动的窗。

（5）推拉窗。窗扇可以左右推拉的窗。

（6）上、下推拉窗。窗扇沿边框内侧导槽向上或向下移动而开启，构造比较复杂。

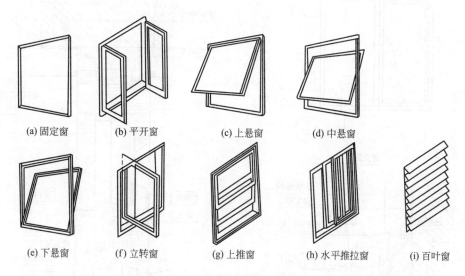

(a) 固定窗　　(b) 平开窗　　(c) 上悬窗　　(d) 中悬窗

(e) 下悬窗　　(f) 立转窗　　(g) 上推窗　　(h) 水平推拉窗　　(i) 百叶窗

图 14-9　各种窗的形式

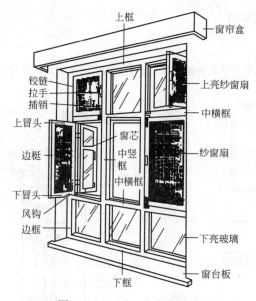

图 14-10　平开木窗的组成

3. 窗的构造方式

下面介绍几种常见节能窗的构造方式。

1）内平开下悬木窗，其构造方式如图 14-11 所示。

2）外平开铝合金窗，其构造方式如图 14-12 所示。

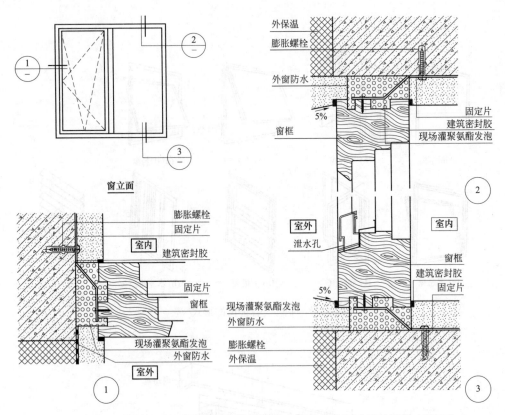

图 14-11　内平开下悬木窗安装节点图（摘自国家建筑标准设计图集 16J607）

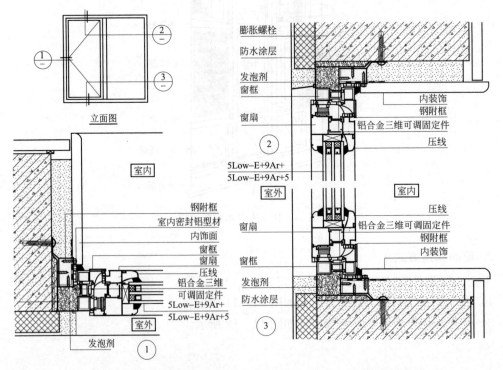

图 14-12　60 系列外平开铝合金窗普通附框安装节点图（摘自国家建筑标准设计图集 16J607）

3）内平开下悬塑料窗，其构造方式如图 14-13 所示。

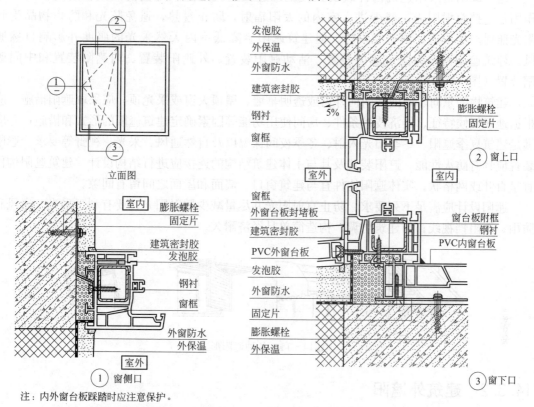

注：内外窗台板踩踏时应注意保护。

图 14-13 66 系列内平开下悬塑料窗安装节点图（摘自国家建筑标准设计图集 16J607）

4. 窗的尺度

窗的尺度主要取决于房间的采光、通风、构造做法和建筑造型等要求，并要符合现行《建筑模数协调统一标准》的规定。

一般平开木窗的窗扇高度为 800~1 200 mm，宽度不宜大于 600 mm；上、下悬窗的窗扇高度为 300~600 mm；中悬窗的窗扇高度不宜大于 1 200 mm，宽度不宜大于 1 000 mm；推拉窗高度宽均不宜大于1 500 mm。

对一般民用建筑用窗，各地均有通用图，各类窗的高度与宽度尺寸通常采用扩大模数 3M 数列作为洞口的标志尺寸，需要时只要按所需类型及尺度大小直接选用。

14.3 建 筑 遮 阳

14.3.1 建筑遮阳的作用、类型和设计要求

在我国南方炎热地区，日照时间长，太阳辐射强烈，建筑物的某些部位或构件如窗口、外廊、橱窗、中庭屋顶与玻璃幕墙等需要调节太阳直射，以扬其利而避其害。最常见与最具代表性的是设置建筑遮阳。

建筑遮阳是采用建筑构件或安置设施以遮挡或调节进入室内的太阳辐射的措施，其作用是遮挡直射阳光，减少进入室内的太阳辐射，防止过热，避免眩光和防止物品受到阳光照射产生变质、褪色和损坏。但建筑遮阳会降低室内天然采光的照度并影响自然通风。建筑遮阳可分为固定遮阳装置、活动遮阳装置、外遮阳装置、内遮阳装置和中间遮阳装置（图 14-14）。

建筑物的东向、西向和南向外窗或透明幕墙、屋顶天窗或采光顶，应采取遮阳措施。应根据地区气候特征、经济技术条件、房间使用功能等因素确定建筑遮阳的形式和措施，并应满足建筑夏季遮阳、冬季阳光入射、冬季夜间保温以及自然通风、采光、视野等要求。遮阳装置应具有防火性能。遮阳装置及其与主体建筑结构的连接应进行结构设计。建筑遮阳构件宜呈百叶或网格状。实体遮阳构件宜与建筑窗口、墙面和屋面之间留有间隙。

遮阳设计应满足下列要求：防止直射阳光并尽量减少散射阳光；要有利于采光、通风和防雨；不阻挡视线；与建筑协调；构造简单且经济耐久。

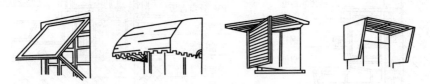

图 14-14   各种遮阳形式

14.3.2   建筑外遮阳

建筑遮阳设计，应根据当地的地理位置、气候特征、建筑类型、建筑功能、建筑造型、透明围护结构朝向等因素，选择适宜的遮阳形式，并宜选择外遮阳。建筑透明外围护结构相同，有外遮阳时进入室内的太阳辐射热量与无外遮阳时进入室内太阳辐射热里的比值称为外遮阳系数；外遮阳系数可表示外遮阳设备减少进入室内的太阳辐射的程度。

建筑外遮阳的基本类型包括水平式、垂直式、综合式和挡板式等几种（图 14-15），遮阳设计应进行夏季和冬季的阳光阴影分析，以确定遮阳装置的类型。建筑外遮阳的类型可按下列原则选用：南向、北向宜采用水平式遮阳或综合式遮阳；东西向宜采用垂直式或挡板式遮阳；东南向、西南向宜采用综合式遮阳。

外遮阳设计应与建筑立面设计相结合，进行一体化设计。遮阳装置应构造简洁、经济实用、耐久美观，便于维修和清洁，并应与建筑物整体及周围环境相协调。

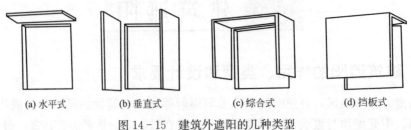

(a) 水平式   (b) 垂直式   (c) 综合式   (d) 挡板式

图 14-15   建筑外遮阳的几种类型

14.3.3　建筑遮阳的构造设计

1. 遮阳的板面组合与板面构造

在满足遮挡直射阳光的前提下，可使用不同的板面组合以减小遮阳板的挑出长度。遮阳板的板面构造可以为实心的、百叶形或蜂窝形，便于热空气的散逸，减少对通风、采光、视野的影响，后两种构造比较适宜。

2. 遮阳板的安装位置

遮阳板的安装位置对防热和通风的影响很大，遮阳板应离开墙面一定位置安装，以使热空气能够沿墙面排走，并注意板面能减少挡风，最好能起到导风作用。对百叶式遮阳，百叶宜装在外侧，这样可将大部分热量散于室外。

3. 板面使用的材料和颜色

遮阳板的材料以轻质材料为宜，要求坚固耐用。遮阳板的向阳面应浅色发亮，以加强表面对阳光的反射；背阳面应较暗，无光泽，以避免产生眩光。

4. 活动遮阳

活动遮阳的材料过去多采用木百叶，现在多使用铝合金、塑料、玻璃钢等。

思 考 题

1. 门一般由（　　）、（　　）、（　　）、五金零件和（　　）组成。
2. 根据开启方式的不同，门和窗各有哪些类型？
3. 名词解释：塞口，外遮阳系数。
4. 建筑外遮阳的基本类型有哪些？选用外遮阳类型的基本原则是什么？

第 15 章

变 形 缝

【本章内容概要】

本章主要介绍变形缝的设置目的，伸缩缝、沉降缝和防震缝等几种形式变形缝各自的设置原则和构造特点。

【本章学习重点与难点】

学习重点：伸缩缝、沉降缝和防震缝的设置原则和构造方法。

学习难点：伸缩缝、沉降缝和防震缝的节点构造设计。

15.1 变形缝概述

受气温变化、地基不均匀沉降及地震等因素的影响，建筑物结构内部产生附加应力和变形。如处理不当，将会使建筑物产生裂缝甚至倒塌，影响使用与安全。为了解决上述问题，一般采用以下两种解决办法。

(1) 加强建筑物的整体性，使之具有足够的强度和刚度来克服这些破坏应力，不产生破裂。

(2) 预先在这些变形敏感部位将结构断开，预留一定缝隙，以保证各部分建筑物在这些缝隙处有足够的变形空间而不造成建筑物的破损。

这种适应建筑物由于气温的升降、地基的沉降、地震等外界因素作用下产生变形而预留的构造缝称为建筑变形缝。是伸缩缝、沉降缝和防震缝的总称。因温度变化而设置的变形缝，称为伸缩缝或温度缝。因地基不均匀沉降引起的破坏而设置的变形缝，称为沉降缝。因地震破坏而设置的变形缝，称为地震缝。

15.2 变形缝设置原则

1. 伸缩缝的设置

建筑物因温度变化的影响而产生热胀冷缩，在结构内部产生温度应力，当建筑物长度超过一定限度、建筑平面变化较多或结构类型较多时，建筑物会因热胀冷缩变形较大而产生开裂。为预防这种情况的发生，应沿建筑物长度方向每隔一定距离设置伸缩缝。伸缩缝应设在因温度和收缩变形引起应力集中、砌体产生裂缝可能性最大处（图 15 - 1）。

伸缩缝要求把建筑物地面以上部分全部断开，基础部分因受温度变化影响较小，不必断开。

(a) 建筑越长，膨胀越多

(b) 建筑越长，收缩越大

(c) 超长建筑，胀缩开裂

(d) 分割区段，安全可靠

图 15-1 伸缩缝设置原理

　　伸缩缝的最大间距，应根据不同材料和结构而定，详见有关规范。砌体房屋和钢筋混凝土结构伸缩缝的最大间距如表 15-1 和表 15-2 所示。

表 15-1 砌体房屋伸缩缝的最大间距　　　　　　　　　单位：m

屋盖或楼盖类别		间距
整体式或装配整体式钢筋混凝土结构	有保温层或隔热层的屋盖、楼盖	50
	无保温层或隔热层的屋盖	40
装配式无檩体系钢筋混凝土结构	有保温层或隔热层的屋盖、楼盖	60
	无保温层或隔热层的屋盖	50
装配式有檩体系钢筋混凝土结构	有保温层或隔热层的屋盖	75
	无保温层或隔热层的屋盖	60
瓦材屋盖、木屋盖或楼盖、轻钢屋盖		100

注：1. 对烧结普通砖、烧结多孔砖、配筋砌块砌体房屋，取表中数值；对石砌体、蒸压灰砂普通砖、蒸压粉煤灰普通砖、混凝土砌块、混凝土普通砖和混凝土多孔砖房屋，取表中数值乘以 0.8 的系数，当墙体有可靠外保温措施时，其间距可取表中数值；

　　2. 在钢筋混凝土屋面上挂瓦的屋盖应按钢筋混凝土屋盖采用；

　　3. 层高大于 5 m 的烧结普通砖、烧结多孔砖，配筋砌块砌体结构单层房屋，其伸缩缝间距可按表中数值乘以 1.3；

　　4. 温差较大且变化频繁地区和严寒地区不采暖的房屋及构筑物墙体的伸缩缝的最大间距，应按表中数值予以适当减小；

　　5. 墙体的伸缩缝应与结构的其他变形缝相重合，缝宽度应满足各种变形缝的变形要求；在进行立面处理时，必须保证缝隙的变形作用。

表 15-2　钢筋混凝土结构伸缩缝最大间距　　　　　　　　　单位：m

项次	结构类型		室内或土中	露天
1	排架结构	装配式	100	70
2	框架结构	装配式	75	50
		现浇式	55	35
3	剪力墙结构	装配式	65	40
		现浇式	45	30
4	挡土墙及地下室墙壁等类结构	装配式	40	30
		现浇式	30	20

注：1. 装配整体式结构的伸缩缝间距，可根据结构的具体情况取表中装配式结构与现浇式结构之间的数值；

2. 框架-剪力墙结构或框架-核心筒结构房屋的伸缩缝间距，可根据结构的具体情况取表中框架结构与剪力墙结构之间的数值；

3. 当屋面无保温或隔热措施时，框架结构、剪力墙结构的伸缩缝间距宜按表中露天栏的数值取用；

4. 现浇挑檐、雨罩等外露结构的局部伸缩缝间距不宜大于 12 m。

2. 沉降缝的设置

沉降缝是为了预防建筑物各部分由于不均匀沉降引起的破坏而设置的变形缝。下列情况均应考虑设置沉降缝，如图 15-2 所示。

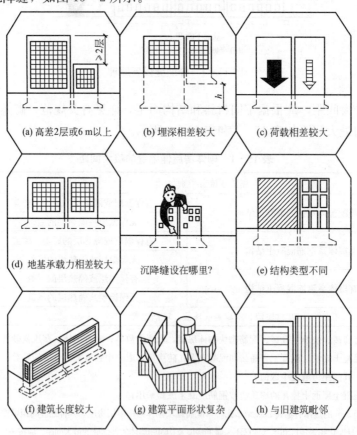

图 15-2　沉降缝设置部位

建筑物的下列部位，宜设置沉降缝：

（1）建筑平面的转折部位；

（2）高度差异或荷载差异处；

（3）长高比过大的砌体承重结构或钢筋混凝土框架结构的适当部位；

（4）地基土的压缩性有显著差异处；

（5）建筑结构或基础类型不同处；

（6）分期建造房屋的交界处。

由于沉降缝构造复杂，给建筑、结构设计和施工都带来一定的难度，所以在工程设计时，应尽可能通过合理的选址、地基处理、建筑体型的优化、结构选型和计算方法的调整，以及施工程序上的配合（如采用后浇带的办法）来避免或克服不均匀沉降，从而达到不设或少设沉降缝的目的。

3. 防震缝的设置

在地震区建造房屋，必须充分考虑地震对建筑造成的影响。如图 15 - 3 所示的情况下需要考虑设置防震缝。

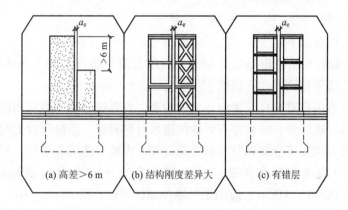

图 15 - 3　防震缝设置部位示意

《建筑抗震设计规范》（GB 50011—2010）（2016 年版）中规定：多层砌体房屋应优先采用横墙承重或纵横墙共同承重的结构体系。不应采用砌体墙和混凝土墙混合承重的结构体系。有下列情况之一时宜设置防震缝，缝两侧均应设置墙体，缝宽应根据烈度和房屋高度确定，可采用 70～100 mm：

（1）房屋立面高差在 6 m 以上；

（2）房屋有错层，且楼板高差大于层高的 1/4；

（3）各部分结构刚度、质量截然不同。

综上所述，变形缝的设置应注意以下几点。

（1）变形缝的材料及构造应根据其部位和需要分别采取防水、防火、保温、防虫害等保护措施，并保证在产生位移或变形时不受阻挡和不被破坏。

（2）高层建筑和防火要求较高的建筑物，室内变形缝四周的基层，应采用非燃烧体，饰面层也应采用非燃烧体或难燃烧体。

（3）变形缝内不应敷设电缆、可燃气体管道和易燃、可燃液体管道，如必须穿过变形缝时，应在穿过处设非燃烧体套管，并应采用非燃烧体将套管两端空隙紧密填塞。

（4）变形缝最好设置在平面图形有变化处，以利隐蔽处理。

15.3 变形缝构造

1. 伸缩缝的构造

伸缩缝是将基础以上的构件全部断开并留出适当的缝隙，以保证伸缩缝两侧的建筑构件能在水平方向自由伸缩，缝宽一般为 20～30 mm。

伸缩缝的结构处理如下。

（1）砌体结构。砌体结构的楼板及屋顶可采用单墙或双墙承重方案，如图 15-4（a）所示。

（2）框架结构。框架结构的伸缩缝构造一般采用悬臂梁方案 [图 15-4（b）]，也可采用双梁双柱方案 [图 15-4（c）]，但施工较复杂。

伸缩缝的节点构造如下。

（1）墙体伸缩缝的构造。根据墙体材料、厚度及施工条件不同，墙体伸缩缝可做成平缝、错口缝、凹凸缝等截面形式，如图 15-5 所示。

为防止外界自然条件对墙身及室内环境的侵袭，变形缝外墙一侧常用浸沥青的麻丝或木丝板及泡沫塑料条、橡胶条、油膏等有弹性的防水材料塞缝。当缝隙较宽时，缝口可用镀锌铁皮、彩色薄钢板、铝皮等金属调节片做盖缝处理。内墙可选用金属片、塑料片或木盖缝条覆盖。所有填缝及盖缝材料和构造应保证结构在水平方向自由变形而不被破坏。如图 15-6（a）～图 15-6（c）所示。适用于外墙伸缩缝构造；图 15-6（d）、图 15-6（e）适用于内墙伸缩缝构造。

（2）楼地板层伸缩缝的构造。楼地板层伸缩缝的位置与缝宽大小应与墙身和屋顶变形缝一致，缝内常用可压缩变形的材料（如油膏、沥青麻丝、橡胶、金属或塑料调节片等）做封缝处理，上铺活动盖板或橡塑地板，以满足地面平整、光洁、防滑、防水及防尘等功能，如图 15-7 所示。

（3）屋顶伸缩缝的构造。屋顶伸缩缝有在同一标高屋顶处或墙与屋顶高低错落处两种情况。

不上人屋面，一般可在伸缩缝处加砌矮墙并做好防水和泛水，盖缝处应能允许自由伸缩而不造成渗漏。上人屋面则采用油膏嵌缝并做好泛水处理。常见屋面伸缩缝构造如图 15-8 所示。由于镀锌铁皮和防腐木砖的构造方式寿命有限，近年来逐渐出现采用涂层、涂塑薄钢板、铝皮、不锈钢皮和射钉、膨胀螺钉等来代替。

卷材防水屋面伸缩缝构造如图 15-8 所示。

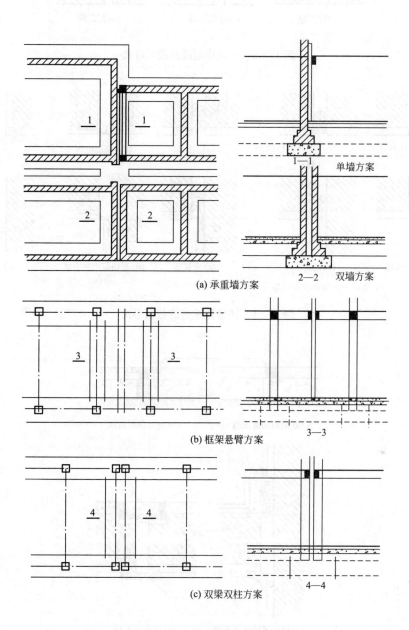

(a) 承重墙方案

1—1 单墙方案

2—2 双墙方案

(b) 框架悬臂方案

3—3

(c) 双梁双柱方案

4—4

图 15-4 伸缩缝的结构处理

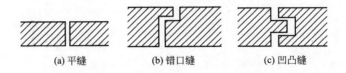

(a) 平缝
(b) 错口缝
(c) 凹凸缝

图 15－5 砖墙伸缩缝的截面形式

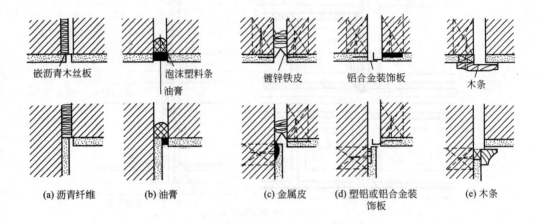

嵌沥青木丝板
泡沫塑料条
油膏
镀锌铁皮
铝合金装饰板
木条
(a) 沥青纤维
(b) 油膏
(c) 金属皮
(d) 塑铝或铝合金装饰板
(e) 木条

图 15－6 砖墙伸缩缝的截面形式

1
2
3
地面
(a) 地面油膏嵌缝
(b) 地面钢板盖缝
1
4
5
6
7
(c) 楼板靠墙处变形缝
(d) 楼板变形缝

图 15－7 楼地板伸缩缝构造

1—油膏嵌缝；2—沥青麻丝；3—5 mm 厚钢板；4—楼板；
5—盖缝条；6—预制水磨石板块；7—干铺油毡三层

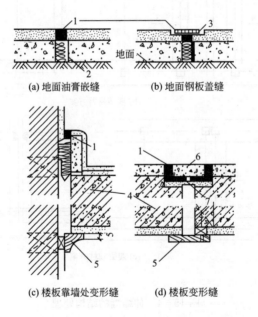

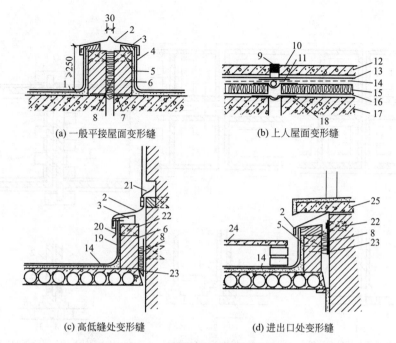

(a) 一般平接屋面变形缝　　　　　(b) 上人屋面变形缝

(c) 高低缝处变形缝　　　　　(d) 进出口处变形缝

图15-8　卷材防水屋面伸缩缝构造

1—油毡防水层；2—镀锌铁皮盖板；3—木条；4—铁皮披水板；5—防腐木砖（水泥砂浆找平）；

6—半砖墙；7—油毡或铁皮；8—沥青麻丝；9—嵌缝油膏；10—玻璃纤维或泡沫塑料条；

11—加铺油毡条；12—混凝土面层；13—找平层；14—防水层；15—保温层；

16—找平层或隔汽层；17—结构层；18—平铺油毡；19—水泥砂浆找平；

20—镀锌铁皮披水板；21—砂浆嵌固；22—防腐木砖；23—油毡或铁皮；

24—钢筋混凝土板；25—钢筋混凝土挑板

2. 沉降缝的构造

沉降缝主要应满足建筑物各部分在垂直方向的自由沉降变形，故应将建筑物从基础到屋顶全部断开。同时沉降缝也应兼顾伸缩缝的作用，在构造设计时应满足伸缩和沉降双重要求。

沉降缝的宽度随地基情况和建筑物的高度不同而定，如表15-3所示。

表15-3　房屋沉降缝的宽度

房屋层数	沉降缝宽度/mm
二～三	50～80
四～五	80～120
五层以上	不小于120

基础沉降缝处理应避免因不均匀沉降造成的相互干扰。常见的砖墙条形基础处理方法有双墙偏心基础、挑梁基础和交叉式基础3种方案（图15-9）。双墙偏心基础整体刚度大，但基础偏心受力并在沉降时产生一定的挤压力。采用双墙交叉式基础方案，地基受力将有所改进。挑梁基础方案能使沉降缝两侧基础分开较大距离，相互影响较少，当沉降缝两侧基础埋深相差较大或新建筑与原有建筑相邻时，宜采用挑梁基础方案。

墙体沉降缝盖缝条应满足水平伸缩和垂直沉降变形的要求，如图15-10所示。

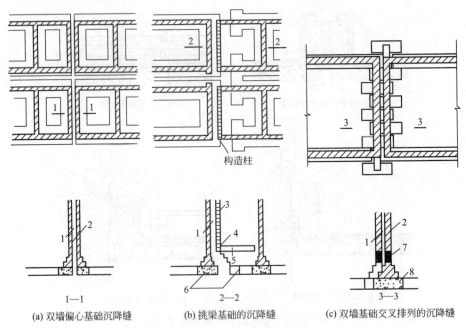

(a) 双墙偏心基础沉降缝　　(b) 挑梁基础的沉降缝　　(c) 双墙基础交叉排列的沉降缝

图 15 - 9　基础沉降缝处理

1—沉降缝；2—双承重墙；3—轻质隔墙；4—钢筋混凝土梁；

5—挑梁；6—条形基础；7—基础梁；8—交叉块形基础

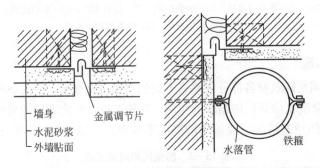

图 15 - 10　墙体沉降缝构造

　　楼板层应考虑沉降变形对地面交通和装修带来的影响。屋顶沉降缝应充分考虑不均匀沉降对屋面防水和泛水带来的影响，泛水金属皮或其他构件应考虑沉降变形与维修余地（图 15 -11）。

　　当地下室出现变形缝时，为保持良好的防水性，在结构施工时在变形缝处预埋止水带。止水带有橡胶止水带、塑料止水带及金属止水带等。止水带中间空心圆或弯曲部分须对准变形缝，构造做法有中埋式和可卸式等形式，如图 15 - 12 和图 15 - 13 所示。

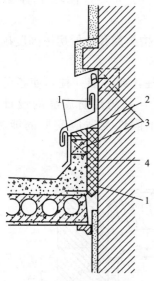

图 15-11 屋顶沉降缝构造

1—金属皮；2—防腐木条；

3—防腐木砖；4—松质板

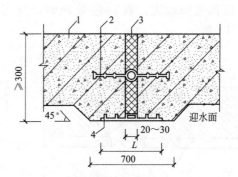

图 15-12 地下室变形缝构造做法 1—中埋式
止水带与外贴防水层复合使用

外贴式止水带 $L \geqslant 300$；外贴防水卷材 $L \geqslant 400$；外涂防水涂层 $L \geqslant 400$；

1—混凝土结构；2—中埋式止水带；3—填缝材料；4—外贴止水带

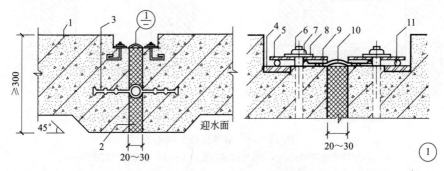

图 15-13 地下室变形缝构造做法 2—中埋式止水带与可卸式止水带复合使用

1—混凝土结构；2—填缝材料；3—中埋式止水带；4—预埋钢板；5—紧固件压板；6—预埋螺栓；

7—螺母；8—垫圈；9—紧固件压块；10—Ω型止水带；11—紧固件圆钢

3. 防震缝的构造

《建筑抗震设计规范》（GB 50011—2010）（2016 年版）中有以下规定。

（1）多层砌体房屋防震缝的缝宽应根据烈度和房屋高度确定，可采用 70～100 mm，缝两侧均应设置墙体。

（2）钢筋混凝土房屋需要设置防震缝时，防震缝宽度应分别符合下列要求：

① 框架结构（包括设置少量抗震墙的框架结构）房屋的防震缝宽度，当高度不超过 15 m 时不应小于 100 mm；高度超过 15 m 时，6 度、7 度、8 度和 9 度分别每增加高度 5 m、4 m、3 m 和 2 m，宜加宽 20 mm；

② 框架-抗震墙结构房屋的防震缝宽度不应小于本款 1）项规定数值的 70％，抗震墙结构房屋的防震缝宽度不应小于本款 1）项规定数值的 50％；且均不宜小于 100 mm；

③ 防震缝两侧结构类型不同时，宜按需要较宽防震缝的结构类型和较低房屋高度确定缝宽。

防震缝应沿建筑物全高设置，缝的两侧应布置双墙或双柱，或一墙一柱，使各部分结构都有较好的刚度。防震缝应与伸缩缝、沉降缝统一布置，并满足防震缝的设计要求。防震缝因缝隙较宽，在构造处理时，应考虑盖缝条的牢固性及适应变形的能力，如图 15-14 所示。

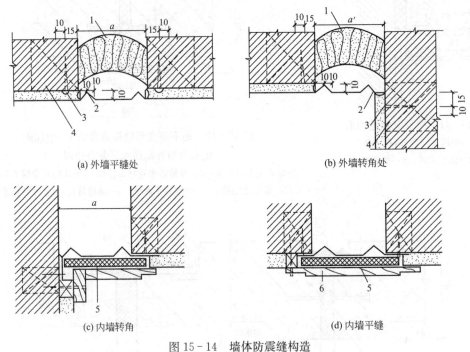

(a) 外墙平缝处　　　　　　　　　　(b) 外墙转角处

(c) 内墙转角　　　　　　　　　　(d) 内墙平缝

图 15-14　墙体防震缝构造

1—50 厚软质泡沫塑料；2—26 号镀锌铁皮；3—圆头木螺钉（长 35 mm）；
4—60 mm×60 mm×120 mm 木砖@500 mm；5—泡沫塑料；6—木盖缝板

4. 建筑变形缝装置

建筑变形缝装置是指在变形缝处设置的能满足建筑结构使用功能，又能起到装饰作用的各种装置的总称。建筑变形缝装置由专业厂家制造并指导安装，主要由铝合金型材"基座"、金属或橡胶"盖板"以及连接基座和盖板的金属"滑杆"组成。

建筑变形缝装置按应用部位可分为楼（地面）、内墙、顶棚（吊顶）、外墙和屋面变形缝装置五类，按构造特征可分为金属盖板型、金属卡锁型和橡胶嵌平型三类，按使用功能可分为普通型、承重型和防震型三类，按盖板材质可分为钢板型、不锈钢板型和铝合金板型三类。常用建筑变形缝装置的种类和构造特征见表 15-4。

表 15 - 4　建筑变形缝装置的种类和构造特征

使用部位	构造特征							
	金属盖板型	金属卡锁型	橡胶嵌平型	防震型	承重型	阻火带	止水带	保温层
楼面	√	√	单列双列	√	√	—	√	—
内墙、顶棚	√	√	—	√	—	√	—	—
外墙	√	√	橡胶	√	—	—	√	√
屋面	√	—	√	√	—	—	√	√

变形缝装置应用于建筑物各部位的构造做法如图 15 - 15 和图 15 - 16 所示。

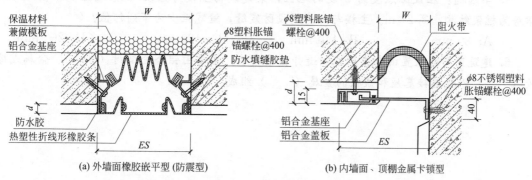

(a) 外墙面橡胶嵌平型 (防震型)　　　　(b) 内墙面、顶棚金属卡锁型

图 15 - 15　建筑变形缝装置应用于墙体时的构造做法（摘自国家建筑标准设计图集 14J936）

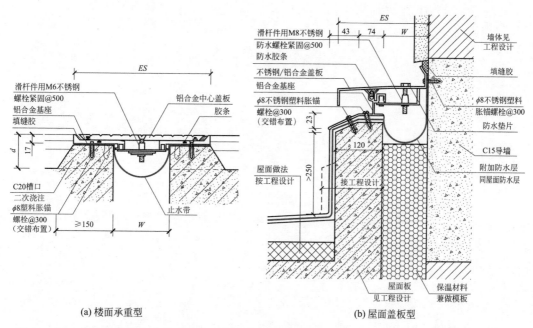

(a) 楼面承重型　　　　(b) 屋面盖板型

图 15 - 16　建筑变形缝装置应用于楼面和屋面时的构造做法（摘自国家建筑标准设计图集 14J936）

思 考 题

1. 适应建筑物由于（　　）、（　　）、地震等外界因素作用下产生（　　）而（　　）的构造缝称为建筑变形缝。是（　　）缝、（　　）缝和（　　）缝的总称。

2. 简述沉降缝的设置原则。

3. 单选题：沉降缝的构造做法中要求基础（　　）。

　　A. 断开　　　　　　　　　　　　　　　B. 不断开

　　C. 可断开，也可不断开　　　　　　　　D. 刚性连接

4. 单选题：在设防烈度为 8 度的地区，某建筑物主楼为框架-抗震墙结构，高 60 m；裙房为框架结构，高 21 m。主楼与裙房间设防震缝，缝宽至少为下列何值？（　　）

　　A. 80 mm　　　　　　B. 140 mm　　　　　　C. 180 mm　　　　　　D. 260 mm

5. 建筑变形缝装置由专业厂家制造并指导安装，主要由铝合金型材（　　）、金属或橡胶（　　）以及连接基座和盖板的金属（　　）组成。

第 16 章
建筑工业化

【本章内容概要】

本章主要介绍建筑工业化的形成、特点及常见的工业化建筑类型。

【本章学习重点与难点】

学习重点：建筑工业化的特点和发展趋势。

学习难点：常见工业化建筑类型的构造特点。

16.1 工业化建筑概述

建筑工业化的概念起源于欧洲。18 世纪以后，随着工业化的兴起、城市的发展和技术的进步，建筑工业化的思想开始萌芽。20 世纪二三十年代，早期的建筑工业化理论就已基本形成。当时有人提出，传统的房屋建造工艺应当改革，其主要途径是由专业化的工厂成批生产可供安装的构件，不再把全部工艺过程都安排到施工现场完成。第二次世界大战后，欧洲面临住房紧缺和劳动力缺乏两大困难，促使建筑工业化迅速发展。

传统建筑方式，即采用手工方式来建筑房屋，劳动强度大，工效低，工期长，质量也难以保证。工业化的方式，可以加快建设速度，降低劳动强度，提高生产效率和施工质量。

建筑工业化的主要标志是建筑设计标准化、构件生产工厂化、施工机械化、组织管理科学化。

设计标准化是建筑工业化的前提，如果建筑产品不采用标准化设计，那么无法进行工厂化生产，施工环节也很难实现机械化。生产工厂化是建筑工业化的手段和标准。施工机械化可以利用机械来替代手工操作，将会极大提高施工效率。管理科学化是实施建筑工业化的保证，从设计、生产及施工等均实施科学化管理，可以提高整体效率。

工业化建筑方式一般分为专用体系和通用体系。

专用体系：只适用于某一地区、某一类建筑使用的构件所建造的体系。是指以定型房屋为基础进行构配件配套的一种体系，其产品是定型房屋。

通用体系：对构配件归类统一，系列配套，成批生产，逐步打破各类建筑中专用构件的界限，化"一件一用"为"一件多用"。

建筑工业化的发展途径主要包括发展预制装配式建筑体系和现场施工作业工业化。

16.2　工业化建筑类型

根据结构类型与施工工艺的特征，可以将工业化建筑划分为：砌块建筑、大板建筑、框架板材建筑、盒子建筑、大模板建筑、滑模建筑、升板建筑和密肋板建筑等。下面分别介绍砌块建筑、大板建筑、框架板材建筑和盒子建筑。

1. 砌块建筑

采用砌块构筑的建筑物称为砌块建筑。

建筑用的砌块是比一般砖体型大的块状建筑制品。砌块可以用混凝土或工业废料做原料，每块尺寸比普通砖大得多，因而砌筑速度比砖墙快，其承重结构和砖混结构差不多，建筑的施工方法基本与砖混结构建筑物相同。优点是能充分利用工业废料，制作方便，施工不需要大的起吊设备。缺点是抗震性能差，湿作业较多（图 16 - 1）。

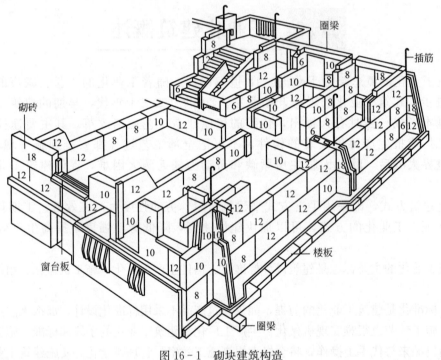

图 16 - 1　砌块建筑构造

砌块按其构造形式分为实心砌块和空心砌块，按其重量与尺寸分为 3 类：小型砌块（每块 200 N 以下）；中型砌块（每块 3 500 N 以下），大型砌块（每块 3 500 N 以上）。各种砌块类型如图 16 - 2 和图 16 - 3 所示。

2. 大板建筑

大板建筑是指除基础以外，地上的全部构件均为预制构件，通过装配整体式节点连接而成，是装配式大型板材建筑的简称。大板指大墙板、大楼板、大型屋面板，这些板材通常可在工厂也可以在现场预制，是一种全装配式建筑（图 16 - 4）。

图 16-2　砌块类型

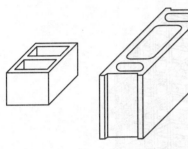
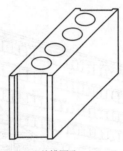
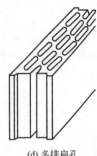

(a) 单排方孔　　(b) 单排扁孔　　(c) 单排圆孔　　(d) 多排扁孔

图 16-3　各种砌块类型示意

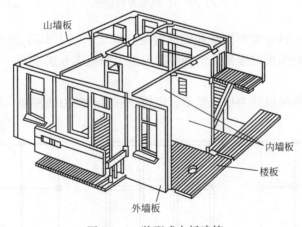

图 16-4　装配式大板建筑

　　大板建筑的板材类型包括：内外墙板、楼板、屋面板等；其他构件包括阳台板、楼梯构件及挑檐板和女儿墙板。构件之间一般采用干法连接和湿法连接两种形式。同时，防止接缝处漏水可以采用材料防水和构造防水。

　　大板建筑具备以下优点。

　　(1) 装配化程度高，建设速度快，可以缩短工期，提高劳动生产率。

　　(2) 施工现场湿作业少，受天气和季节的影响较小。

　　(3) 板材的承载能力比砖混结构高，可以减少墙的厚度和结构自重，对抗震有利，并扩大了使用面积。

大板建筑的缺点如下。

（1）一次性投资大，需要建大板工厂。

（2）需要有大型的吊装运输设备，而且运输比较困难。

（3）钢材和水泥用量比砖混结构大，房屋造价比砖混高。

3. 框架板材建筑

框架板材建筑是指由框架和楼板、墙板组成的建筑。由框架承重，墙体仅起围护和分隔作用。框架板材建筑适用于要求有较大空间的多层、高层民用建筑及地基较软的建筑和地震区的建筑。框架板材建筑的优点包括空间划分灵活、自重轻、节省材料及有利于抗震。缺点主要是钢材和水泥用量大和构件数量多（图 16-5）。

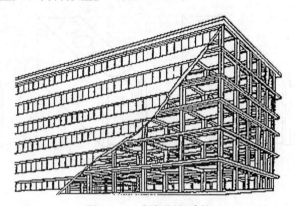

图 16-5　框架板材建筑

框架按所用材料可以分为钢框架和钢筋混凝土框架。15 层以下的建筑可以采用钢筋混凝土建筑，更高建筑则采用钢框架。钢筋混凝土框架按施工方法不同，分为全现浇、全装配和装配整体式 3 种。

按构件的组成不同可以分为板柱框架、梁板柱框架和剪力墙框架（图 16-6）。

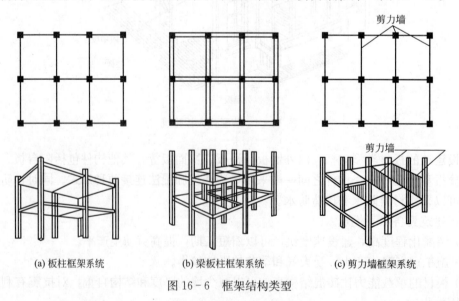

(a) 板柱框架系统　　　(b) 梁板柱框架系统　　　(c) 剪力墙框架系统

图 16-6　框架结构类型

其中板柱框架是由楼板和柱子组成的框架，楼板可用梁板合一的肋形楼板，也可用实心楼板。梁板柱框架由梁、楼板、柱子构成。剪力墙框架是在以上两种框架中增设一些剪力墙，其刚度较纯框架大得多。

框架的构件连接主要有梁与柱、楼板与梁、楼板与柱。外墙板根据构造和材料，可以分为单一材料墙板、复合材料墙板及玻璃幕墙。

4. 盒子建筑

盒子建筑是指由盒子状的预制构件组合而成的全装配式建筑。高度工厂化生产的、最完善的房间构件，不仅在工厂内使之形成盒子构件，而且完成盒子内的家具、装修、水、电、暖设备安装等各部分。现场只需盒子就位、构件之间的连接、接通水电暖和通信各种线路等（图16-7）。

图16-7　盒子建筑

由盒子组装成的建筑有多种方式，可以采用上下盒子重叠组合、上下盒子交错叠合、盒子支承或悬挂在刚性框架上、框架是盒子的承重构件、盒子悬挑在建筑物的核心筒体外壁上等。

盒子建筑具有工业化和机械化程度高、劳动强度低、建设速度快、自重轻、空间刚度好等优点。由于盒子尺寸大，工序多，对工厂的生产设备、盒子的运输设备、现场的吊装设备要求高，对推广盒子建筑受到一定的影响（图16-8）。

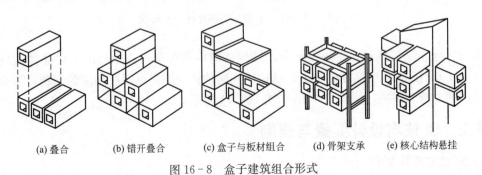

(a) 叠合　　　(b) 错开叠合　　　(c) 盒子与板材组合　　　(d) 骨架支承　　　(e) 核心结构悬挂

图16-8　盒子建筑组合形式

16.3　SI 住宅设计

16.3.1　SI 住宅设计定义

SI（skeleton infill）住宅是实现住宅长寿化各种尝试中的基本理念，这个理念是指通过将骨架和基本设备与住户内的装修和设备等明确分离，从而延长住宅的可使用寿命。

SI 住宅的核心思想是 open building（敞开型住宅建设）理论。这是由荷兰的学者哈布拉肯教授（N. Joost Habraken）所提出。他认为，单调的住宅是由于对工业化技术使用不当而造成的，应该将住宅建设的过程向居住者敞开，让他们参与，进而适当地活用工业化技术，以达到更好的使用效果。如图 16-9 所示。

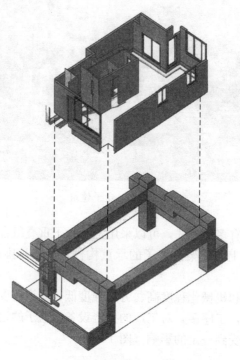

图 16-9　SI 住宅分解为居住体与结构体

SI 住宅包括结构体和居住体两部分，结构体对应着骨架（skeleton）；居住体对应着填充体（infill）。在 SI 住宅使用需求上，结构体和居住体分别需要解决相应的问题，需要得到技术层面的支持和解决，如图 16-10 和图 16-11 所示。

16.3.2　SI 住宅设计要素与原则

1）SI 住宅设计要素

（1）高耐久性的结构体：通过降低混凝土的水灰比建造高耐久性的结构体。

（2）无次梁的大型楼板：减少户型设计上的障碍，采用空间可变性高的大楼板。

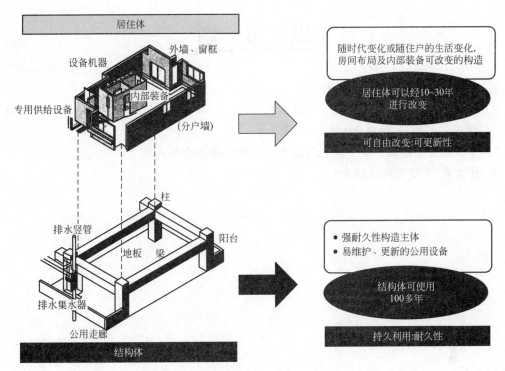

图 16-10　SI 住宅与普通住宅在格局上的比较

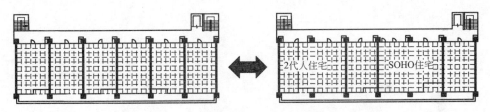

图 16-11　SI 住宅与普通住宅在空间划分上的比较

（3）把共用的排水管设置在住户的外面：把共用的排水管设置在住户的外面的目的在于增加改装时的户型空间的可变性。

（4）电线与结构体分离：采用吊顶内配线或薄型电线，将配线与结构体分离，有利于以后的围护和改装。

2）SI 住宅的设计原则

（1）充分考虑到建筑物中材料的使用年限及空间利用主体间的差异，从而谋求两者分离。

（2）确保支承结构的耐久性及耐震性。

（3）确保建筑物的维持管理及更新的容易性。

（4）确保住户的户内装修及设备的可变性，并确保可变性所需的空间余地。

（5）确保舒适、宽裕的居住性能。

（6）须考虑建筑物与周边环境的和谐。

思　考　题

1. 建筑工业化的主要标志是什么?

2. 工业化建筑类型有:（　　）建筑、（　　）建筑、（　　）建筑、（　　）建筑、（　　）建筑、（　　）建筑和（　　）建筑等。

3. 什么是盒子建筑,盒子建筑的盒子单元有哪些组合形式?

4. 什么是 SI 住宅设计理念?

第17章
建筑防灾减灾设计

【本章内容概要】

20世纪以来，我国城市及建筑面貌日新月异，城市化发展形成了紧凑型的聚居建筑群落模式，建筑本身也向着"大型化""大量化"的建设方向发展。建筑为人提供了满足功能、满足舒适度的围合环境，同时这种围合环境也产生了束缚和制约，形成了各种建筑灾害的隐患，诸如地震、飓风、洪水、爆炸、环境对建筑的腐蚀等，并对人向安全区域逃生形成了一定的阻碍。除此之外，当前国际、国内各种有关建筑的灾害事故频发，一些针对建筑的人为的恐怖袭击更是层出不穷，在近年来的建筑设计和建造中，这类问题越发受到关注。因此，对建筑防灾减灾问题一直是城市规划、建筑设计及建造过程中需要着重考虑的重要方向之一。

对于房屋建筑学方向，建筑防灾减灾设计的定义，就是对建筑整个生命周期内可能遇到的各种灾害、风险在充分识别和科学分析的基础上，遵守相关安全技术规范、法则、标准；通过设计手段，最大限度地赋予建筑抵御灾害或减小损伤的能力，使风险得以消除或是使之降低到一个可以接受的水平，保障生命财产安全、降低并避免经济损失、营造更加舒适、安全、稳定的建筑环境。建筑防灾减灾，包括建筑本身在遭到诸如地震、洪水、腐蚀、冲击等各种自然或人为外力干扰破坏的过程中，抵御破坏或者降低破坏速度的能力，也包括建筑对实现使用功能的过程中，各种损坏性使用影响和不可预知的、突发的安全威胁的防范。在建筑设计、建造过程中，理解和掌握抵御各种自然、人为灾害的原理、策略和方法，是十分重要的。

【本章学习重点与难点】

学习重点：主要通过自然及人为环境对建筑的影响来分类阐述建筑防灾减灾的设计原理及方法，包括建筑抗震新技术的基本原理及构造形式，建筑防洪策略和基本设计要求，建筑防爆的实现原理和基本构造方法，建筑防腐概念、主要材料及构造方法。

学习难点：本章涉及很多跨专业知识，如抗震新技术中各减震原理的应用，建筑防洪对建筑选址、基础提出的综合要求，建筑防腐中防腐材料的选择，等等。

17.1 建筑抗震新技术

中国对于建筑抗震的基本原则是："小震不坏，中震可修，大震不倒。"近年来，中国汶川、玉树等地接连发生强烈地震灾害，造成了巨大的人身财产损失（图17-1）。在灾后重建及新建筑设计建造中，居民乃至整个社会都把关注焦点集中到建筑的抗震性能上，对建筑抗震减震的要求和其在建筑设计中的重要性被提高到更高的高度上。在传统的抗震结构设计的基础上，我国和国外地震多发地区已经掌握并在研究一系列新的抗震设计方法和方向。本节主要介绍一些近年来发展出的新结构抗震方法及抗震设计途径。

图 17-1　地震后的建筑

17.1.1　隔震技术

1. 隔震原理

地震影响建筑结构稳定的方式可以概括为"地震"→"加速度"→"过大的瞬间水平荷载"。

隔震建筑是结构减震控制技术运用的一种，在日本称为"免震建筑"，主要用于隔离水平地震作用。其原理为采用隔震装置改变建筑物与地基之间连接方式从而在"加速度"的产生这个环节上，限制地震震动向结构物的传递。这种技术经过 20～30 年的理论、实验、使用和经受地震的考验，现在已比较成熟。

目前常见的隔震技术采用基础隔震方式，隔震层的水平刚度应显著低于上部结构的侧向刚度。隔震层的隔震装置将地震时建筑物的摆动转换为建筑物对地面的横向位移，地震能量由隔震装置自身的变形来吸收，使得作用于建筑物上的水平重力加速度尽可能小。同时，在日常的风荷载作用下，建筑物基础又需要满足一定的刚度，抵抗包括风荷载在内的常规侧向荷载（图 17-2）。

图 17-2　建筑隔震层工作原理

基底隔震结构设计的一般原则如下。

（1）在满足必要的竖向承载力的同时，隔震装置的水平刚度应尽可能小，以降低隔震结构的自震频率，保证上层结构振幅有较大的衰减。

（2）在风荷载作用下，隔震结构不能有太大的位移。因此，结构底部隔震系统需要安放风稳定装置，使得在小于设计风载的风力作用下，隔震层几乎不会变形。

基础隔震技术被美国地震专家称之为"40 年来世界地震工程最重要的成果之一，基础隔震技术的使用使建筑在地震中不倒塌真正成为可能，使其成为减轻地震灾害最有效的手段之一"。

隔震技术主要应用于使用功能有特殊要求的建筑，以及抗震设防烈度为 8 度、9 度的建筑。一些基础容易受水平动荷载影响的地方也采用这种技术来稳定建筑的主体结构，如易发生潮汐海浪的滨海港口码头（图 17 - 3）。

图 17 - 3　智利港口"科罗内尔"的隔震基座

2. 常用隔震装置

1）橡胶支座隔震

橡胶支座是最常用的隔震装置。通常使用的橡胶支座，水平刚度是竖向刚度的 1% 左右，且具有显著的非线性变形特征。当小变形时，其刚度很大，这对建筑结构的抗风性能有利；当大变形时，橡胶的剪切刚度可下降至初始刚度的 $1/5 \sim 1/4$，这就会进一步降低结构频率，减少结构反应。当橡胶剪应力超过 50% 以后，刚度又逐渐有所回升，起到安全阀的作用，对防止建筑的过量位移有积极的作用。

由于橡胶的材料特性，其在满足建筑隔震的同时，也不可避免地降低了结构的竖向刚度，不利于建筑本身的稳定性。常用橡胶支座分为钢板叠层橡胶支座、铅芯橡胶支座、石墨橡胶支座等类型。钢板叠层橡胶的构造形式减小了在钢板之间的橡胶层的横向形变量，能够有效增大支座的竖向刚度；铅芯橡胶支座和石墨橡胶支座在提供隔震形式的同时，铅芯材料能通过形变吸收动能，起到提高支座阻尼的作用（图 17 - 4）。

图 17 - 4　隔震支座结构形式

"5·12"汶川大地震灾后重建工作中，一些学校教学楼的重建就采用了叠层隔震支座技术，其建筑设计的抗震设防烈度可达到 9 度。

2）滚子隔震

滚子隔震（sliding type isolation）顾名思义，主要为以可滚动的轴、珠形状的构件作为隔震层的主要功能结构。

如图 17 - 5、图 17 - 6 所示为一个滚轴隔震结构装置，在建筑基础上下结构之间，依据建筑基础承重要求，阵列放置圆柱形式的滚轴，上下采用弧形约束圈住，不致发生过大位移而产生永久形变，并采用限位结构加以束缚。

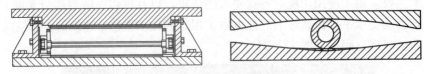

图 17-5　滚轴隔震工作原理

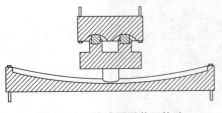

图 17-6　滚珠隔震装置构造

根据这种隔震装置的原理，也可以将各种滚珠、滚轴装置替换成为铅粒、石墨、滑石等材料，形成可水平滑动的滑动支座隔震装置，这种装置在受震产生位移的同时，也通过摩擦力、动能——热能转化的方式，提供阻尼消耗地震力。

3）摇摆支座隔震

摇摆支座隔震装置的原理，是通过一定的构造方式，将基础本身做成可摇摆以抵消地震动作用的形式，并通过在摇摆体中填充颗粒状的填充物，为振动提供阻尼；或者直接将建筑主体部分与基础部分做成水平向荷载完全分离的形式，形成分离式隔震装置，极大地缓解建筑主体在地震的水平向荷载作用下受到的影响（图 17-7）。

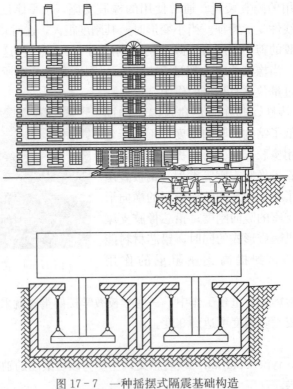

图 17-7　一种摇摆式隔震基础构造

17.1.2　耗能减震技术

1. 原理

耗能减震技术是通过附加子结构或一定的措施，以消耗地震传递给结构的能量为目的的减震手段，其原理也适用于减小结构的风载。从能量守恒原理出发，地震输入建筑结构的总能量是一定的，耗能减震装置消耗的能量越大，结构本身受到的地震能量影响就越小；从动力学角度来看，耗能装置的作用，也能够增大结构的阻尼，使整个结构的动态反应减小。

2. 常用的耗能减震装置

耗能减震结构的耗能装置的工作过程基本上可归纳为阻尼器原理的利用。这些耗能装置在普通风荷载的作用下具有较大的刚度，当强烈地震发生时，耗能装置就进入非弹性状态，产生较大的阻尼，大量消耗地震能量；简单来说，就是将地震产生的能量导致耗能装置本身的形变，而转化成热能、摩擦等其他能量形式。

例如，抗震技术及研究领先的国家日本，大阪楠叶塔楼城建筑就是一个目前隔震技术和耗能减震技术较高的建筑物例子，其基座部位阻尼减震器选用了 3 种阻尼器：U 形铅阻尼器、旋圈钢棒阻尼器和油压黏滞阻尼器（图 17-8）。

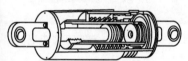

图 17-8　耗能装置的结构形式（U 形铅阻尼器、旋圈钢棒阻尼器、油压黏滞阻尼器）

其中 U 形铅阻尼器和旋圈钢棒阻尼器分别是利用铅和钢良好的塑性性能来吸收地震能量，油阻尼器则是利用流体的黏滞性能来吸收地震能量。在楠叶塔楼城的某栋超高层建筑中，使用了 29 个普通橡胶支座、113 个铅阻尼器，7 个旋圈钢棒阻尼器和 4 个油阻尼器；在另一栋高层建筑中，使用了 13 个普通橡胶支座，4 个铅芯橡胶支座和 16 个旋圈钢棒阻尼器；在另外两栋中层建筑中分别用了 5 个和 7 个普通橡胶支座，13 个和 11 个铅芯橡胶支座。在地震作用下，建筑物的振动将会减小到不采用隔震和耗能减震体系的建筑物振动的 $1/3 \sim 1/2$，即便遇到罕见大地震，整个建筑物遭受到的破坏程度也会很小。

17.1.3　吸震减震技术

1. 原理

吸震减震技术是通过附加子结构，使主结构受到地震作用时，能够将能量向子结构转移的减震方式。为了使建筑主体在震动过程中，能最大化地将自身的动能向吸震子结构传递，这些吸震装置应尽量分布于建筑物的顶层或者高层部位。

大量理论分析结果表明：主结构的阻尼比越小，吸震装置的减震作用就越大；子结构与主结构的质量比越大，减震作用就越大。

2. 常用吸震减震装置

目前，工程结构常用的吸震减震装置主要有：调频质量阻尼器、调谐液体阻尼器。这两种阻尼器一般使用在地震多发、风荷载巨大地区的高层建筑中。下面通过两个著名的实例进行进一步说明。

迪拜帆船酒店，位于阿拉伯海湾的飓风频发地带，同时这个区域也处在地球板块主要断裂带上。建筑设计过程需要在如何抵御飓风、地震带来的各个方向的荷载和共振影响进行谨慎的考虑。为了避免这些影响，设计师利用了一种悬垂装置，也就是调频质量阻尼器（图17-9），分布在建筑外部加固外加结构的中层及高层薄弱的位置（图17-10），每组装置的阻尼器重达5 t，一共分散布置11组。当风荷载和地震荷载导致建筑物产生振动的时候，阻尼器可产生大量的能量消耗，进而将建筑结构主体的振动频率及振幅限制在安全范围内。

图17-9 调频质量阻尼器   图17-10 迪拜帆船酒店阻尼器分布位置

另一个例子是我国台湾的台北101大厦，其以509 m的高度刷新了当时建筑高度的世界纪录，同样处在地球板块交界处的地震多发地区，台北101大厦有必要在抗震设计采用传统抗震结构设计的基础上进行新型的抗侧向荷载的技术措施。建筑工程师设计采用风阻尼器和液压阻尼器组合的形式进行抗震和抗风。在建筑顶层，用16条巨大的钢缆，在87层至92层间悬挂一个直径6 m、重达600 t的巨大钢球（图17-11、图17-12），在地震及飓风作用使建筑产生振动的时候，钢球便如巨型钟摆般摆动，利用惯性进行协调以降低建筑本体的晃动，然后推动与钢球相连的充油式避震阻尼器，抵消大楼的晃动。

图17-11 台北101大厦阻尼系统   图17-12 充油式避震阻尼器

17.2　建　筑　防　洪

17.2.1　防洪的概念

建筑物需要满足人们的使用要求，形成舒适的空间环境，其中一个要素就是防避各种极端气候带来的侵害，如洪涝灾害。近年来全球气候异常情况频繁，中国多处地区多发水灾，对建筑物造成巨大的破坏，对城市造成持续性的经济损失。据统计，洪涝灾害严重的季节，仅长江中下游地区，强烈持续的洪峰就会导致数十万房屋倒塌，造成巨大的经济损失。所以，易受洪灾影响的城市中，建筑物的建造必须顾及其抗洪防水的性能；受洪涝影响可能性小的城市，也要在特殊的区域、位置的建筑物建造中考虑其遭遇突发洪水时的抵抗和保护能力。掌握抵御洪水的建筑设计方法和建造措施，对于建筑工作者是非常必要的。

1. 城市规划设计的防洪对策

面对洪水这种覆盖面积广，影响范围大的自然灾害，首先要从城市规划的层面上，根据城市各类生物资源、能源及土地类型等城市因素，根据人口容量确定城市等级及其生态防洪标准以指导城市规划。

2. 建筑设计的防洪对策

对于建筑本身，应从设计阶段就树立防洪抗灾的指导方针，一是堵——通过特殊的防洪建筑物、构筑物，御水于外；二是疏——通过地势高差和自然坑洼的利用，泄水于蓄洪区之中。但也不能不防御"千里之堤，溃于蚁穴"的水患灾害对建筑物的影响，对于水灾易发区的普通建筑物也应采取相应的防洪对策，做到有备无患。

建筑设计中对防洪的考虑主要集中在洪水直接冲击；洪水淹没浸泡；洪水综合灾害；洪水退水效应。

17.2.2　建筑防洪设计

1. 场地选择

建筑物的选址是十分关键的环节。为保证建筑物的防洪安全，首先应避开大堤险情高发区段，远离旧的溃口，防止直接经受洪水的冲击。地势较高的场地、有防洪围护设施（如防浪林、围垸子堤）的地段可优先作为建筑场地。建筑物选址应在可靠的水文地质和工程地质勘察的基础上进行，基础数据不全就难以形成正确的设计方案。建筑选址的基础数据主要包括地形、地貌、降水量、地表径流系数、多年洪水位、地质埋藏条件等。特别需要指出的是，拟建建筑应选择在不易发生滑坡和泥石流的地段，应避开孤立山坳和不稳定土坡下方。另外，膨胀土地基对水的浸入比较敏感，从防洪设计来看，也是不利的建筑场地。

2. 基础方案

应采用对防洪有利的基础方案。房屋应坐落在沉降稳定的老土上，基础以深基为宜。如采用桩基，可以加强房屋的抗倾、抗冲击性以保证抗洪安全。有些复合地基，如石灰、砂桩地基，在防洪区不宜采用。多层房屋基础浅埋时，应注意加强基础的刚性和整体性，如采用片筏基础和加设地圈梁。在许多农房建筑中，采用新填土夯实，地基并没有沉降稳定，基础采用砖砌大放脚方案，对上部房屋抗洪极为不利。

3. 上部结构

从防洪设计出发，也应加强上部结构的整体性。对多层砌体房屋设置构造柱和圈梁是行之有效的。有些农房建筑，楼面处不设圈梁，以为用水泥砂浆砌筑的水平砖带就可以代替圈梁的作用，这是一种误解。还有的房屋，仅用黏土做砌筑砂浆，使砌体连接强度极差，又不能经受水的浸泡，造成房屋抗洪能力低，整体性差，应予改正。有些地区试验的框架轻板房屋，是抗洪建筑较好的结构体系，应在降低造价上做进一步工作，以便在广大防洪地区推广。

4. 建筑材料

选择防水性能好，耐浸泡的建筑材料对抗洪是有利的。混凝土具有良好的防水性能，应当是首选材料。砖砌体应有防护面层，采用清水墙容易受水剥蚀，必须采取防水措施。过去在洪水多发区采用的木框架结构已逐渐被砖和混凝土结构所取代；如采用木框架结构，应对木材做防腐处理。

17.3　建　筑　防　爆

生产性建筑中，特别是工业建筑的日常使用中，经常伴有各种爆炸的隐患和威胁，易燃气体、易燃粉尘、易燃物的存储等都需要建筑物具有相应的防爆措施。同时，随着城市民用燃气及大型电器产品的普及，燃爆已经不仅仅局限于工业生产领域。所以建筑防爆设计是建筑设计中的重要组成成分，在设计时从根本上防止或减少损失，一旦发生爆炸也可以把损失降到最低程度。

17.3.1　爆炸的分类

所谓爆炸的原理是大量能量在瞬间迅速释放或急剧转化成光、热等能量形式的现象。爆炸分为两类，一类是物理性爆炸，即爆炸前后没有新物质产生；另一类是化学性爆炸，即由于物质急剧氧化、分解反应产生高温、高压形成的爆炸现象。

从爆炸分解形式上可分为以下 3 种。

（1）简单分解爆炸。能量由自身提供，性质不稳定，如雷管、导爆索等。

（2）复杂分解爆炸。氧由本身分解提供，如大多数火炸药都属于这一类。

（3）爆炸性混合物爆炸。由各种可燃气体、蒸汽及粉尘与空气组成的爆炸性混合物的爆炸。

爆炸极限：可燃气体、蒸汽或粉尘与空气混合，遇火源能发生爆炸的最低、最高浓度。可燃气体、蒸汽：体积百分比，m^3/m^3。可燃粉尘：单位体积的重量，g/m^3。

其具有以下影响因素。

（1）引起气体爆炸极限变化的因素。浓度、压力、含氧量。

（2）引起粉尘爆炸极限变化的因素。粒径、挥发成分、水分、灰分、点火源。

17.3.2　爆炸的破坏作用

（1）爆炸压力。爆炸压力是爆炸反应产生的机械效应，是爆炸事故杀伤、破坏的主要因素。在物质爆炸过程中，随着爆炸波的扩展和爆炸能量的释放，介质压力也逐渐上升，这一过程用压力－时间曲线来描述。

（2）冲击波。在爆炸瞬间当能量突然释放到周围空气中就会产生冲击波。冲击波的最初强度取决于在释放瞬间的气体压力。

（3）高温爆炸。温度在 $2\,000\sim3\,000\ ^{\circ}\mathrm{C}$，并发生在极短的瞬间。

（4）爆炸碎片的冲击。碎片飞散的距离通常在 $100\sim500\ \mathrm{m}$。

爆炸产生的冲击波对人和建筑物都会产生非常巨大的损伤和破坏，如表 17-1 和表 17-2 所示。

表 17-1　冲击波对人体的伤害程度

超压值/kPa	伤害程度	超压值/kPa	伤害程度
<10	无伤害	45~75	人受重伤
10~25	人受轻伤	>75	伤势严重，死亡
25~45	人受中等伤	—	—

表 17-2　冲击波对砖混结构建筑的破坏程度

超压值/kPa	建筑物破坏程度	超压值/kPa	建筑物破坏程度
<2	基本无破坏	30~50	门窗大部分破坏，砖墙出现严重裂缝
2~12	玻璃窗部分或全部破坏	50~75	门窗全部破坏，砖墙部分倒塌
12~30	门窗部分破坏，砖墙出现小裂缝	>75	墙倒屋塌

17.3.3　建筑防爆设计

排除爆炸源的措施从建筑来说，主要是排除各种火源。

（1）对于明火，防爆建筑应远离有明火的建筑物、露天设备和生产装置。防爆建筑内部设有明火装置时，易爆房间同明火房间之间应用防爆墙隔开；如二者必须有室内联系，应设防火的双门斗。

（2）对于电火源。为消除电气照明设备开关或运行时产生的电火花，应选用防爆电动机、防爆照明器和防爆电路；为消除静电的火花，有关设备应设接地装置和使用导电性润滑剂；为消除建筑物附近的雷击闪电的火花，应安装避雷装置。

（3）对于化学品火源。对可能产生火源的化学材料，应采取安全储存和防护措施。

（4）对于太阳能火源。为消除由于太阳光照射而产生的火源，如直射阳光暴晒下可燃物升温自燃和通过有气泡的平板玻璃等聚焦而形成高温焦点等，应设遮阳板、百叶窗或采用磨砂玻璃门窗等措施。

（5）对于摩擦撞击产生的火源。为防止工具或设备因摩擦、撞击地面和门窗而产生火花，应采用木材、橡胶、塑料、沥青和用石灰石、大理石做骨料的水泥砂浆和混凝土等不产生火花的材料做地面层，并使用木制门窗。

（6）对于其他火源。在有可燃液体或气体的建筑中，应采取措施防止可燃物逸至有火源的房间。

减轻爆炸危害的措施主要有以下几个。

（1）合理布置建筑的总平面。在工厂总平面设计中，将有爆炸危险的厂房、仓库集中在一个区段，同其他区段间保持适当的距离。如工厂靠近郊区，应将这类房屋布置在厂区边缘；如工厂靠近山区，则应充分利用地形和自然屏障，将这类房屋布置在山沟内。

（2）设置建筑防爆构配件，阻止或降低爆炸产生的影响，如防爆墙、防爆门、防爆窗等。在同一座厂房和仓库内部，应将有爆炸危险的装置同一般装置用防爆墙分隔开。防爆墙可采用配筋砖墙、钢筋混凝土墙、钢板墙和钢木板墙，其材料和强度经计算确定。防爆墙不应作为承重结构，不得穿孔留洞。工艺上需要管道或机器的轴承穿越时，必须有密封措施。如需设门窗，应设防爆（装甲）门和防爆窗，应具有防爆墙的抗爆强度和防火能力。防爆观察窗是固定式的，采用角钢窗框、橡皮密封条和夹层玻璃。

（3）设置泄压构配件，让爆炸产生的冲击波从特定的出口有效泄出，减少其对室内其他空间的影响，如轻质屋顶、轻质外墙和泄压窗等。在发生爆炸时，它们首先遭到破坏，泄散掉大量气体和能量，从而减轻承重结构受到的爆炸压力荷载。防爆建筑泄压面积，即泄压构件的总面积同房屋体积的比值，一般采用 0.05～0.10。泄压构件应靠近爆炸部位，不得面对人员集中的地方和主要通道。泄压轻质屋顶普遍采用轻质的石棉水泥波形板做屋面材料，波形板下应满铺镀锌铁丝网或细钢筋制成的安全网，以免爆炸时断瓦碎片散落伤人。泄压轻质外墙宜采用石棉水泥波形板做墙体材料，用薄钢板带与螺栓卡固在钢筋混凝土的横梁上。泄压轻质外墙需要保温时，可采用双层板或内衬一层木丝板。泄压窗应避免采用撞击时发生火花的零件，并能在爆炸时自动打开。甲、乙类设备或有爆炸危险的粉尘、可燃纤维的封闭式厂房的采暖、通风和空调设计，应符合现行国家标准《建筑设计防火规范》和《采暖通风和空气调节设计规范》中的有关规定。

防爆厂房的电气设备的防雷设计，应分别按照国家标准《爆炸和火灾危险环境电力装置设计规范》和《建筑防雷设计规范》中的有关规定执行。

17.3.4　建筑防爆泄压构件

1. 防爆泄压外墙系统

防爆墙是指抵抗爆炸压力较强的墙。要求强度较高，耐火性较好。墙体构造形式主要分为以下几种。

（1）砖墙防爆墙：一般应用于爆炸压力较小的爆炸危险性厂房。

（2）钢筋混凝土防爆墙：强度高，整体性好，抗爆能力强，当爆炸压力较高时采用。

（3）钢板防爆墙：用型钢做骨架，单侧或双侧焊接钢板。也可在双层钢板中填充混凝土或砂子。

防爆泄压外墙系统的特点如下。

（1）泄散迅速。防爆泄压板属于轻质脆性材料，遇爆炸时在极短时间内实现泄散，有效减少爆炸力的叠加效应，为人身和财产安全提供保障。

（2）泄爆时不易形成二次伤害。防爆泄压板泄压时呈块状及粉末状，无尖锐棱角，重量很轻，密度低，保温层为轻质材料，在泄压时都不易形成二次伤害。

（3）强度良好。在项目方案设计时，会充分考虑外墙风压要求和墙体高度等因素进行檩条、龙骨及防爆泄压板的排布，保证墙体的稳定性的同时实现泄压功能。

（4）轻质。防爆泄压外墙及外饰面的涂料总重量不超过 50 kg/m³，对其整个建筑物的负荷及抗震非常有利。

（5）耐久。防爆泄压板耐候性好，在正常使用条件下，可达到 50 年的使用要求。

（6）防火性能优越。根据建筑物的防火等级，防爆泄压外墙的耐火极限可达 4 小时。

（7）保温性能突出。防爆泄压外墙系统中中部为空腔填充保温材料，可满足常规项目的保温要求，如有更高保温要求，可通过计算调整墙体厚度，或可按传统外墙内保温及外保温形式实现。

（8）防渗漏工艺成熟。防爆泄压系统作为成熟的外墙系统，通过板材错缝排列和专用填缝腻子嵌缝处理，表面涂装外墙涂料后，完全可以确保外墙无渗漏。

（9）安装快捷。防爆泄压屋面所用材料均为工厂制作成型，现场只需焊接及螺栓固定，板材密度低，便于开洞及管线穿越，系统安装简单快捷。

（10）易于表面装饰。防爆泄压外墙表面非常平整，在外墙涂料施工时无须找平层，可直接进入外墙涂料工序。

2. 防爆门

（1）在发生爆炸的情况下，按照预告设定的爆炸入射压力与反射力。防爆门能够抵挡该种范围内的爆破压力，而达到必要的保护作用，防止造成人员伤亡和财产损失。

（2）在发生爆炸情况后，没有达到预先设定的爆炸力，防爆门仍然能够正常使用。

（3）当发生爆炸情况后，爆炸力达到预先设定，可以发生变形，但门的组件仍可维持使用，以避免人员被截留、阻困。

（4）必要的密闭隔离功能，防止被隔离空间和外界空气直接对流，以减少被隔断、受保护的空间受到外界的污染。

（5）防爆门是一种安全设施，具有自闭功能和紧急逃生功能（图 17 - 13）。

图 17 - 13　防爆门

3. 泄爆窗

泄爆窗是指在建筑物内外气压差达到一定数值时，泄爆窗的泄爆螺栓能自动脱落，泄爆窗能自动打开，向外释放气体，降低内部气压，以保护建筑物内的人员和财产安全的特种钢窗。

4. 泄压轻质屋顶

大面积的屋顶能有效、快速地释放大量的冲击波能量，并能快速释放爆炸产生的热烟气，有泄压轻质屋顶的建筑物宜采用轻质屋盖和轻质墙体，其容重应小于 120 kg/m²。建筑物上应采用结构上易于脱落的屋面板，或在坚固难脱落的屋顶结构上镶上石棉板、铁皮等轻质易撕开的材料。

5. 建筑泄压构造示例

建筑泄压的构造示例如图 17-14~图 17-18 所示。

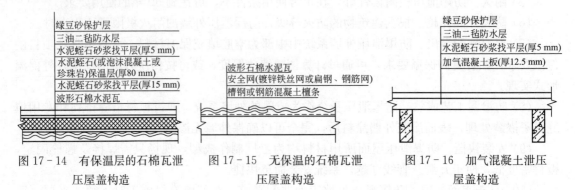

绿豆砂保护层
三油二毡防水层
水泥蛭石砂浆找平层(厚5 mm)
水泥蛭石(或泡沫混凝土或
珍珠岩)保温层(厚80 mm)
水泥蛭石砂浆找平层(厚15 mm)
波形石棉水泥瓦

图 17-14　有保温层的石棉瓦泄
压屋盖构造

波形石棉水泥瓦
安全网(镀锌铁丝网或扁钢、钢筋网)
槽钢或钢筋混凝土檩条

图 17-15　无保温的石棉瓦泄
压屋盖构造

绿豆砂保护层
三油二毡防水层
水泥蛭石砂浆找平层(厚5 mm)
加气混凝土板(厚12.5 mm)

图 17-16　加气混凝土泄压
屋盖构造

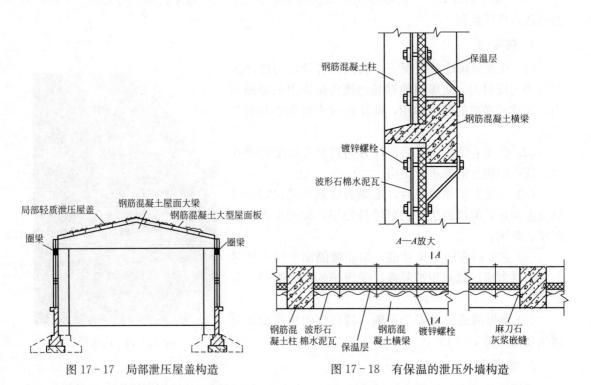

局部轻质泄压屋盖　钢筋混凝土屋面大梁　钢筋混凝土大型屋面板
圈梁　圈梁

图 17-17　局部泄压屋盖构造

钢筋混凝土柱　保温层
镀锌螺栓
钢筋混凝土横梁
波形石棉水泥瓦

A—A放大

钢筋混　波形石　钢筋混　镀锌螺栓　麻刀石
凝土柱　棉水泥瓦　凝土横梁　　灰浆嵌缝
保温层

图 17-18　有保温的泄压外墙构造

17.4　建 筑 防 腐

作为隔断恶劣气候、抵御各类极端环境影响的屏障，建筑物外部围护结构需要具备一定的抗腐蚀能力；同时在大多数工业建筑室内和民用建筑的部分功能空间中，因为一些物理、化学的作用，也需要在室内进行防腐的处理。建筑防腐在传统木构建筑历史悠久的中国由来已久，如古建油饰彩画，在满足建筑美观功能的同时，也为木结构提供良好的防腐防老化保护。现代的钢筋混凝土结构、钢结构建筑中，建筑腐蚀的现象还是广泛存在的，对基础、楼地面等位置进行防腐蚀处理，能够有效地提升建筑物的耐久年限，延长建筑物的修缮周期。

17.4.1　腐蚀的定义

所谓腐蚀，是指材料在周围环境介质作用下造成的破坏，即材料与其环境间的物理、化学作用所引起的材料本身性质的变化。腐蚀所反应的场所，首先是其材料和腐蚀性介质直接相接处。在腐蚀过程中，对材料行为起决定作用的化学成分、结构和表面状态，单纯的拉应力、摩擦、磨损、疲劳等机械负荷造成的材料损伤不属于腐蚀范畴，但在腐蚀过程中如伴有机械应力的作用，则将加速腐蚀而出现一系列特殊的腐蚀现象。

17.4.2　建筑为什么要防腐蚀

为防止或减轻腐蚀性介质对建筑物和构筑物的腐蚀作用，使工业建筑防腐蚀设计做到技术先进、经济合理、安全适用、确保质量，我们必须重视建筑的防腐蚀。建筑防腐蚀设计应以预防为主，根据生产过程中产生介质的腐蚀性、环境条件、生产、操作、管理水平和维修条件等，因地制宜，区别对待，综合考虑防腐蚀措施。对生产影响较大的部位，危及人身安全、维修困难的部位，以及重要承重构件等应加强防护。

17.4.3　建筑防腐设计原则

在不同的介质环境中，正确选择防腐材料及采用正确的施工方法是一项极其复杂的工作。正确地选材既要保证建筑物及其设备的正常使用，并充分发挥材料的使用寿命，又要注意防腐蚀工程的经济效果。在防腐工程设计时，不仅需要占有关材料的资料、数据和在特定介质中的腐蚀特性，而且要充分利用行之有效的工作经验和工作程序。

对腐蚀环境的了解：由于材料性能随使用条件不同会有很大的变化，因此在选择时首先要了解环境条件。

对材料的要求：材料的化学性能或耐腐蚀性能应符合防腐要求，新型防腐蚀材料的应用应跟传统的材料进行优缺点对比，材料的技术性能也要达到要求，并要注意总的经济效果优越。

选择材料的顺序：按照设计时腐蚀控制的程序，选择材料的顺序大体上可分为初步选择、材料试验、现场试验 3 个步骤。

当然，所有的材料都有使用寿命，没有绝对的防腐防侵蚀材料。所以对使用年限的考虑：设计防腐工程在年限上的确定一般依据为，满足整个防腐工程的使用寿命，希望整个防腐工程的各部分材料能均匀地劣化。

17.4.4　建筑各部位的防腐蚀构造

建筑防腐构造主要针对一些易受侵蚀，使用频繁的构件。包括楼地面、踢脚板、墙裙、挡水、变形缝、排水沟、钢柱支座、设备基础、涂层，以及玻璃钢型材楼梯及栏杆、室内装修、坡道及散水、基础、池槽和地漏等部位的特殊构造设计及处理。下面介绍一些代表性的防腐蚀构造做法。

1. 楼地面

楼地面面层材料应根据腐蚀性介质的类别、性质、浓度及设备安装和生产过程中的机械磨损等要求选用，由于防腐材料性质各异，选用时应符合建筑使用功能的要求。

(1) 受液态介质作用的楼地面，应设坡向地漏或地沟的坡度。

(2) 隔离层。与结合层材料相容，无不良反应是选择原则。

(3) 地面垫层。一般室内工程采用 C20 混凝土，室外工程采用 C25 混凝土。

(4) 地面混凝土垫层应在纵横向设置缩缝。纵向缩缝应采用平头缝或企口缝，其间距为 3~6 m；横向缩缝宜采用假缝，其间距为 6~12 m，假缝宽度为 5~20 mm。

(5) 室外地面垫层可设伸缝，其间距不宜大于 30 m。

(6) 找坡层用 C15 或 C20 细石混凝土，最薄处厚 20 mm，厚度小于或等于 30 mm 可用 1:3 水泥砂浆找坡。

(7) 找平层用 20 mm 厚 1:2 水泥砂浆。

(8) 地面地基的压实系数（夯实系数）不应小于 0.9，其含水量应控制在规范许可范围。

(9) 混凝土垫层下的 0.2 mm 厚塑料膜主要用于防潮，以保证面层的施工质量。

(10) 地面垫层下，凡土壤可能冻结的防腐地面，均应设置厚度不小于 300 mm 的防冻层，防冻层须注意排水。

(11) 在预制板上做防腐蚀面层时，必须设置配筋的混凝土整浇层，厚度不小于 40 mm。

如图 17-19 所示，为花岗石板楼地面（灌缝）防腐蚀处理的构造做法。

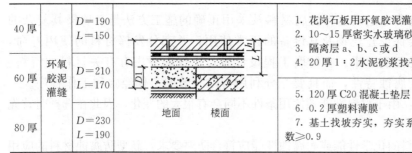

40 厚		$D=190$ $L=150$		1. 花岗石板用环氧胶泥灌缝，缝宽 8~15 2. 10~15 厚密实水玻璃砂浆结合层 3. 隔离层 a、b、c 或 d 4. 20 厚 1:2 水泥砂浆找平层	
60 厚	环氧 胶泥 灌缝	$D=210$ $L=170$		5. 120 厚 C20 混凝土垫层 6. 0.2 厚塑料薄膜 7. 基土找坡夯实，夯实系数≥0.9	5. 20~80 厚 C20 细石混凝土找坡层 6. 现浇楼板或预制楼板之现浇叠合层
80 厚		$D=230$ $L=190$			

图 17-19 花岗石板楼地面（灌缝）防腐蚀处理

2. 踢脚板、墙裙、挡水、变形缝

(1) 踢脚板。找平层，凡其上施工树脂类材料，用 1:2 水泥砂浆 20 mm 厚，其余用 1:3 水泥砂浆 20 mm 厚；所有耐酸砖或陶板均为 20 mm 厚。

(2) 墙裙。楼地面隔离层，在墙裙处翻起高度（距楼地面净高）不小于 100 mm；墙裙所用的耐酸砖、陶板均为 15 mm。

(3) 楼地面挡水。找平层，凡其上施工树脂类材料，用 1:2 水泥砂浆 20 mm 厚，其余用 1:3 水泥砂浆 20 mm 厚；所用块材厚度，耐酸瓷砖 20 mm 厚，陶板 20 mm 厚，缸砖 65 mm 厚。

(4) 楼地面变形缝。应设在排水坡的分水线上，不得通过有液体流经或积聚的部位；填缝板采用硬质聚苯乙烯泡沫塑料板。图 17-20 为楼地面变形缝的防腐蚀处理的一种构造做法。

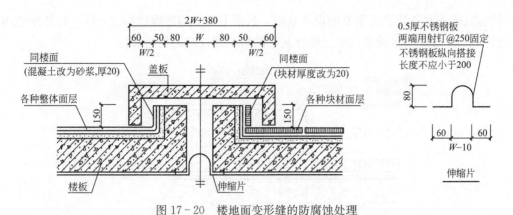

图 17-20 楼地面变形缝的防腐蚀处理

3. 排水沟

（1）排水沟所用块材厚度。耐酸砖 20 mm，陶板 20 mm，缸砖 65 mm。

（2）找平层。均为 1∶2 水泥砂浆 20 mm 厚。

（3）沟底、沟壁的混凝土强度等级和厚度与地面垫层相同。

图 17-21 为排水沟防腐蚀处理的一种构造做法。

4. 钢柱支座

钢柱支座是指楼地面上的钢构件所设置的防腐蚀支座，混凝土墩的高度不宜小于 300 mm。

图 17-22 为钢柱支座防腐蚀处理的一种构造做法。

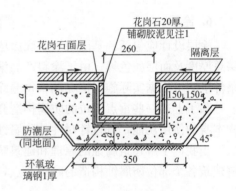

图 17-21 排水沟防腐蚀处理

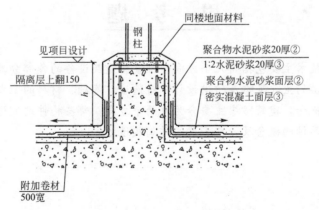

图 17-22 钢柱支座防腐蚀处理

5. 设备基础

设备基础地上部分，应根据介质的腐蚀性等级、检修安装的机械作用、基础的形式及大小等选择防腐蚀构造，当基础顶面与地面的高差小于 300 mm 时，基础的面层宜与地面一致；钢筋混凝土设备基础或重要的设备基础，其地下部分的防腐蚀构造按墙、柱基础选用。

图 17-23 为密实水玻璃混凝土整体基础的防腐蚀处理的构造做法。

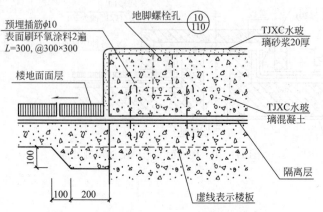

图 17-23　密实水玻璃混凝土整体基础的防腐蚀处理

6. 涂层

涂层设计应包括：基层要求、底涂层、中间涂层、面涂层的涂料名称、遍数和厚度、涂层总厚度及面层颜色等；由于涂料产品编号、规格和施工方法的不同，在保证涂层总厚度的条件下，可根据实际施工情况调整每遍涂层厚度和涂装遍数。

除了上述一些重点部位的防腐构造介绍外，还有其他的一些材料及构件也需要根据建筑物本身的使用功能，进行针对性的防腐蚀构造处理。

当我们了解建筑腐蚀的原理和建筑防腐蚀的意义后，掌握主要防腐蚀材料的性能，并理解建筑各个部位防腐蚀构造的防护要点，就能更好地理解防腐构造形式的作用和适用范围。

思　考　题

1. 建筑抗震新技术主要包括哪几个方向？抗震构造及设备的各部分其工作原理是什么？
2. 简述建筑防洪的主导策略及防洪设计中对选址、基础、材料的基本要求。
3. 建筑防爆的概念，建筑防爆主要分为哪两个方向？哪些构件适宜进行防爆构造设计？
4. 简述建筑防腐蚀的概念及一些主要的防腐构造方法。

第 18 章
绿色建筑设计

【本章内容概要】

自 20 世纪 90 年代开始，可持续发展理念就已经深入人心并广受推广，在自然界受到过度的采伐和改造后，日益加剧的环境问题成为 21 世纪人类不得不面对的重大课题，社会、文化、科技、经济发展等各个领域都在探索着可持续的发展方法和模式。城市建设领域中的可持续发展，主要面向城市、建筑的设计、建设和运行方面，绿色建筑设计是其中非常重要的一个主导方向。

绿色建筑设计，倡导尊重自然环境、遵守自然法则的建筑设计理念，同时也是寻找如何巧妙地利用自然资源，打造更加环保、宜居、节能高效的建筑的过程。数十年来，绿色建筑一直是国内外建筑建造、改造中所倡导的，同时也确确实实是我国当代社会资源消耗过快的生产模式转型过程中所急需并大力推广的。

在建筑方案设计中，设计师们偏向于将自己的方案描述为"绿色建筑"，尽管可能方案本身并没有过多的关于"绿色"是什么，如何做的考虑。绿色建筑设计原则是什么？什么是真正的绿色建筑？设计过程不仅需要对建筑选址、交通、容积率等基本设计要素进行科学的分析和研究，还需要对周围的生态环境、资源分布、建筑使用群体的个性要求等诸多方面进行综合的调查和权衡。例如，在进行住宅区交通流线设计的时候，可能还需要考虑便捷地到达公共交通站点的路线，考虑自行车存车位的设置，将设计者的环保、节能、绿色的理念传递给使用者。

总之，绿色建筑设计是在建筑设计中最大化遵守自然规律，最有效地利用自然资源，最小化负面影响的过程。为达到这一目标，需要建筑设计者们更深刻地掌握建筑技术科学的基础理论，并主动地更新对能源、环境、设备等相关领域最新科技成果的认知。

【本章学习重点和难点】

学习重点：主要介绍绿色建筑的概念及基本设计原则，并分别介绍被动式（低技术）和主动式（高技术）绿色建筑的主要特点、原理和典型案例。

学习难点：理解并掌握完善的绿色建筑理念和设计思路，了解绿色建筑设计中的主要科学原理和实现技术措施。

18.1 何为绿色建筑

18.1.1 绿色建筑的概念

所谓"绿色建筑"的"绿色"，并不是指一般意义的立体绿化、屋顶、花园，而是代表一种概念或象征，是指建筑对环境无害，能充分利用环境自然资源，并且在不破坏环境基本生态平衡条件下建造的一种建筑，又可称为可持续发展建筑、生态建筑、回归大自然建筑、节能环保建筑等。绿色建筑的概念一般可归纳为"4R"建筑，即减少（reduce）建筑材料、各种资源和不可再生能源的使用；利用可再生（reproducible）能源和材料；利用回收（recycle）材料和排水；设置废弃物回收系统；在结构允许的情况下重新使用（renew）旧材料。

图 18-1　自然与建筑有机结合是绿色建筑形成的重要理念

在我国《绿色建筑评价标准》中，将绿色建筑定义为在建筑的全寿命周期内，最大限度地节约资源（节能、节地、节水、节材），保护环境和减少污染，为人们提供健康、适用和高效的使用空间，与自然和谐共生的建筑（图 18-1）。

绿色建筑主要有以下几点特征：① 建筑本身较传统建筑，其耗能大大降低；② 绿色建筑尊重当地自然、人文、气候，因地制宜，就地取材，因此没有明确的建筑模式和规则；③ 绿色建筑充分利用自然，如绿地、阳光、空气，注重内外部的有效联通，其开放的布局较封闭传统建筑的布局有很多区别；④ 绿色建筑过程中，对整个过程都注重环保因素。

18.1.2　绿色建筑产生的背景

从原始人穴居、巢居开始，几千年的发展中，建筑的本质始终是自然的。但是到了文艺复兴时期，人本主义中心论打破了建筑与自然的平衡，此思想将人类的欲望凌驾于自然至上。到了 20 世纪现代建筑领域的技术至上观念撕裂了建筑与自然之间维系了几千年的朴素关系，加剧了地区的资源浪费和全球性的能源危机。建筑的建造是个消耗物质的过程，需要向自然索取建筑材料并消耗可再生与不可再生能源，现代建筑尤为严重。据统计：建筑的建造和使用过程中产生的物质在引起全球气候变暖的物质中占 50%。能耗总量的 1/3 是在建筑设计、建造和使用过程中所耗费的。除了严重的能源浪费，大量的占用耕地、重度的污染环境都是现代建筑建造的后遗症。以上均造成生态系统的破坏，无法在短期内重新达到平衡，更是加剧了这些破坏的速度，进而成为一种恶性循环。建筑界这时才开始重新关注自然生态的特征和演进机制，寻求现代技术与自然资源、地区气候和生态环境的适应与协调，探索一种可持续发展的建筑理论和设计思想。

关于建筑与自然的关系，应该从"不涸泽而渔、不焚林而猎"这样的古老警言中得到启示。对于自然这样一个我们赖以生存的系统而言，建筑应当采取与之融合、共生而非对立的态度才是最佳的选择。

工业革命之后，居住与生产分离，人口大量涌向城市，现代建筑应运而生。在单纯的消耗自然原料、排出垃圾这种简单生活运行模式下，现代建筑扮演着不光彩的角色：① 建筑的建造过程中要消耗大量能源；② 在使用中，需要依靠外部能耗供给；③ 高密度聚居的社区形式造成了垃圾大量集中排放，形成无法回收的二次污染。最终，能源紧缺、城市病等各种问题造成了今天我们生活的窘境。针对我们面临的困境，有前瞻性的建筑设计师开始了对建筑的反思，重新评价人、建筑与环境之间的关系。

18.1.3 绿色建筑应遵循的原则

绿色建筑是对社会发展而带来的环境问题的思考与应激反应，因此主要针对现代社会所面临的问题予以回应。在绿色建筑的设计中，在不同层面有不同设计元素需要考虑，其涵盖范围从规划选址到细部构造不一而足，涉及领域甚广。但综合以上，绿色建筑设计有其基本设计原则作为指导思想，具体如下。

（1）绿色建筑应遵循"可持续发展"理念。利用技术手段和分析方法减少能耗与污染，提高建筑品质，达到建筑与自然环境的融合。所谓"可持续发展"，就是"既能满足当代人的需要，又不对后代人满足其需要的能力构成危害的发展模式"。

（2）关注建筑的全寿命周期。一个建筑从最初的初步设计到施工建成、使用再到最终拆除，形成一个全寿命周期。要关注其全寿命周期，意味着从规划设计初期便需要考虑其环境因素，以保证施工过程对环境的影响降到最低，建成后运营阶段为人们提供舒适、低耗、无害的空间，拆除后对环境的损害降至最低，并尽量做到拆除材料的再循环利用。

（3）适应自然条件，保护周边环境。建筑要充分利用场地周边自然条件，尽量保留并合理利用现有地形地貌。在建筑选址、布局、朝向、形态等方面充分考虑当地气候特征。建筑与文脉相适合，保持景观与历史文化的连续性。尽量减少对环境的负面影响。

（4）节约能源。充分利用太阳能、风能等可再生洁净能源，合理进行建筑围护结构设计，减少采暖和空调的使用。根据自然通风的原理合理设置风冷系统，建筑采用适应当地气候条件的平面形式及总体布局，使建筑能够有效地利用夏季的主导风向。

（5）创造健康的使用环境。绿色建筑要满足使用者的生理与心理需求，同时为人们提高生活质量、工作效率创造条件，营造舒适、适用的采光、温湿度、听闻环境。

18.1.4 发展绿色建筑的意义和方向

绿色建筑的作用就是节约能源和资源，减少温室气体，尤其是 CO_2 的排放。建筑本身消耗大量能源，同时对环境也有重大影响。据统计，建筑消耗了全球 50% 的能源，居住区，办公大厦，公寓等对资源的利用是周而复始的。另外，建筑引起的空气污染、光污染、电磁污染占据了 1/3 以上的环境总污染，人类活动产生的垃圾，其中 40% 为建筑垃圾。

从技术分析的角度出发，绿色建筑体现在能源与材料的合理利用上，绿色建筑的建设材料讲求可持续、可再生、自然生态的利用。以达到减少不可再生能源的利用和充分利用、开发可再生能源两方面的目的。

发展绿色建筑的过程本质上是一个生态文明建设和遵循自然发展规律的过程。在环境保护、科技发展、公共政策导向、社会文化建设、经济进步等各个方面综合考量，才能真正理解和设计出"绿色"建筑和"绿色"城市。

绿色建筑按照其实现"绿色"的方式可以分为两种倾向，一种是以纯建筑手段来达到适应自然界、"借力"优化室内环境的做法，也就是所谓的"低技术"倾向，也可称为"被动式"建筑；另一种是用机械、设备的巧妙运用来达到与自然制衡的做法，即所谓的"高技术"倾向，也可称为"主动式"建筑。低技术与高技术以不同的着眼点，从不同方面诠释绿色建筑的设计手法与设计要素。

18.2 低技术绿色建筑设计

18.2.1 低技术绿色建筑的起源

低技术绿色建筑设计思想有着悠久的历史，在漫长的建筑发展历程中，世界各地居民本能地将可持续性作为建造建筑的一项原则。低技术绿色建筑在建造过程中尽量降低对自然的破坏，最大限度地将建造、生活融于自然，利用自然，不依靠高科技手段而达到节能、宜居的建筑环境。

从中国各地民居的特色建造，就可看出建筑与环境相适应、相协调的设计思想在千百年的文化发展中已经潜移默化地深入到每一个民居建筑中去了。北京的四合院建筑充分考虑了冬季建筑保温与南朝向阳光的利用；广东吊脚楼强调了通风与除湿的自然结合；新疆民居阿以旺的厚实墙壁对于巨大的温差有着良好的适应性；蒙古包具有便于组建和拆分的特性……这些乡土建筑都是在不断地与气候磨合中不断演进，最终达到一种平衡与科学的建造方式。

所以，从当时当地的自然、基地条件出发，应用适宜手段来达到绿色建造的目的，是低技术绿色建筑的根本出发点。它要求建筑师具备对场地条件的综合能力、对气候理解能力和对当地特色材料运用能力。

18.2.2 我国传统低技术生态建筑观

中国古代很早就提出了"天人合一"的哲学观点，认识到人与自然是不可分割的整体，强调人与自然之间的有机联系。因此，民居在"天人合一"观念的影响下从聚落选址、总体布局、建筑设计、室外环境设计、室内陈设乃至取材及建造技术等方面均蕴含了绿色精神。

中国"风水术"也恰好暗合于当代设计中的生态建筑学概念。风水术其实就是论述和指导人们选择和处理住宅（阳宅）与坟地（阴宅）的位置、朝向、布局、营建、择日等一系列的主张和学说，是选择居住环境的一种术数。它以选址为准绳，对地质、地文、气候、水文、日照、风向、气象和景观等一系列自然地理环境因素进行分析，对其优劣进行评价和选择，并采取相应的规划设计措施，创造适于长期居住的良好环境。风水术中，也特别关注人—建筑—自然的关系，即"天人"关系。宅居环境的经营，最根本的就是要顺应天道，以自然生态系统为本，来构建住宅的人工生态系统。

18.2.3 低技术绿色建筑的原则

低技术绿色建筑设计因为以被动利用能源、用建筑本体抵御外部气候变化，所以有很大的地域特征和独特性。但结合建造的地理、气候、经济等原因，可以将其设计要点总结为以下几个标准。

1. 就地取材与技术融合的原则

绿色建筑低技术的就地取材原则：① 选取基地范围或附近的无污染、可再生材料；② 回收材料的再利用；③ 尽量保持材料的原始状态，避免加工所带来的能量耗损；④ 减少因材料运输以降低能量的消耗。通过运用这些原则，可以将对周边环境的影响降到最小。

技术融合原则：① 利用当地技术；② 发掘传统建筑技术的合理方面；③ 将现有技术与其他技术结合使用。通过这种融合，把现有技术和材料的作用发挥到最大，往往可以改进和发展出更适宜特定地区的建筑技术。

2. 生态物质的循环概念与再生利用理论

物质循环与再生利用理论是绿色建筑设计的主要原则之一，是绿色建筑生态性评价的一个重要标准。因为在自然生物链中，某一组分生命活动中造成的"废物"必然是对另一组分有用的"产品"。因此，为了可持续发展目标的实现，必须遵循物质循环利用原则，通过不同发展方式的互补，实现资源的循环利用与永久利用，以最小的代价换取最大的发展。

3. 集约化原则

在城市规划和建筑设计领域，集约化是指"城市建筑在占有有限的土地资源的前提下，通过综合组织生活功能和复合空间设计，形成紧凑、高效、有序的功能模式"。

集约化原则包括土地利用的集约化、水资源利用的集约化及能源利用的集约化。土地利用的集约化是指在建筑物的建设中应注意立体地开发用地空间，发掘城市地上及地下空间的利用效益；水资源利用的集约化是指在建筑设计中应注意结合废水净化和雨水收集，设置循环用水和分质用水系统。并积极采用各类节水设施、设备，有效地控制用水量。能源利用的集约化是指建筑设计应结合相关技术的进步，提高能源的集约化利用程度。

18.2.4　低技术绿色建筑的技术措施

面对低技术绿色建筑建造和使用中的 3 个基本问题：资源利用、舒适健康和可持续性，现代建筑工作者进行了长期的工程实践与理论探讨，在不同方面对其进行诠释与解答。在低技术领域中，结合各国长期积累的建筑节能、自身调节、能源合理利用等经验，可总结出以下技术措施。

1. 材料的合理利用

建筑是由建筑材料筑成，所以要实现其绿色化，建筑材料是重要的组成部分。传统建筑大多就地取材，其中便包含了绿色建筑概念中的地域性与适应性。对于不同材料，有不同的建造技术及适用范围，因此研究每种材料的特性，因材设计、建造，避免使用不可再生资源，才可以达到绿色建筑的标准。

（1）土材料。在许多地区，土是很容易获得的建筑材料。一般有夯筑和土坯砌筑两种施工方式。土本身的保温隔热性能优良，当建筑物废弃后不产生废料，可以直接回归自然。但是其缺点在于，过多的开采会破坏耕地等不可再生资源，建筑的寿命相对较短，而且由于其不稳定性，一般只用于低层建筑，自身强度不高，洞口大小受到很大限制。

（2）木材料。在特定地区，木材是容易取得的建筑材料，特别是在山区和林区。木结构的房屋是中国传统建筑中分布最广，使用最多的建筑。由于木材使用方式的影响，其作为围护结构的厚度一般较小，因而在一般的传统居住建筑中其保温隔热的性能并不是很好，一般都通过建筑形式的调整达到居住舒适性的要求。木建筑寿命相对较短，防火是木结构建筑需要十分注意的问题。木材是可回收利用的材料，报废的木材自行降解，回归自然。

（3）石材料。在某些地区，如湖南西部山区，石头比较容易获得。其加工稍微困难些，但与相同厚度的土砖墙比较，石头的保温隔热性能要好些，耐久性也比较好。其不足之处在于，一般的砌筑条件下，建筑内外表面比较粗糙，采光通风难以考虑。

（4）水的利用。在环境设计中，可以通过加入水元素，如水池、喷泉等来改善局部微气候；多雨地区可以收集利用雨水，将雨水收集用作防火和补充饮用水源，干旱地区将雨水收集用作日常生活和饮用水补充；另外，水热容量较大，利用此性质可以对建筑进行采暖保温。

2. 自然通风

自然通风的基本策略是根据风速和风压（不同区域间因空气密度不同而产生的压差）进行设计。通风主要是指风力驱动的自然通风，依靠的是建筑外墙之间的压力差，主要包括风压通风和热压通风。合理的建筑设计可以增加建筑的自然通风效果，增加建筑室内舒适度。影响自然通风的主要因素包括：① 建筑周围地形和已有障碍物；② 风速及相对于建筑的方向；③ 建筑体量。因此，良好的风环境分析可以对具体的情况进行建筑设计指导，优化设计建筑的朝向、体型、窗洞口的位置和开启方式，作出相应的冬季防风和夏季通风措施。

3. 天然采光

太阳光是源源不断的清洁能源，对自然光的有效利用可以减少人工照明的消耗，从而降低建筑耗能，避免能源的浪费。其设计要点主要有以下两点。

（1）良好的建筑朝向。良好的朝向能够极大程度地利用自然光，达到节约能源的目的。

（2）建筑窗洞的设计。对建筑窗洞进行设计和处理，达到加大采光、防止过晒、防止眩光等目的。

具体设计手法有以下三点。

（1）加大采光。加大开窗面积、设置天窗、高侧窗等。

（2）防止过晒。应用遮阳构件、遮阳墙、应用树木绿化遮挡等。

（3）防止眩光。防止直晒、加遮阳板等。可变动措施：采光设施应采用一定的活动性设计以应对不同的情况的要求（夏季与冬季的区别，晴朗与阴天的措施）。

4. 建筑遮阳

对于中国南方及中部地区而言，由于气候和建筑朝向的原因，大多存在建筑需要抵御夏季过强阳光辐射及东、西晒等问题，解决采光及遮光之间的矛盾，是建筑面临的一个实实在在的生态问题。因此，遮阳板的使用，成为多数建筑形态的构成要素，对建筑形象和功能起着十分重要的作用。

遮阳板具有以下功能。① 遮光功能。减少或阻止强烈太阳光直射室内，避免太阳眩光照射，让室内得到柔和的太阳光照。遮阳系统这个功能的设计指标主要是根据建筑师对室内采光的要求为依据进行设计的，不同使用功能的房间对其遮阳系数也会有不同的要求，因此，在进行遮阳系统的设计时应完全满足建筑对遮光系数的要求。② 调节采光功能。遮阳系统的设计不仅要有利于遮光，更要有利于采光。它不仅是要阻止阳光直射和紫外线进入室内，防止产生眩光照射，而且更要有效地保证室内的良好采光环境。利用遮阳系统调节光线进入室内的模式，使阳光通过漫反射均匀地进入室内，让光线变得柔和、亲切、宜人，有利于营造一种和谐的生活和工作环境，保护人体和眼睛健康。③ 隔热节能功能。减少太阳热量进入室内，降低室内温度，以节约空调费用。一般来说，隔热作用可以用遮阳系数来评价。遮阳系数的定义和计算受到多方面因素的影响，可以定义为夏季室内空调能量的节约比率，这样定义考虑因素比较全面，具有实际意义。要求遮阳板的设置能够显著地增大遮阳系数，以尽量减少热量进入室内，达到节约能源的目的。

5. 太阳能的利用

现代世界，石油、天然气等不可再生能源正在以极快的速度被消耗，这些资源不仅存量有限，而且在使用中排出大量温室气体，对环境造成严重的污染，因此，开发新能源、洁净能源势在必行。太阳能便是建筑中可以大量使用的新能源之一。

在历史长河中，各国人民均在实际建筑建造中充分考虑了光照因素，是对太阳能利用的最初形式。而被动式太阳能利用，是低技术绿色建筑能源利用技术的重要设计手段之一。被动式太阳能利用是指以建筑系统不使用机械设备为前提，完全依靠加强建筑物的遮挡功能，通过建筑设计上的方法达到形成室内环境的目的。这种方式主要依赖于建筑集成设计，尽量利用一些基本建筑构件，如窗户、墙体及地板等的合理设计来实现。通过这种方法，建筑内的许多部件可以同时满足建筑、结构及能源要求。

6. 绿化系统

绿化植被能够净化灰尘，消耗 CO_2，维持水土平衡，还能给人以景观上的美感，是一种极为有效并广受青睐的设计手法。把绿化系统应用到低技术生态建筑的设计当中，能够节约能耗，如草皮屋顶和攀爬类植物墙面及屋顶的设计使建筑的能耗降低的程度和优势远大于一般的建筑外围护保温隔热构造形式（图18-2）。绿化系统主要由平面绿化和垂直绿化系统组成。

图18-2 屋顶平面绿化

（1）平面绿化系统。平面绿化系统包括室内和室外两部分，室外绿化可以是种植型的，也可以是原有绿化保持型的（图18-3）。

图 18-3   建筑外立面绿化

（2）垂直绿化系统。包括墙面绿化、阳台绿化和屋顶绿化，是一种自古以来就有的绿化方式。

18.3   高技术绿色建筑设计

与低技术绿色建筑相比，高技术生态建筑并不是简单地利用现代技术和新材料，随意地在建筑设计中进行高科技设备的罗列，而是运用生态原理及高新技术，以高科技、低能耗和自调节性的设计，创造适应地域自然环境，具有节能特点的绿色建筑。高技术绿色建筑并非单纯以技术表现为目的的炫技式建筑，而是积极运用高新技术，具有高舒适度、低能耗和自调节性等特点的一类绿色建筑。

18.3.1   当代高技术绿色建筑的产生背景

高技术建筑是建筑中理性和科学的代表，是时代意志的集中体现。高技术绿色建筑设计分为两个时期，以工业革命为转折点。在工业革命前，"高技术"主要体现为"高工艺"，强调手工技艺；而在工业革命后，由于建筑技术和建筑材料发展迅速，涌现出大量表现工业技术、体现机械美学的高技术建筑；至 20 世纪末期，随着生态环境的日益恶化，为了保护人类共同的家园，可持续发展理念的深入人心，部分高技术建筑开始注重生态化。

高技术绿色建筑的兴起主要是高技术建筑生态化的结果。高技术绿色建筑积极主动应对当今世界的环境问题与资源危机，以达到建筑与环境的可持续发展，并日益成为未来建筑发展的主要方向之一。

18.3.2   当代高技术绿色建筑的设计策略

绿色建筑在产生之初就被赋予提供健康生活、有效利用各种资源、改善生态环境的目标指向，是对现代建筑在时代发展中的继承和深化。为实现这一目标，高技术绿色建筑和低技术绿色建筑采取了不同的策略。具体到当代高技术绿色建筑，建筑师主要从能源策略、技术策略和辅助模拟等方面展开设计，从而形成与众不同的表达形式。

1. 能源策略

当代高技术绿色建筑的能源策略是在设计中最大限度地利用清洁和可再生能源，如太阳能、风能、地热能等，以最小的环境代价换取最大限度的建筑舒适度和最大的使用功能。为此，高技术绿色建筑通常采用自然通风、光伏发电等技术措施，以节约已有能源，并充分开发利用绿色能源。这种能源策略常常形成令人耳目一新的建筑构件甚至是整体外观，如TIW（透明保热墙）、太阳能通风塔等新兴建筑概念。

2. 技术策略

选用高生态技术是当代高技术绿色建筑的重要技术策略。随着科学技术的进步，新技术层出不穷，在建筑上得到了充分利用的高生态技术包括材料、能源、计算机控制、再循环和资源替代、仿生等技术中的一部分或全部，技术策略不仅使建筑能耗大量降低，也在很大程度上决定了高技术生态建筑的外在形象和内部空间。

3. 辅助模拟

当代高技术绿色建筑通过主动调控建筑环境以达到最佳的建筑节能和室内舒适度要求，这就要求设计过程中预测并控制将来的建成环境。为此，建筑师常需要通过计算机模型等模拟建筑建成后可能的各种物理环境，进而辅助设计。条件特殊时，还要对模型进行风洞等试验来进一步推敲方案。随着计算机技术及软件发展的日新月异，涌现出许多建筑环境分析、绿色建筑辅助设计的软件，如 Autodesk Ecotect Analysis 生态建筑大师（图 18-4）、IES（VE）环境能源整合分析软件等。辅助设计对建筑设计最主要的影响体现在方案优化、筛选的过程中，可以帮助建筑师确定最佳方案。

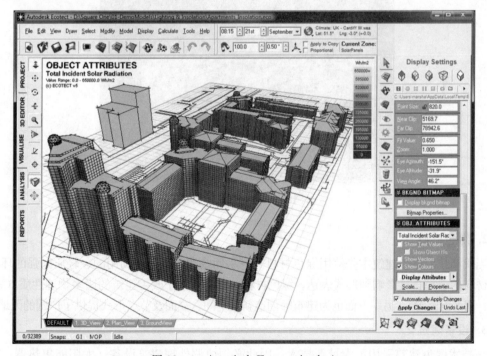

图 18-4 Autodesk Ecotect Analysis

总而言之，当代高技术生态建筑通过能源策略、技术策略和辅助模拟设计等手段，创造出有别于其他现代建筑的形式表达。并在未来的使用中有效降低建筑能耗，并达到最佳的舒适度。

18.3.3　当代高技术绿色建筑的形式

高技术绿色建筑中最核心、最有生命力的部分并不是某种固定的结论或设计方法，而是绿色建筑这一概念中蕴含的设计原则与表达方式。从建筑的区域规划、建筑设计、材料运用直至设备的选用与室内的布置，高技术绿色建筑在重视人、自然、建筑的相互关系的原则下，结合不同项目特征，演化出具有代表性的建筑形式表达。

1. 可呼吸表皮

当代高技术绿色建筑关注建筑表皮设计，并为其注入绿色因素，使其像生物表皮一样具有保护、呼吸、温度调节、物质交换等功能。当代高技术绿色建筑广泛使用可呼吸式外墙技术，即含有空气间层的双层墙。该技术通过控制双层墙间层的空气流动，满足室内房间通风换气要求，使房间在恶劣的天气和高层位置也可以开启窗户进行通风换气。空气间层的热惰性有效改善墙体的热工性能，同时便于安装遮阳装置，使得双层墙具有较好的节能性。这种双层表皮的构造体系使建筑的外观富有层次，而且可以独立于内部功能，为建筑造型提供了更大的灵活性。典型的实如德国柏林 GSW 大楼扩建后的双层玻璃幕墙立面（图 18－5）。

图 18－5　柏林 GSW 大楼

2. 绿色材料

当代高技术绿色建筑主张使用绿色材料——易回收的、可循环利用的、轻质高强的环保材料。材料的选择直接影响到形式表达，绿色材料一方面有助于改善建筑的诸多物理性质（采光、通风、调节温度等），另一方面也为建筑师创造新颖空间、立面及节点形式提供了广阔的天地。

3. 设备建筑化

高技术绿色建筑采用了大量新技术，因此必须协调处理建筑设备（太阳能集热器、太阳能电池板、风力发电机等）与建筑构件（门窗、屋顶、墙体等）之间的关系。因此，设计采用设备建筑化策略，使建筑设备和建筑构件融为一体，并发展成为一种新的形式表达，如 PV 屋顶、风力发电捕风口等。如 1992 年西班牙塞维利亚世界博览会英国馆的帆状光电遮阳板(图 18 - 6)。

图 18 - 6　塞维利亚世界博览会英国馆

思 考 题

1. 绿色建筑的定义是什么？绿色建筑设计应遵循哪些原则？
2. 低技术（被动式）绿色建筑技术措施主要有哪几个方面？
3. 高技术（主动式）绿色建筑技术措施主要有哪几个方面？

附录 A

模 拟 试 题

A.1 模拟试题一

一、单项选择题（每题 1 分，共计 15 分）

1. 我国《建筑模数协调标准》中规定基本模数以 M 表示，其数值为（   ）mm。
   A. 100   B. 150   C. 200   D. 300

2. 抗震设防烈度为（   ）度及以上地区的建筑，必须进行抗震设计。
   A. 6   B. 7   C. 8   D. 9

3. 楼板设计要求要有足够的刚度，其刚度表示为（   ）。
   A. 强度   B. 挠度   C. 抗压性   D. 抗拉性

4. 当屋面采用无组织排水时，散水的宽度可按檐口线放出（   ）mm。
   A. 100～200   B. 150～250   C. 200～300   D. 300～400

5. 下列关于现浇钢筋混凝土楼板最小厚度要求的描述，选项（   ）不正确？
   A. 单向屋面板 60 mm   B. 民用建筑单向楼板 60 mm
   C. 双向板 90 mm   D. 工业建筑单向楼板 70 mm

6. 下列说法何种正确？（   ）
   A. 钢筋混凝土基础是柔性基础   B. 钢筋混凝土基础受刚性角的限制
   C. 混凝土基础不受刚性角的限制   D. 砖石基础不是刚性基础

7. 下列结构方案中（   ）抗震较差。
   A. 框架结构   B. 框-剪结构
   C. 部分框架结构   D. 剪力墙结构

8. 某地下室是人员经常活动的场所且为重要的战备工程，其防水等级应为（   ）。
   A. 一级   B. 二级   C. 三级   D. 四级

9. 下列关于圈梁作用的描述，选项（   ）都是正确的？
   (1) 加强房屋整体性   (2) 提高墙体承载力
   (3) 减少由于地基不均匀沉降引起的墙体开裂   (4) 增加墙体稳定性
   A. (1)、(2)、(3)   B. (1)、(4)
   C. (2)、(3)、(4)   D. (1)、(3)、(4)

10. 墙面抹灰一般要分层施工，其目的是（   ）。
    (1) 节省材料   (2) 增加厚度   (3) 使墙面平整   (4) 提高抹灰牢度

A.（1）和（2）　　　　　　　　　　B.（2）和（4）

C.（3）和（4）　　　　　　　　　　D.（1）和（4）

11. 倒铺保温屋面的构造层次从上至下为（　　　）。

A. 防水层、保温层、结构层　　　　　B. 保温层、结构层、防水层

C. 防水层、结构层、保温层　　　　　D. 保温层、防水层、结构层

12. 纵墙承重的优点是（　　　）。

A. 楼板所用材料较横墙承重少　　　　B. 纵墙上开门、窗限制较少

C. 整体刚度好　　　　　　　　　　　D. 开间划分较灵活

13. 东南向窗选择下列哪种遮阳形式较好？（　　　）

A. 水平遮阳　　　　B. 垂直遮阳　　　　C. 挡板遮阳　　　　D. 综合遮阳

14. 以下有关楼梯设计的表述，选项（　　　）不恰当？

A. 楼梯段改变方向时，平台扶手处的宽度不应小于梯段净宽并不小于 1.20 m

B. 每个梯段的踏步不应超过 20 级，亦不应少于 3 级

C. 楼梯平台上部及下部过道处的净高不应小于 2 m，梯段净高不应小于 2.2 m

D. 儿童经常使用的楼梯，梯井净宽不应大于 200 mm，栏杆垂直杆件的净距不应大于 110 mm

15. 钢筋混凝土框架结构建筑防震缝的宽度与哪些因素有关？（　　　）

（1）建筑的平面形式　　　（2）建筑的高度　　　（3）抗震设防烈度　　　（4）外墙材料

A.（1）和（2）　　　B.（2）和（3）　　　C.（3）和（4）　　　D.（1）和（4）

二、填空题（每空 1 分，共计 25 分）

1.《建筑设计防火规范》中所规定的高层建筑是指建筑高度大于（　　　）m 的住宅建筑和建筑高度大于（　　　）m 的非单层厂房、仓库和其他民用建筑。

2. 复合空间的常用组合方式有走道式、（　　　）、（　　　）、（　　　）和混合式等。

3. 踢脚的饰面材料一般与（　　　）材料相同，高度一般为（　　　）毫米。

4. Ⅰ级屋面防水等级适用于（　　　）建筑和（　　　）建筑，其设防要求是（　　　）道防水设防。

5. 玻璃幕墙在构造上主要由（　　　）体系、金属（　　　）、玻璃面板以及（　　　）材料四大部分组成。

6. 基础按构造形式不同可分为（　　　）基础、（　　　）基础、联合基础和（　　　）基础。

7. 联系房屋各层不同高度空间的竖向交通设施有楼梯、电梯、（　　　）及（　　　）等类型。

8. 先预留洞口，后安装门窗框的施工方式被称为（　　　）。

9. 伸缩缝是为了预防（　　　）对建筑物的不利影响而设置的；在地震区设置伸缩缝时，必须按照（　　　）缝来设置。

10. 建筑工业化的主要标志是设计（　　　）化、构件生产（　　　）化、施工（　　　）化和组织管理（　　　）化。

三、名词解释（每题 2 分，共计 10 分）

1. 风玫瑰图

2. 容积率

3. 构造柱

4. 有组织排水

5. 绿色建筑

四、简答题（20 分）

1. 建筑物防火疏散系统主要包括哪些设计内容？（5 分）

2. 建筑设计中进行功能分区时应遵循哪些基本原则？（4 分）

3. 建筑物实体构件系统一般由哪几部分组成？各部分的主要功能是什么？（6 分）

4. 什么是建筑保温和建筑隔热？（2 分）

5. 建筑抗震新技术主要有哪几个发展方向？（3 分）

五、绘图题（30 分）

1. 用气泡图或框图分析住宅套型的空间组成和功能关系。（6 分）

2. 绘图说明散水构造做法。（8 分）

3. 绘图说明卷材防水倒置式保温屋面构造做法。（9 分）

4. 绘图说明楼梯的净高要求。（7 分）

A.2　模拟试题二

一、单项选择题（每题 1 分，共计 15 分）

1. 下列说法中（　　）是错误的。

　　A. 设置伸缩缝后可以不考虑防震缝

　　B. 沉降缝应将基础断开

　　C. 防震缝的宽度与建筑物的高度有关

　　D. 为防止温度的变化而引起的建筑物破坏须设置伸缩缝

2. 在宽、高尺寸相同的情况下，（　　）形状的窗户采光最少。

　　A. 正方形　　　　　　B. 圆形　　　　　　C. 正六边形　　　　　　D. 三角形

3. 北方地区钢筋混凝土过梁断面常采用 L 形，其作用是（　　）。

　　A. 减少热桥　　　　　　　　　　　　B. 增加过梁强度

　　C. 增加美观　　　　　　　　　　　　D. 减少混凝土用量

4. 下列陈述中（　　）组合正确。

　　(1) 楼梯平台的深度应不大于楼梯梯段的宽度

　　(2) 踏步宽度＋2 倍踏步高度＝600～620 mm

　　(3) 楼梯扶手高度一般为 900 mm

　　(4) 每段楼梯踏步不得超过 18 级

　　A. (1)、(2)、(3)　　　　　　　　　　B. (2)、(3)、(4)

　　C. (1)、(3)、(4)　　　　　　　　　　D. (1)、(2)、(4)

5. 耐火等级为一级的承重墙燃烧性能和耐火极限应满足（　　）。

　　A. 难燃性，3.00 h　　　　　　　　　B. 不燃性，4.00 h

　　C. 不燃性，3.00 h　　　　　　　　　D. 难燃性，5.00 h

6. 某地区的主导风向是确定当地建筑物的（　　）的主要因素。

    A. 墙厚   B. 朝向   C. 间距   D. 高度

7. 关于预制钢筋混凝土空心板的构造，下列（　　）说法不正确。

    A. 是一种单向板

    B. 支承端的孔内常以砖块或砂浆块填塞

    C. 可将板的三条边都搁置在墙上

    D. 板在梁上的搁置宽度应不小于 60 mm

8. 下列地面面层中（　　）不适合用做高级餐厅楼地面的面层。

    A. 水磨石   B. 陶瓷锦砖（马赛克）

    C. 大理石   D. 水泥砂浆

9. 在下列四种保温隔热层的叙述中，选项（　　）错误。

    A. 架空隔热屋面：在屋面防水层上架设薄型制品隔热层，其高度宜为 $180 \sim 300$ mm

    B. 蓄水屋面：在屋面防水层上蓄积一定深度的水，水深宜为 $400 \sim 500$ mm

    C. 种植屋面：在屋面防水层上堆填种植介质或设置容器来种植植物起隔热作用

    D. 倒置式屋面：将憎水性保温材料设置在防水层之上的屋面

10. 墙体水平防潮层的位置应设于（　　）。

    A. 墙体踢脚处   B. 地坪面层处

    C. 地坪素混凝土结构层处   D. 地坪灰土垫层处

11. 将保温层铺设在防水层之上的做法称为倒铺保温屋面，其保温材料应选择（　　）。

    A. 珍珠岩   B. 炉渣

    C. 加气混凝土   D. 聚苯乙烯泡沫塑料

12. 建筑物的层高是指该层的地面或楼面到（　　）的距离。

    A. 上层楼面   B. 顶棚底面   C. 梁底面   D. 楼板底面

13. 关于小型构件预制钢筋混凝土楼梯，下列（　　）说法不正确。

    A. 踏步板有一字形、L 形、三角形等

    B. 斜梁的断面形式有矩形、锯齿形等

    C. 墙承式双折楼梯须在楼梯井处设置一道墙体

    D. 悬臂踏步楼梯可用于 8 度地震区的建筑

14. 多雨地区不宜选用下列（　　）。

    A. 外开平开窗   B. 外开下旋窗   C. 外开上旋窗   D. 中旋窗

15. 无障碍出入口的轮椅坡道净宽度不应小于（　　）。

    A. 1.50 m   B. 1.40 m   C. 1.20 m   D. 1.00 m

二、填空题（每空 1 分，共计 25 分）

1. 耐火极限是指在标准耐火试验条件下，建筑构件、配件或结构从受到火的作用时起，至失去（　　）、（　　）或（　　）时止所用时间，用小时表示。

2. 为满足采光要求，一般单侧采光的房间深度不大于窗上口至地面距离的（　　）倍。

3. 吊顶基层由（　　）等承力构件、（　　）系统和配件组成，有木质基层和（　　）基层两大类。

4. 建筑物屋面上的钢筋混凝土檐沟、天沟净宽不应小于（　　）mm，分水线处最小深度不应小于（ ）mm，沟内纵向坡度不应小于（ ）。

5. 墙身设置水平防潮层时，其常用做法有（ ）防潮层、（ ）防潮层和（ ）防潮层等。

6. 通常按防水层与主体结构的位置关系不同，地下工程防水构造形式可分为（ ）防水、（ ）防水、（ ）组合防水。

7. 楼梯主要由楼梯梯段、楼梯（ ）和（ ）3部分组成。

8. 民用建筑和厂房的疏散门，应采用向（ ）方向开启的（ ）门。

9. 伸缩缝的宽度一般为（ ）mm。

10. 我国对绿色建筑的定义可简单概括为"四节一环保"，其中"四节"指的是节（ ）、节（ ）、节（ ）和节（ ）。

三、名词解释（每题2分，共计10分）

1. 抗震设防烈度

2. 建筑密度

3. 变形缝

4. 泛水

5. 工业化建筑专用体系

四、简答题（20分）

1. 为什么要制定和执行《建筑模数协调标准》？什么是模数、基本模数和导出模数？（5分）

2. 建筑场地设计第一阶段"场地布局"主要包括哪些工作内容？（4分）

3. 简述屋面工程设计的主要内容。（7分）

4. 什么是"4R"建筑？（4分）

五、绘图题（30分）

1. 绘简图说明复合空间的几种常用组合方式。（5分）

2. 绘图说明墙体沉降缝构造。（4分）

3. 绘出架空隔热屋面女儿墙檐口节点详图，说明各部分的做法并标注尺寸。（7分）

4. 某三层教学楼的层高为3.600 m，室内外地面高差为450 mm，墙厚为240 mm，轴线居中，开敞式楼梯间的开间为3 300 mm，进深为6 000 mm。楼梯拟采用平行双折式，入口设在底层楼梯中间休息平台之下，试设计该楼梯并绘制楼梯剖面详图。（14分）

附录 B

各章思考题参考答案

第 1 章

1. 房屋建筑学与建筑设计、建筑材料、建筑结构、建筑物理等相关学科关系密切。房屋建筑学一门综合性学科，涉及环境规划、建筑艺术、工程技术、工程经济等诸多方面的问题。上述问题相互关联、相互制约、相互影响，构成完整的系统。

2. 我们应该从三个视角来看待房屋建筑学课程。第一文化背景。技术存在于文化背景之中。当代建筑技术源自于历史上建造技术与建筑形式的发展演变。第二系统整体。只有整体把握建筑设计的意图、功能要求、制造和施工过程，才能正确理解局部的构件和细部做法，才能将各个构件系统组织成为一个统一的整体。第三技术创新。技术的创新是建筑发展的必要条件，先进的技术手段可以为设计者提供更多可能，激发创新性和想象力，摆脱传统方法的束缚。

第 2 章

1. 太阳与地球构成的各种各样并且通常是非常极端的野外环境，不能够满足人类所要求的健康、充实的生存需求。建筑充当了弥合二者之间差异的环境调节区域。野外环境对于人类生活和人类文明来说变数太大、太极端、太具破坏性、太不稳定，并且太不友好。在人类发展的过程中，最初寻找天然地形所提供的避身场所，而后制造人工的、大自然不能给予的、更持久和更舒服的栖身环境——建筑。

2. 建筑物分为五个系统，即基础、上部结构、外围护系统、内部分隔系统和设备系统。

3. 开放题目。课本列举了两个案例：斯坦斯特德国际机场、柏林国会大厦。

4. 《民用建筑设计通则》（GB 50352—2005）规定地下建筑物及附属设施，包括结构挡土桩、挡土墙、地下室、地下室底板及其基础、化粪池等；不得突出道路红线和用地红线建造。（注：基底与道路邻近一侧，一般以道路红线为建筑控制线）。建筑基础的设计中预先考虑管线关系，让小管道穿梁敷设，大管道避让基础。

5. 用地红线是指各类建筑工程项目用地的使用权属范围的边界线，红线内土地面积就是取得使用权的用地范围，通常用若干坐标点连成的线。

6. 通过水平要素和垂直要素限定空间。天花和地面，它们是形成空间的两种水平界面。柱和墙是限定空间的垂直要素，与水平要素相比，给人更强烈的空间限定感。实际工作当中，通常综合运用水平要素与垂直要素的来限定空间。

7. （1）垂直结构包括垂直的立柱和墙体（2）水平结构包括悬索、拱、桁架和梁

（3）侧向支撑包括：柱与梁刚性连接、插入对角支撑（斜撑）、钢筋混凝土剪力墙代替对角支撑。

8. 建筑外墙、屋顶和门窗的隔热和蓄热作用在一定程度上稳定了室内的温度变化。建筑物通过调节室内环境的热量特性来控制人体热量的损耗速度，使人体保持舒适。

通过各种不同形式的开窗，控制建筑室内空间中空气流动的量、速度和方向。最理想的开窗设计经常是同时利用风力和对流，即把面风一面的开口开在低位，背风一面的某些开口开在高位，使得两种方式的动力可以同时起作用。

建筑物外围护系统中，通过各种不同形式的开窗引入自然采光。既要尽可能在建筑中引入自然光，又要屏蔽过强的光照。窗户面积最好是室内面积的五分之一左右，这是一个相对合理的经验值。

外墙上的门窗是隔声的薄弱环节，可以选用铝合金密封门窗或新型硬塑料保温隔热型门窗等隔声性能较好的门窗满足隔声需要。

9. 空气的温度和质量决定了人们冷暖的感受和健康舒适的要求。当自然条件无法满足人们的舒适度需求的时候，通过设置采暖系统、通风和空调系统人工设备调节室内环境。供暖系统使室内保持舒适温度。通风和空调系统保持室内获取新鲜清洁的空气，同时使室内保持舒适温度。

第 3 章

1. 人体尺度及人体活动所占的空间尺度是确定民用建筑内部各种空间尺度的主要依据。建设地区的温度、湿度、日照、雨雪、风向、风速等是建筑设计的重要依据。在地震区进行建筑设计时需要采取抗震措施。

2. 常用设计规范包括城市规划类、建筑设计类、景观设计类、技术（结构、设备、防火）。最为常用的设计规范有《民用建筑设计通则》（GB 50352—2005）、《建筑设计防火规范》（GB 50016—2014）。

3. 建筑模数协调的内容包括：模数数列、模数化网格、定位原则、公差和接缝。在建筑统一模数制中，基本模数数值规定为 100 mm，表示符号为 M。导出模数分为扩大模数和分模数，扩大模数基数为 $2M$、$3M$、$6M$、$9M$、$12M$……；分模数基数为 $(1/10)$ M、$(1/5)$ M、$(1/2)$ M。

4. 建筑可以按照建筑层数和高度分为单层多层建筑和高层建筑；按照设计使用年限分为四类；按照承重混合结构建筑结构的材料分为木结构建筑、砖（或石）结构建筑、钢筋混凝土结构建筑、钢结构建筑；按照耐火等级可以分为四级。

5. 建筑防火疏散系统包括总图设计时建筑之间的防火间距设定；建筑构件的防火构造设计，防止火灾蔓延的防火分区设计；灭火系统设计；保护人身安全的疏散设计。

6. 建筑设计的一般程序包括方案阶段、初步设计阶段和施工图设计三个阶段。

第 8 章

1. 各组成部分；组合原理；构造方法。

2. 主要包括基础、墙和柱、楼地层（楼板和地坪层）、楼梯、屋顶和门窗六大基本组成部分。

3. 外力。

4. 建筑详图；放大。

5.

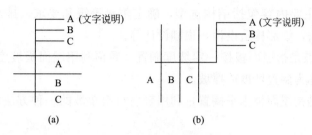

（a）竖向构造层次的标注；（b）水平构造层次的标注。

第 9 章

1.

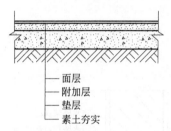

2. D。

3.（1）强度和刚度；（2）隔声能力；（3）防火能力；（4）防水能力；（5）管线敷设要求；（6）其他要求：经济、美观和建筑工业化等方面的要求。

4. 面层；结构层；附加层；顶棚层。

5.（1）无梁楼板，即柱承重无梁板式楼板，是指等厚的平板直接支承在柱子上。

（2）井字梁式或井式楼板，是将两个方向的梁等间距布置并采用相同的梁高、无主次之分所形成的井格形梁板结构。

（3）单向板是指两对边支承的板、或者长边与短边长度之比不小于 3.0 的四边支承的板。

（4）双向板是指长边与短边长度之比不大于 2.0 或者长边与短边长度之比大于 2.0，但小于 3.0 时的四边支承的板。

6. 6；150。

7. B。

8. 悬（挑）式板；悬挑梁板式。

9. 答案略。

10. C。

11.（1）直接式顶棚是指在楼板或屋面板等结构构件底面直接进行抹灰、涂刷、粘贴、裱糊等饰面装修的顶棚。

（2）吊顶是指在较高大或装饰要求较高的空间中，顶棚饰面层悬吊于屋面板或楼板之下的饰面装修做法。

12. 承力构件（吊杆、吊筋）；龙骨骨架；配件；基层。

第 10 章

1. 屋顶设计的主要内容包括结构选型，确定防水等级和要求，排水设计，防水设计，选择保温或隔热做法，细部构造设计，顶棚设计等。

2. （1）结构找坡是指屋面板按一定坡度搁置，屋顶利用屋面板坡度形成排水坡度，不需另加找坡层；也称为搁置坡度或撑坡。

（2）材料找坡是指屋面板水平搁置，利用轻质材料垫坡的一种方法；也称为建筑找坡、垫置找坡或填坡。

（3）泛水是指女儿墙、烟囱、管道等突出屋面的竖向构件与屋面相交处的防水构造。

（4）倒置式屋面是指将保温层设置在防水层之上的屋面。

3. 屋面排水方式可分为无组织排水和有组织排水两大类；有组织排水又可分为内排水、外排水以及内外排水相结合的方式；根据檐口形式不同，外排水又可分为挑檐外排水和女儿墙外排水等类型。

4. 承重结构；顶棚；隔热；保护；防水；找平；保温；隔汽；找坡等。

5.

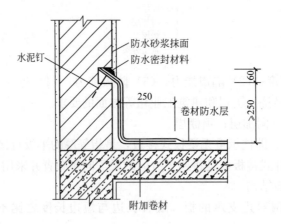

6. 横墙；屋架；梁架；橼架；屋面板；空间结构。

7. 块；沥青；波形；金属板；防水卷材。

8. 种植；架空（通风）；蓄水；反射。

第 11 章

1. （1）采用轻质高效保温材料与砖、混凝土、钢筋混凝土、砌块等主墙体材料组成复合保温墙体构造。

（2）采用导热系数小、保温效果好的新型墙体材料；导热系数是指在稳态条件和单位温差作用下，通过单位厚度、单位面积匀质材料的热流量。

（3）采用带有封闭空气间层的复合墙体构造设计。

2. （1）剪力墙是指建筑物中主要承受风荷载或地震作用引起的水平荷载的墙体。其作用是防止结构剪切破坏，又称抗风墙或抗震墙，一般为钢筋混凝土墙体。

（2）横墙承重结构是指以横墙起主要的承重作用，楼板、屋顶的荷载均由横墙承担；而纵墙只起纵向稳定、拉接以及承担自重的作用。

（3）混凝土构造柱简称构造柱，是砌体结构抗震构造措施之一；是指在砌体房屋墙体的规定部位，按构造配筋，并按先砌墙后浇灌混凝土柱的施工顺序制成的混凝土柱。构造柱不是承重结构柱，其作用是与圈梁一起形成封闭骨架，提高墙体的应变能力，增强建筑物的整体性和刚度，提高砌体结构的抗震能力。

（4）圈梁也叫腰箍，是砌体结构抗震构造措施之一；是在房屋的檐口、窗顶、楼层、吊车梁顶或基础顶面标高处，沿砌体墙水平方向设置封闭状的按构造配筋的混凝土梁式构件；圈梁应是现浇钢筋混凝土梁。

（5）玻璃幕墙是指由玻璃面板与支承结构体系（支承装置与支承结构）组成的、可相对主体结构有一定位移能力或自身有一定变形能力、不承担主体结构所受作用的建筑外围护墙。

3. A。

4. 块材；轻骨架；板材。

5. 框支承；全；点支承。

6. D。

7. 为保证抹灰牢固、平整、颜色均匀和面层不开裂、不脱落，墙面抹灰施工时应分层操作。底层主要起粘接和初步找平作用；中层主要起进一步找平作用；面层的主要作用是提高使用质量和装饰效果。

8. 答案略。

第 12 章

1.（1）人工地基是指采用地基处理技术措施进行处理后形成的地基。

（2）基础是指建筑物最下面与土壤直接接触的结构构件，基础将结构所承受的各种作用传递到地基上。

（3）基础的埋置深度简称基础的埋深，是指基础埋于土层的深度，一般指从室外地坪至基础底面的垂直距离。

（4）用刚性材料制作的基础称为无筋扩展基础，即由砖、毛石、混凝土或毛石混凝土、灰土和三合土等材料组成，不配置钢筋的墙下条形基础或柱下独立基础。

（5）筏形基础是指柱下或墙下连续的平板式或梁板式钢筋混凝土基础。

（6）地下室地坪面低于室外地坪高度超过该房间净高的 1/3，且不超过 1/2 的称为半地下室。

2. C。

3. 基础按构造形式不同可分为条形基础、独立式基础、联合基础和桩基础等；其中联合基础的类型较多，常见的有柱下条形基础、柱下十字交叉基础（井格式基础）、筏形基础和箱形基础等。

4.

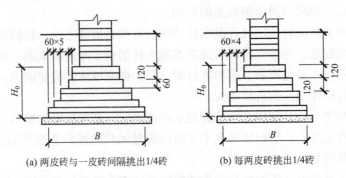

(a) 两皮砖与一皮砖间隔挑出1/4砖　　　(b) 每两皮砖挑出1/4砖

5. 四；混凝土；卷材；涂料；塑料或金属；砂浆；膨润土。

第 13 章

1. 联系房屋各层不同高度空间的竖向交通设施有楼梯、电梯、自动扶梯及坡道等类型。

2. 使用需要；防火要求。

3. 楼梯的尺度设计要求可分为剖面尺寸要求（梯段坡度、踏步高度、净空高度、扶手高度等）和平面尺寸要求（踏步宽度、梯段宽度、梯段长度、平台宽度、梯井宽度等）两个方面，具体尺寸要求如下：

（1）梯段坡度：楼梯梯段的坡度一般为 $20°\sim45°$，其中以 $30°$ 左右较为常用。

（2）踏步尺寸：踏步尺寸应符合《民用建筑设计通则》GB 50352—2005 或某建筑类型设计规范的规定，确定踏步尺寸一般可按经验公式：$2h+b=600\sim620$ mm 来计算。

（3）净空高度：楼梯平台上部及下部过道处的净高不应小于 2 m，梯段净高不宜小于 2.20 m。

（4）扶手高度：室内楼梯扶手高度自踏步前缘线量起不宜小于 0.90 m。靠楼梯井一侧水平扶手长度超过 0.50 m 时，其高度不应小于 1.05 m。儿童使用的楼梯应在 500～600 mm 高度再设置一道扶手。

（5）梯段宽度：除应符合防火规范的规定外，供日常主要交通用的楼梯的梯段宽度应根据建筑物使用特征，按每股人流为 0.55 m＋（0～0.15）m 的人流股数确定，并不应少于两股人流。

（6）梯段长度：有 n 个踏步的梯段的长度为 $b\times(n-1)$，b 为踏步宽度。

（7）平台宽度：梯段改变方向时，扶手转向端处的平台最小宽度不应小于梯段宽度，并不得小于 1.20 m，当有搬运大型物件需要时应适量加宽。

（8）梯井宽度：梯井宽度一般要满足施工要求，不宜过大，通常取 100～200 mm。

4.（1）降低首层入口处休息平台下局部地坪的标高，即将入口处一部分室外台阶移进室内楼梯起始处。

（2）提高首层休息平台的标高，即增加第一个梯段的踏步数。

（3）以上两种方法结合使用。

（4）首层采用直跑梯段直达二楼。

5. 答案略

6. B。

7. 0.30；0.15；0.10；防滑。

8. 地坑；机房。

9. B。

10. 280；160；850～900；650～700。

第 14 章

1. 门框；门扇；亮子；附件。

2. 根据开启方式的不同，门可以分为平开门、弹簧门、推拉门、折叠门、转门、自动门、升降门、卷帘门等类型；窗可以分为固定窗、平开窗、悬窗（上悬窗、中悬窗、下悬窗）、立转窗（旋窗）、推拉窗、上下推拉窗等。

3.（1）塞口是指在墙体施工时不立门窗框，只预留洞口，待主体完工后再将门窗框塞进洞口内安装的门窗施工方式。

（2）建筑透明外围护结构相同，有外遮阳时进入室内的太阳辐射热量与无外遮阳时进入室内太阳辐射热里的比值称为外遮阳系数；外遮阳系数可表示外遮阳设备减少进入室内的太阳辐射的程度。

4. 建筑外遮阳的基本类型包括水平式、垂直式、综合式和挡板式等几种，建筑外遮阳的类型可按下列原则选用：南向、北向宜采用水平式遮阳或综合式遮阳；东西向宜采用垂直或挡板式遮阳；东南向、西南向宜采用综合式遮阳。

第 15 章

1. 气温的升降；地基的沉降；变形；预留；伸缩；沉降；防震。

2. 沉降缝是为了预防建筑物各部分由于不均匀沉降引起的破坏而设置的变形缝，建筑物的下列部位，宜设置沉降缝：（1）建筑平面的转折部位；（2）高度差异或荷载差异处；（3）长高比过大的砌体承重结构或钢筋混凝土框架结构的适当部位；（4）地基土的压缩性有显著差异处；（5）建筑结构或基础类型不同处；（6）分期建造房屋的交界处。

3. A。

4. B。

5. 基座；盖板；滑杆。

第 16 章

1. 建筑工业化的主要标志是设计标准化、构件生产工厂化、施工机械化和组织管理科学化。

2. 砌块；大板；框架板材；盒子；大模板；滑模；升板。

3. 盒子建筑是指由盒子状的预制构件组合而成的全装配式建筑。盒子建筑的组合形式有上下叠合、错开叠合、盒子与板材组合、骨架支承以及核心结构悬挂等形式。

4. SI（skeleton infill）住宅是实现住宅长寿化各种尝试中的基本理念，这个理念是指通过将骨架和基本设备与住户内的装修和设备等明确分离，从而延长住宅的可使用寿命。

第 17 章

1. 包括隔震技术（通过基础与上层结构之间的构件变形隔离地震），耗能减震技术（通过阻尼器消耗地震的能量），吸震减震技术（附加子结构，分散消耗主结构收到的地震动能）。

2. 主导策略：城市规划设计层面防洪，建筑设计层面防洪；基本要求：远离洪水易发区，地质受洪水影响小的选址，选择深基础；选择防水防冲击性能好的外围护材料。

3. 建筑防爆是对于有发生爆炸可能性的建筑物所作的防爆设计和采取防爆、泄爆的构造措施。主要有防爆设计和泄压设计两个方向。外墙、门窗、屋顶构件适宜进行防爆设计。

4. 为防止或减轻腐蚀性介质对建筑物或构筑物的腐蚀作用而进行的围护构造和选材措施。

第 18 章

1. 在建筑的全寿命周期内，最大限度地节约资源（节地、节水、节材、节能），保护环境和减少污染，为人们提供健康、适用和高效的使用空间，与自然和谐共生的建筑。绿色建筑应遵循可持续发展原则、关注建筑全寿命周期、适应自然条件、保护周边环境、节约能源、创造健康的使用环境。

2. 主要包括：材料的合理利用，自然通风设计、天然采光设计、建筑遮阳设计、太阳能的被动利用、绿化设计。

3. 主要包括：主动能源方面，设备技术方面，辅助模拟设计方面等。

附录 C

模拟试题参考答案

C.1 模拟试题一参考答案

一、单项选择题（每题 1 分，共计 15 分）

1. A；2. A；3. B；4. C；5. C；6. A；7. C；8. B；9. D；10. C；11. D；12. D；13. D；14. B；15. B

二、填空题（每空 1 分，共计 23 分）

1. 27；24。

2. 广厅式；穿套式；大空间为中心式；

3. 地面饰面装修；120～150。

4. 重要；高层；两。

5. 支承；连接件；密封。

6. 条形；独立式；桩。

7. 自动扶梯；坡道。

8. 塞口（塞樘子）。

9. 气温升降变化；防震。

10. 标准；工厂；机械；科学。

三、名词解释（每题 2 分，共计 10 分）

1. 风向玫瑰图也称风向频率玫瑰图，简称风玫瑰图，是依据某地区多年来统计的各个方向吹风的平均日数的百分数按比例绘制而成，一般用 8～16 个罗盘方位表示。风玫瑰图上的风向是指由外部吹向中心的方向。

2. 容积率是指基地内所有建筑物的建筑面积之和与基地总用地面积的比值。

3. 混凝土构造柱简称构造柱，是砌体结构抗震构造措施之一；是指在砌体房屋墙体的规定部位，按构造配筋，并按先砌墙后浇灌混凝土柱的施工顺序制成的混凝土柱。

4. 有组织排水就是屋面雨水有组织的流经天沟、檐沟、水落口、水落管等，系统地将屋面上的雨水排出的排水方式。

5. 绿色建筑是指在全寿命期内，最大限度地节约资源（节能、节地、节水、节材）、保护环境、减少污染，为人们提供健康、适用和高效的使用空间，与自然和谐共生的建筑。

四、简答题（20 分）

1. 建筑防火疏散系统的设计内容主要包括：（1）总图设计时建筑之间的防火间距设定；

（2）建筑构件的防火构造设计；（3）防止火灾蔓延的防火分区设计；（4）灭火系统设计；（5）保护人身安全的疏散设计。

2. 建筑设计中进行功能分区时应遵循的基本原则有：（1）处理好"主"与"次"的关系；（2）处理好"内"与"外"的关系——公共领域和私有领域的关系；（3）处理好"动"与"静"的分区关系；（4）处理好"洁"与"污"的分区关系。

3. 建筑物实体构件系统主要包括基础、墙和柱、楼地层、楼梯、屋顶和门窗六大基本组成部分。（1）地坪和楼板层：楼地层是建筑物水平方向的承重构件，并分隔建筑物的竖向空间。（2）屋顶：屋顶是建筑顶部的承重兼围护构件，承受建筑物顶部的荷载并传给墙或柱，且要满足屋顶的保温、隔热、排水、防火等功能。（3）墙和柱：柱是建筑物垂直方向的承重构件。墙体围护或者分隔空间，承重墙体还同时承受着建筑物由屋顶或楼板层传来的荷载，并将这些荷载再传给基础。（4）基础：是建筑物最下部的承重构件，它的作用是承受建筑物的全部载荷并将其传给地基。（5）楼梯：是非单层建筑的垂直交通设施，供人们上下楼层和紧急疏散之用。（6）门窗：是提供内外交通、采光、通风、隔离的围护构件。

4.（1）建筑保温指围护结构在冬季阻止室内向室外传热，从而保持室内适当温度的能力。（2）建筑隔热是指围护结构在夏天隔离太阳辐射和室外高温的影响，从而使室内保持适当温度的能力。

5. 建筑抗震的新技术有以下几个方向：（1）隔震技术：通过基础与上层结构之间的构件变形隔离地震；（2）耗能减震技术：通过阻尼器消耗地震的能量；（3）吸震减震技术：附加子结构，分散消耗主结构收到的地震动能。

五、绘图题（30分）

1. 参考答案示例：

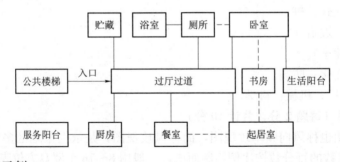

2. 参考答案示例：

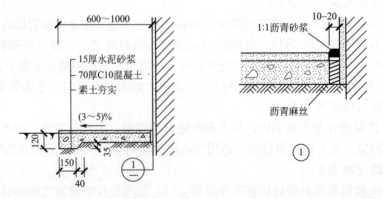

3. 参考答案示例：

1. 50厚直径10～30卵石保护层
2. 干铺无纺聚酯纤维布一层
3. 10厚低强度等级砂浆隔离层
4. 保温层
5. 防水卷材层
6. 20厚1:3水泥砂浆找平层
7. 最薄30厚LC5.0轻集料混凝土2%找坡层
8. 钢筋混凝土屋面板

有保温不上人屋面

1. 40厚C20细石混凝土保护层，配$\phi6$或冷拔$\phi4$的Ⅰ级钢，双向@150，钢筋网片绑扎或点焊（设分格缝）
2. 10厚低强度等级砂浆隔离层
3. 保温层
4. 防水卷材层
5. 20厚1:3水泥砂浆找平层
6. 最薄30厚LC5.0轻集料混凝土2%找坡层
7. 钢筋混凝土屋面板

有保温上人屋面

4. 参考答案示例：

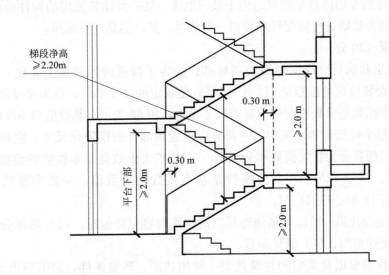

C.2 模拟试题二参考答案

一、单项选择题（每题1分，共计15分）

1. A；2. D；3. A；4. B；5. C；6. B；7. C；8. D；9. B；10. C；11. D；12. A；13. D；14. B；15. C

二、填空题（每空1分，共计23分）

1. 承载能力；完整性；隔热性。

2. 2。

3. 吊杆（吊筋）；龙骨；金属。

4. 300；100；1%。

5. 卷材；防水砂浆；配筋细石混凝土。

6. 外；内；内外。

7. 平台；栏杆、扶手。

8. 疏散；平开。

9. 20～30。

10. 能；地；水；材。

三、名词解释（每题 2 分，共计 10 分）

1. 抗震设防烈度是指按国家规定的权限批准作为一个地区抗震设防依据的地震烈度。一般情况，取 50 年内超越概率 10% 的地震烈度。

2. 建筑密度是指基地内所有建筑物基底占地面积之和与总用地面积的百分比。

3. 为适应建筑物由于气温的升降、地基的沉降、地震等外界因素作用下产生变形而预留的构造缝称为建筑变形缝，是伸缩缝、沉降缝和防震缝的总称。

4. 泛水是指女儿墙、烟囱、管道等突出屋面的竖向构件与屋面相交处的防水构造。

5. 工业化建筑专用体系是指只适用于某一地区、某一类建筑使用的构件所建造的体系。是指以定型房屋为基础进行构配件配套的一种体系，其产品是定型房屋。

四、简答题（20 分）

1. （1）制定和执行《建筑模数协调标准》是为了推进房屋建筑工业化，实现建筑或部件的尺寸和安装位置的模数协调。（2）模数是选定的尺寸单位，作为尺度协调中的增值单位。（3）基本模数是模数协调中的基本尺寸单位，用 M 表示，其数值为 100 mm（$1M$ 等于 100 mm）；整个建筑物和建筑物的一部分以及建筑部件的模数化尺寸，应是基本模数的倍数。（4）导出模数分为扩大模数和分模数。（5）扩大模数是基本模数的整数倍数，应为 $2M$、$3M$、$6M$、$9M$、$12M$……。分模数是基本模数的分数值，一般为整数分数；应为 $(1/10)\,M$、$(1/5)\,M$、$(1/2)\,M$。

2. 建筑场地设计第一阶段"场地布局"的工作内容主要包括：（1）场地分区；（2）实体布局；（3）交通组织；（4）绿化布置。

3. 屋面工程应根据建筑物的建筑造型、使用功能、环境条件，对下列内容进行设计：（1）屋面防水等级和设防要求；（2）屋面构造设计；（3）屋面排水设计；（4）找坡方式和选用的找坡材料；（5）防水层选用的材料、厚度、规格及其主要性能；（6）保温层选用的材料、厚度、燃烧性能及其主要性能；（7）接缝密封防水选用的材料及其主要性能。

4. 绿色建筑的概念一般可归纳为"4R"建筑，即减少（reduce）建筑材料、各种资源和不可再生能源的使用；利用可再生（reproducible）能源和材料；利用回收（recycle）材料和排水；设置废弃物回收系统；在结构允许的情况下重新使用（renew）旧材料。

五、绘图题（30 分）

1. 参考答案示例：

    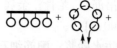

1) 走道式　　2) 广厅式　　3) 穿套式　　4) 大空间为中心式　　5) 混合式

2. 参考答案示例:

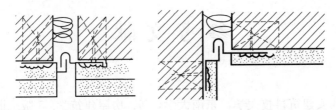

3. 参考答案示例:

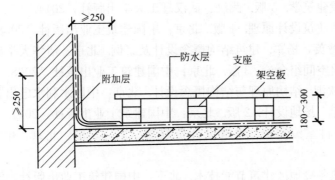

4. 参考答案示例:

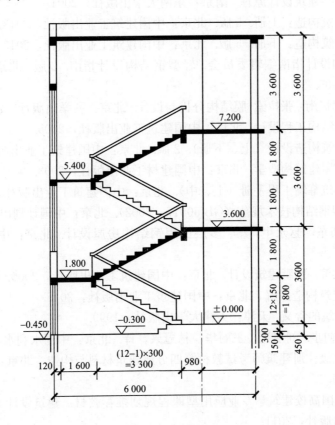

参 考 文 献

[1] 同济大学，西安建筑科技大学，东南大学，等. 房屋建筑学. 5 版. 北京：中国建筑工业出版社，2016.

[2] 李必瑜. 房屋建筑学. 5 版. 武汉：武汉理工大学出版社，2014.

[3] 张文忠. 公共建筑设计原理. 4 版. 北京：中国建筑工业出版社，2008.

[4] 罗福午，张慧英，杨军. 建筑结构概念设计及案例. 北京：清华大学出版社，2004.

[5] 彭一刚. 建筑空间组合论. 3 版. 北京：中国建筑工业出版社，2008.

[6] 杨俊杰，崔钦淑. 结构原理与结构概念设计. 北京：中国水利水电出版社，2006.

[7] 张伶伶，孟浩. 场地设计. 2 版. 北京：中国建筑工业出版社，2011.

[8] 建筑设计资料室编委会. 建筑设计资料集（3、4、5）. 北京：中国建筑工业出版社，1994.

[9] 付祥钊. 夏热冬冷地区建筑节能技术. 北京：中国建筑工业出版社，2004.

[10] 刘云月. 公共建筑设计原理. 南京：东南大学出版社，2004.

[11] 李必瑜. 建筑构造：上册. 5 版. 北京：中国建筑工业出版社，2013.

[12] 刘建荣. 建筑构造：下册. 5 版. 北京：中国建筑工业出版社，2013.

[13] 轻型钢结构设计指南编辑委员会. 轻型钢结构设计指南. 2 版. 北京：中国建筑工业出版社，2005.

[14] 杨庆山，姜忆南. 张拉索-膜结构分析与设计. 北京：科学出版社，2004.

[15] 陈务军. 膜结构工程设计. 北京：中国建筑工业出版社，2005.

[16] 杨维菊. 建筑构造设计（上、下册）. 2 版. 北京：中国建筑工业出版社，2016.

[17] 房志勇. 房屋建筑构造学. 北京：中国建材工业出版社，2003.

[18] 赵西安. 建筑幕墙工程手册（上、中）. 北京：中国建筑工业出版社，2002.

[19] 冷弯薄壁型钢结构技术规范（GB 50017—2002）. 北京：中国计划出版社，2002.

[20] 郭兵，纪伟东，赵永生，等. 多层民用钢结构房屋设计. 北京：中国建筑工业出版社，2005.

[21] 邹颖，卞洪滨. 别墅建筑设计. 北京：中国建筑工业出版社，2000.

[22] 胡向磊. 建筑构造图解. 北京：中国建筑工业出版社，2015.

[23] 刘育东. 建筑的含义. 天津：天津大学出版社，1999.

[24] 艾伦. 建筑初步. 刘晓光，王丽华，林冠兴，译. 北京：中国水利水电出版社，2003.

[25] 曹纬浚. 一级注册建筑师考试教材第四分册建筑材料与构造. 北京：中国建筑工业出版社，2016.

[26] 李延龄. 全国高校建筑学专业应用型课程规划推荐教材：建筑设计原理. 北京：中国建筑工业出版社，2011.

[27] 赫茨伯格. 建筑学教程 1：设计原理. 仲德崑，译. 天津：天津大学出版社，2015.

[28] 绿色建筑评价标准（GB/T 50378—2014）.

[29] 同济大学建筑系建筑设计基础教研室. 高等学校教材：建筑形态设计基础. 北京：中国建筑工业出版社，1981.

[30] 法雷利. 建筑设计基础教程. 姜珉、肖彦，译. 大连：大连理工大学出版社，2013.

[31] 夏海山，陈衍庆. 建筑新技术. 北京：中国建筑工业出版社，2010.

[32] 建筑防腐蚀工程施工规范（GB 50212—2014）.

[33] 工业建筑防腐蚀设计规范（GB 50046—2008）.

[34] 楚汉. 长江抗洪大扫描. 长江建设，1998（5）：7 - 9.

[35] 恽才兴. 人工建筑物与海岸防护. 中国土木工程学会第八届年会论文集. 北京：清华大学出版社，1998.

[36] 北京市屋顶绿化规范（DB11/T 281—2015）.

[37] 张遥龄. 论绿色建筑体系. 重庆建筑大学学报：社会科学版，2001（1）.

[38] 田华，赵文学. 浅谈绿色建筑设计. 山西建筑，2010（11）.

[39] 郑辑宏. 绿色建筑设计原则与设计方法. 广东建材，2008（10）.

[40] 刘莉娜，蒋志岗. 浅谈建筑节能. 甘肃科技，2010（23）.

[41] 高静. 建筑技术文化的研究［D］. 西安：西安建筑科技大学，2005.

[42] 林文诗，程志军，任霏霏. 英国绿色建筑政策法规及评价体系. 建设科技，2011（6）.

[43] 方东平，杨杰. 美国绿色建筑政策法规及评价体系. 建设科技，2011（6）.

[44] 郑瑞生. 绿色建筑评价标准的探讨. 福建建设科技，2010（1）.

[45] 樊振和. 建筑构造原理与设计. 4 版. 天津：天津大学出版社，2011.

[46] www. expo2010. cn.

[47] 同济大学建筑设计研究院，原作设计工作室. 2010 上海世博会城市未来馆. 城市环境设计，2010（9）：105 - 107.

[48] 韩冬青，冯金龙. 论城市建筑一体化设计中功能与空间的组合构成，建筑师（90）. 北京：中国建筑工业出版社，1999：15 - 17.

[49] 部分图片源自"国家地理"电视专题纪录片.

[50] 建筑设计防火规范（GB 50016—2014）.

[51] 冯美宇. 建筑与装饰构造. 北京：中国电力出版社，2006.

[52] 孙勇. 高等教育建筑学科规划推荐教材：建筑构造与表达. 北京：化学工业出版社，2006.

[53] 苏炜. 建筑构造. 北京：机械工业出版社，2012.

[54] 姜忆南. 房屋建筑学. 2 版. 北京：机械工业出版社，2014.

[55] 冯丹阳. 建筑构造. 北京：中国建筑工业出版社，2011.

[56] 中国建筑工业出版社. 现行建筑设计规范大全. 北京：中国建筑工业出版社，2014.

[57] 中国建筑工业出版社. 现行结构设计规范大全. 北京：中国建筑工业出版社，2014.

[58] 郑金琰. 屋面工程防水构造设计图说. 济南：山东科学技术出版社，2006.

[59] 公共建筑吊顶工程技术规程（JGJ 345—2014）.

[60] 孙鲁，甘佩兰. 建筑构造. 3 版. 北京：高等教育出版社，2007.

[61] 刘昭如. 建筑构造设计基础. 2 版. 北京：科学出版社，2016.

［62］ 王浩钰，聂磊. 建筑构造 200 问：建筑构造学习与应考指导. 北京：中国建筑工业出版社，2009.

［63］ 姜涌. 建筑构造：材料，构法，节点. 北京：中国建筑工业出版社，2011.

［64］ 公共建筑节能设计标准（GB 50189—2015）.

［65］ 住宅室内装饰装修设计规范（JGJ 367—2015）.

［66］ 民用建筑热工设计规范（GB 50176—2016）.

［67］ 中国建筑标准设计研究院. 国家建筑标准设计图集 12J304：楼地面建筑构造. 北京：中国计划出版社，2016.

［68］ 中国建筑标准设计研究院. 国家建筑标准设计图集 12J201：平屋面建筑构造. 北京：中国计划出版社，2012.

［69］ 中国建筑标准设计研究院. 国家建筑标准设计图集 09J202－1：坡屋面建筑构造（一）. 北京：中国计划出版社，2009.

［70］ 中国建筑标准设计研究院. 国家建筑标准设计图集 16J607：建筑节能门窗. 北京：中国计划出版社，2016.

［71］ 中国建筑标准设计研究院. 国家建筑标准设计图集 14J936：变形缝建筑构造. 北京：中国计划出版社，2014.